战·略·性
新兴
领域
“十四五”高等教育教材

国家级一流本科专
建设成果教

材料物理

Material Physics

刘勇　黄陆军　耿林　编

本书配有数字资源与在线增值服务
微信扫描二维码获取

化学工业出版社
·北京·

内容简介

材料物理是物理学和材料学的交叉学科。本教材力图从物理角度说明材料的微观结构、组织、基本粒子运动和性能之间的关系，讲述基本机理机制，注重强化基础性和前沿性的结合。全书共分8章，第1章从量子力学出发，解析波函数、统计方法和能带理论；第2章分析晶体缺陷类型及其对性能的影响；第3章探讨晶格振动与热力学特性；第4章分类讨论磁性机理；第5章对比金属与半导体的导电机制；后三章分别涉及介电、铁电和纳米材料特性。全书以“结构-性能”关系为主线，每章均包含理论推导、现象解释和实际应用，并配有小结与思考题。

本书为高等学校材料科学与工程、材料物理、材料化学、功能材料等专业的本科生、研究生教材，也可供有关科技人员参考。

图书在版编目（CIP）数据

材料物理 / 刘勇，黄陆军，耿林编. -- 北京 ：化学工业出版社，2025. 7. --（战略性新兴领域“十四五”高等教育教材）. -- ISBN 978-7-122-48373-7

Ⅰ. TB303

中国国家版本馆CIP数据核字第2025P9S253号

责任编辑：陶艳玲　　文字编辑：张亿鑫

责任校对：李露洁　　装帧设计：刘丽华

出版发行：化学工业出版社（北京市东城区青年湖南街13号　邮政编码100011）

印　　装：大厂回族自治县聚鑫印刷有限责任公司

787mm×1092mm　1/16　印张10¼　字数229千字　　2025年10月北京第1版第1次印刷

购书咨询：010-64518888　　售后服务：010-64518899

网　　址：http://www.cip.com.cn

凡购买本书，如有缺损质量问题，本社销售中心负责调换。

定　　价：38.00元

前言 PREFACE

材料是人类社会进步的物质基础，高等教育中材料科学是非常重要的一个领域。材料物理是介于物理学与材料学之间的一门学科，旨在利用物理学基础理论来阐明材料的物理性能和转变过程。要深入理解材料及其相关性能，必须深入了解材料内部的电子运动和状态、杂质和缺陷、相结构等，并将材料的各种性能提高到微观理论的高度。因此，材料物理的发展对于新材料研发和性能提升意义重大。

材料物理作为材料学和物理学的交叉学科，内容繁多，概念抽象，数理推导较多，学习难度较大。同时，各领域新材料飞速发展，新理论、新成果层出不穷。针对此，有必要编写一本可读性高、能够将基础性和前沿性知识有机结合的教材。编者编写本教材的初衷也在此。

本教材从物理学的基本概念和原理出发，解释材料在特定外界条件下的物理现象和效应。教材涉及量子力学基础、金属电子论、能带理论、半导体、固体磁性，以及材料的热、电、磁等性能。这些内容构成了材料物理学科的核心知识体系。教材共分 8 章。第 1 章为材料的电子理论，为基础部分；第 2 章到第 7 章讲述材料缺陷物理、热性物理、磁性物理、导电物理、电介质物理和铁电物理；鉴于近年来纳米材料和纳米领域技术的飞速发展，纳米技术已被列为国家战略性新兴领域，第 8 章特别介绍了纳米物理。

本教材特色之一是凸显内容高阶性。教材以现代量子力学和统计物理理论为基础，详细论述材料的缺陷、热学、磁学、导电和电介质理论。专门设立第 1 章“材料的电子理论”，讲述量子力学和统计物理基础概念和思想，介绍自由电子论和能带理论；同时，在纳米物理部分，吸纳了纳米领域最新研究成果。特色之二是本教材面向材料及相近学科非物理背景学生定制化编写。材料物理基于量子力学和现代固体物理理论，概念抽象，数理公式繁多，推导复杂，因此对于非物理类的材料学科学生来说，学习难度很大。本教材在编写时，简化公式推导，强化概念和物理图像的讲述。

本教材由刘勇、黄陆军和耿林编写。本教材被纳入教育部战略性新兴领域“十四五”高等教育系列教材，深感荣幸并责任重大。同时，本书在编写过程中得到哈尔滨工业大学、化学工业出版社、武汉理工大学等的支持和帮助，在此一并表示感谢。

由于编者水平有限，书中不妥之处在所难免，恳请读者批评指正！

编者

2024 年 11 月

目录 CONTENTS

绪 论

材料物理是材料科学与工程专业本科核心基础课，在材料学科课程体系中处于非常重要的地位。这门课也是大学物理和材料课程之间的桥梁。那么什么是材料物理？材料物理讲述的具体内容有哪些？这些都是我们在学习材料物理之前必须了解的。

（1）材料物理的概念

材料物理是介于物理学和材料学之间的一门交叉学科，主要研究物质（主要是固态物质）的化学成分、微观结构、组织形式、运动状态、物理性能以及它们的相互关系。材料物理是利用物理中的一些学科成果、方法和模型来阐明材料的各种行为、规律和转变过程，是从物理本质角度，从原子和电子角度解释材料基本现象、行为和规律。材料物理突出物理思想，从物理学的基本概念、原理、定律出发，建立相应的模型，进而阐述材料结构、性质和对外场作用的响应及其规律，得出相应的结论，并指导材料的生产和科学研究。

材料物理也可以看作物理学的一个分支。一方面，材料物理的发展基于物理学的基本理论；另一方面，材料物理的发展与物理学实验技术密切相关。物理学的新理论和新技术，会极大促进材料物理领域的发展。如在理论方面，量子力学和固体物理在材料物理理论中起主导作用；在实验技术上，XRD（X射线衍射）、SEM（扫描电子显微术）、TEM（透射电子显微术）、HREM（高分辨电子显微术）、FIM（场离子显微术）、XPS（X射线光电子能谱）、IR（红外吸收光谱法）、拉曼光谱（Raman spectrum）、ESR（电子自旋共振）、NMR（核磁共振）等现代测试方法的应用，为材料研究提供了强大的分析和表征工具，极大推进了材料研究的广度和深度。因此，材料学和物理学密切相关，从物理学的角度诠释材料，形成材料物理，是合乎逻辑、顺理成章的。

（2）材料物理和材料学的关系

材料的种类很多，包括金属材料、无机非金属材料和高分子材料，以及许多正在发展中的新材料，如复合材料、纳米材料等。诸多材料在制备、使用过程中的现象、行为是很相似的，如材料结构、缺陷行为、平衡热力学、扩散、界面结构、相变行为和电子迁移等。这凸显了从物理学角度阐述材料基本行为和规律的必要性，也奠定了材料物理学科的发展基础。材料科学研究材料本身的性质以及在某些外界条件下的变化。随着对自然界认识的深入，人们发现多种多样的物理现象和效应，并针对这些现象和效应，提出许多新的概念和规律，典型的如铁电、热释电、压电和电致伸缩效应等。这些现象和效应的提出依赖于人们对材料进行长期的、逐步的和系统的研究，它们构成了材料物理基本的研究对象。

从材料工程角度讲，材料物理和材料生产实践、材料加工工艺是息息相关的，并且互相促进、共同发展。材料物理研究的问题源于生产实践，举几个典型的例子：金属主要用作结构材料，因此金属物理主要研究强度和规范性问题；在陶瓷生产中，陶瓷是烧结体，研究陶瓷烧结过程及机制成为陶瓷工艺学的主要课题；随着薄膜和超微粉制备工艺的突破以及纳米材料的发展，尺寸效应成为研究热点；由于工艺突破，金属玻璃可以连续生产，对金属玻璃的力学性质、磁性、超导研究非常有必要；由于电子技术、激光、红外技术的发展，电介质材料研究领域由研究绝缘性质拓展到电极化性质。另外，将材料物理的基本研究成果应用到生产实践中去，将会发挥显著的理论指导作用，典型例子包括再结晶理论的应用提高了硅钢片的质量、基于非晶硒的光导特性发展了新的静电复印技术、集成铁电学的研究促进了铁电存储器的实际应用开发等。

（3）材料物理研究的范畴和内容

材料物理研究的内容和范畴非常广泛，主要涉及材料结构、性质、功能和机理机制。材料物理学的研究对象包括各类材料，如金属、陶瓷、塑料、半导体、超导体等。材料物理的范畴主要集中在以下几个方面。

材料结构：表征和分析材料晶体结构、晶面取向、晶粒大小、缺陷形态和分布等，并与材料的强度、塑性、韧性等重要性能建立构效关系。

材料性质：关注材料的导电性、磁性、光学性质及热学性质等特性，为制造高质量材料提供基础；揭示材料被现代技术利用时所展示的各种物理、化学、生物特性，如光电转换、燃料电池、催化剂制造等。

机理机制研究：材料物理的核心是基于量子力学和固体物理等，在微观层次理解和诠释材料各种行为和效应的机理机制，并基于此揭示材料各种行为和性质的物理本质。

材料物理对晶体缺陷、电子结构、光电性质等进行深入探究，利用各种现代手段研究本征和非本征因素对材料性质的影响，并通过调控这些因素来改变材料的性质，进而设计新型材料和优化现有材料的性能；建立合理的物理和数学模型，有利于利用相关的数理工具解释说明基本现象和效应，并做出正确的预测。此外，材料物理研究还涉及基础研究与应用研究的结合，为材料的设计、优化和制备提供理论依据，并满足实际生产和科研中的需求。

材料物理学涉及的范围很广，如金属物理学、半导体物理学、电介质物理学、铁电物理学、磁学和非晶态物理学等，具体到本教材，考虑到学生的知识背景和材料物理领域的发展趋势，对主要内容做了适当的处理，主要包括量子力学初步、缺陷物理、热性物理、导电物理、电介质物理、铁电物理、磁性物理、纳米物理等。基本框架组织如下：首先，介绍材料的电子理论，含量子力学基础、经典统计和量子统计、自由电子论和能带理论；之后依次介绍缺陷物理、热性物理、磁性物理、导电物理、电介质物理、铁电物理以及纳米物理。每一部分遵循基本现象和效应 - 概念和参数描述 - 物理模型及数理处理的基本模式进行介绍。

材料物理作为一门新学科，一个基本任务是为新材料和新技术研发提供理论指导，并从新材料、新技术发展中总结归纳出新的物理现象、效应、模型和图像。材料物理本身也在不断发展，在金属物理、半导体物理、电介质物理、非晶态物理领域，新理论不断出现，新的物理概念和规律不断被提出，这也意味着材料物理在应用开发上蕴藏着巨大的潜力，为研制更新的材料、更新的元器件，开辟新的技术领域。

鉴于材料物理的意义，学好这门课，或者说学好材料中的物理、学好物理中的材料，非常重要。

第1章 材料的电子理论

本章提要

材料可以看作是由大量微观粒子组成的系统。这些微观粒子的相互作用和运动决定了材料的结构和各种性质。其中，最基本的粒子是电子。本章介绍了以量子力学和统计物理为基础的材料电子理论。本章先介绍了电子波函数和薛定谔方程，阐述了微观粒子波粒二象性、波函数、玻色子、费米子、薛定谔方程等概念；而后讲述了玻尔兹曼经典统计、费米－狄拉克统计、玻色－爱因斯坦统计；在上述基础上讲述了自由电子论，阐明了量子自由电子理论、自由电子能量状态和费米能的概念；最后分析周期场电子，引入能带概念。

固体可以看成由大量离子和电子组成的复杂多体体系。描述离子和电子运动规律的工具是量子力学。现代固体理论以及基于固体理论的材料物理的发展，完全得益于量子力学的发展。因此，本章着重介绍了量子力学和统计物理的基础概念和思想，在此基础上介绍了自由电子论和能带理论。本章是学习后续几章的基础。考虑到部分读者没有系统学习过量子力学、统计物理和固体物理，本章将这些内容合并，称为“材料的电子理论”，并逐一简明介绍。

1.1 波函数和薛定谔方程

1.1.1 波粒二象性

1905 年，爱因斯坦（Einstein）为了解释光电效应，提出光具有粒子性。随后，德布罗意（de Broglie）推断实物粒子（静止质量不为零的粒子）具有波动性，并提出了德布罗意关系式描述粒子的波粒二象性。德布罗意关系式指出一个动量为 p 的实物粒子的波长 λ 为

$$\lambda = \frac{h}{p} \tag{1-1}$$

式中　h——普朗克常数，$h=6.626\times10^{-34}\text{J}\cdot\text{s}$。

定义

$$\hbar = \frac{h}{2\pi} \tag{1-2}$$

为约化普朗克常数。

根据德布罗意关系式，得到粒子动量为

$$p = \frac{h}{\lambda} = \hbar k \tag{1-3}$$

式中　k——粒子波的波数。

进一步考虑波数的方向性，得到波矢

$$\boldsymbol{k} = \frac{2\pi}{\lambda}\boldsymbol{n} \tag{1-4}$$

式中　$\boldsymbol{n}$——波传播方向的单位矢量。

可见波矢为矢量，方向与动量相同，单位为长度单位的倒数，即波矢是倒空间的矢量。

粒子的动能 E 为

$$E = \frac{p^2}{2m} = \frac{\hbar^2 k^2}{2m} = \hbar\omega \tag{1-5}$$

式中　ω——角频率；

m——粒子质量。

粒子的波动性和粒子性的双重属性，称为波粒二象性。需要注意，量子力学的粒子波粒二象性不能简单理解为经典粒子的粒子性和波动性。经典粒子具有确定的、可描述的轨迹，但是微观粒子没有。微观粒子的波动性指粒子运动状态的不确定性与可叠加性。事实上，部分粒子的波动性已经被相应粒子衍射实验所证实。

1.1.2　波函数

微观粒子具有波粒二象性，但其粒子的状态不能像经典粒子那样用轨迹方程描述。即便如此，其类似于机械波、电磁波等，可以用一个波函数描述，人们仍提出用波函数描述粒子的状态，记为$\psi(\boldsymbol{r},t)$。物理学家玻恩提出了波函数的统计诠释意义，玻恩指出，波函数模的平方表示该时刻在空间$\boldsymbol{r}$处单位体积发现粒子的概率，即概率密度。由波函数的统计诠释物理意义可知

$$\int |\psi|^2 \mathrm{d}v = 1 \tag{1-6}$$

式中　$\mathrm{d}v$——空间微元。

一般情况下，波函数为复函数。

图 1-1 给出了波函数的统计诠释意义。以考察自由粒子的波函数为例。自由粒子是最简单的粒子。人们假定自由粒子可用简谐平面波来描述。

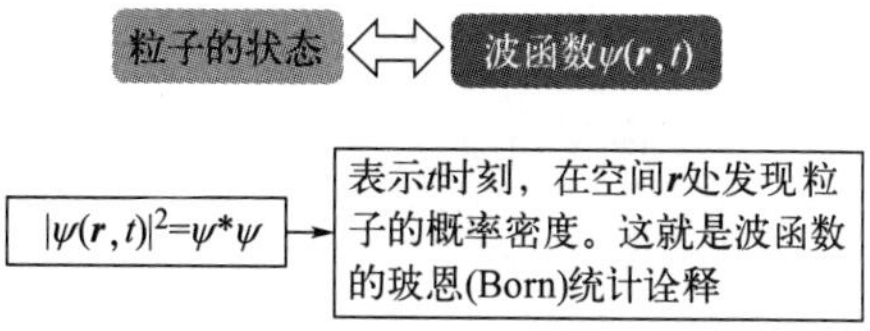
粒子的状态
波函数ψ(r, t)
|ψ(r, t)|²=ψ*ψ
表示t时刻，在空间r处发现粒子的概率密度。这就是波函数的玻恩(Born)统计诠释

图 1-1　波函数的统计诠释意义

$$\psi(\boldsymbol{r},t) = A\mathrm{e}^{\mathrm{i}(\boldsymbol{k}\cdot\boldsymbol{r}-\omega t)} \tag{1-7}$$

式中　A——系数；

$\boldsymbol{k}$——波矢；

$\boldsymbol{r}$——空间位置矢量；

t——时间。

通过求解简谐平面波的模可以发现，简谐平面波的模在空间各点的取值是相同的，这意味着自由粒子在空间各处的概率密度是一样的。这一点和经典粒子截然不同。

由波函数的物理意义可知，波函数满足如下条件：a. 波函数必须是有界的，因为波函数模的平方代表粒子概率密度；b. 波函数必须是单值的，因为根据波函数的统计诠释意义，很容易认识到，空间中不可能有两个不同的电子密度分布；c. 波函数必须是连续函数；d. 波函数必须是平方可积的函数。

事实上，波函数的统计诠释是量子力学基本假设之一。之所以说波函数统计诠释是基本假设，因为它无法用理论证明其正确性，只能靠实践来证明。需要指出的是，对于多粒子体系波函数，玻恩统计诠释依然是正确的，波函数也满足前述几项条件。

结合波函数，有必要进一步了解微观粒子与经典粒子的区别。首先，全同微观粒子具有不可分辨性。在经典力学中，即使两个粒子的固有性质完全相同，但两个粒子都具有完全确定的轨道，所以两个粒子仍然是可以相互区分的。而在量子力学中，两个全同粒子在空间中波函数是相互重叠的，由于两个粒子的固有属性完全一样且它们又不具有确定的速度和位置，因此无法对两个粒子进行区分。全同粒子的不可区分性是微观粒子的特性。基于全同粒子的不可区分性，我们可以理解在全同粒子体系中两个全同粒子互换不会引起物理状态的改变。另外，微观粒子状态具有可叠加性。微观粒子的干涉或者衍射现象就体现了状态的可叠加性。若ψ_1、$\psi_2 \cdots \psi_n$是体系可能的状态，则状态$\psi = \sum C_i \psi_i$（C_i为系数，复常数）也是体系可能的状态。根据态叠加原理，描述体系的状态方程必须是线性的。

1.1.3 费米子和玻色子

在经典物理中，我们知道带电粒子的运动可以产生磁矩，并且磁矩同带电粒子的角动量有关。如一个做匀速圆周运动的粒子，其角动量是守恒的，它会产生一个恒定不变的磁矩。对原子中的电子而言，除了产生轨道磁矩，还产生一种内禀的磁矩。将产生这种内禀磁矩的角动量定义为电子自旋角动量。

在有心力场中运动的电子的轨道角动量平方 L^2 及在参考方向上的投影 L_z，由下式确定

$$L^2 = l(l+1)\hbar^2 \tag{1-8}$$

$$L_z = m\hbar \tag{1-9}$$

式中 l——轨道角动量的量子数，且 l=0，1，2，…；

m——磁量子数，且 $m=\pm l$，$\pm(l-1)$，…，0。

对于电子自旋角动量，有

$$S^2 = s(s+1)\hbar^2 = \frac{1}{2}\times\left(\frac{1}{2}+1\right)\hbar^2 \tag{1-10}$$

$$S_z = m_s\hbar \tag{1-11}$$

式中 S^2——电子自旋角动量的平方；

S_z——在参考方向上的投影；

s——电子的自旋角动量的量子数，且 s=1/2，电子的自旋角动量在 z 轴投影为 $\pm\hbar/2$；

m_s——电子自旋磁量子数。

电子自旋是电子固有的内禀属性，不能仅仅理解为电子绕自身某个旋转轴旋转的结果。事实上，不仅限于电子，所有基本粒子都具有自旋特性。例如，光子的自旋量子数为 1，质子和中子的自旋量子数为 1/2。凡是自旋量子数为半整数的粒子均称为费米子；自旋量子数为整数的粒子称为玻色子。

对于全同玻色子体系，描述粒子状态的量子数没有限制。一个著名的特例就是玻色 - 爱因斯坦凝聚：在 0K 时，所有粒子均倾向于占据能量最低的状态。

费米子则满足泡利不相容原理：在全同费米子组成的体系中，任意两个费米子不能处于同一状态。泡利不相容原理意味着对于全同费米子体系，不可能有两个粒子具有完全相同的量子数。电子是费米子，以电子为例，在原子中描述电子的量子数分别为主量子数、轨道量子数、磁量子数和自旋量子数。在一个原子中不可能有两个电子同时具有完全相同的四个量子数。

1.1.4　薛定谔方程

对于经典宏观粒子，运动状态用位置矢量 $\boldsymbol{r}$ 表征，满足的运动方程为著名的牛顿运动定律。作为类比，微观粒子状态用波函数来描述，那么是否存在类似的方程？人们通过求解这个方程可以得到波函数的形式及演化规律吗？这个方程是存在的，波函数满足的方程就是薛定谔方程。薛定谔方程的地位与经典牛顿第二定律相当。值得注意的是，薛定谔方程同样是量子力学的基本假定，它是不能被证明的，它的正确与否只能由实验来验证。通过求解薛定谔方程，可以得到粒子的状态函数，粒子的所有物理量均可由状态函数得到。

综上，微观粒子的波函数满足的方程为薛定谔方程，处在势能函数 $V(\boldsymbol{r},\ t)$ 中单个粒子满足的薛定谔方程如下

$$\left\{-\frac{\hbar^2}{2m}\left(\frac{\partial^2}{\partial x^2}+\frac{\partial^2}{\partial y^2}+\frac{\partial^2}{\partial z^2}\right)+V\right\}\psi(\boldsymbol{r},t)=\mathrm{i}\hbar\frac{\partial\psi(\boldsymbol{r},t)}{\partial t} \tag{1-12}$$

式中　m——粒子质量；

V——势能函数；

$\psi(\boldsymbol{r},t)$——波函数。

在很多情况下，势能函数不显含时间 t。如果外加势场不依赖于时间 t，这类问题被称为定态问题。定态问题可以利用分离变量法进行处理。对于势能函数不显含时间的粒子，波函数可以写成坐标变量函数和时间变量函数 $\mathrm{e}^{-\frac{\mathrm{i}}{\hbar}Et}$ 的乘积。其中，含时间变量的函数对所有粒子都相同。因此，只需求解如下关于空间坐标变量函数的方程。

$$\left(-\frac{\hbar^2}{2m}\nabla^2+V\right)\psi(\boldsymbol{r})=E\psi(\boldsymbol{r}) \tag{1-13}$$

式中　∇^2——拉普拉斯算子，$\nabla^2=\frac{\partial^2}{\partial x^2}+\frac{\partial^2}{\partial y^2}+\frac{\partial^2}{\partial z^2}$。

上述方程为定态薛定谔方程。对于定态薛定谔方程，有两点需要说明：a. 上述方程为本征方程，括号内为粒子的能量算符（哈密顿算符）；波函数为能量算符的本征函数；E 为能量本征值。b. 处于定态的粒子，其空间概率密度不随时间发生变化。

哈密顿算符记为 H，定态薛定谔方程又可以写为

$$H\psi(\boldsymbol{r}) = E\psi(\boldsymbol{r}) \tag{1-14}$$

1.2 经典统计和量子统计

求解薛定谔方程，可以得到粒子的波函数和能级。但是即使如此，知道了体系中每个粒子的能级结构，但还没有解决温度为 T 时每个能级被多少粒子占据的问题。这个问题需要用统计物理来解决。下面讲述几种典型的统计分布函数。

1.2.1 玻尔兹曼经典统计

统计分布函数表述了在平衡态情况下，在一个独立粒子体系中，每个状态上的平均粒子数是温度的函数。如果能级是简并的，每个能级上所具有的粒子数是该能量下每个状态上平均粒子数与该能级简并度的乘积。

严格讲，对于由大量经典粒子组成的独立体系，如果体系是处于平衡状态的孤立体系，粒子的统计分布符合麦克斯韦 - 玻尔兹曼统计分布规律。一般地，对于非经典粒子，如果状态数远大于粒子数，则两个粒子具有相同量子数的可能性可以忽略不计，即不符合泡利不相容原理，这时可以考虑用玻尔兹曼统计。

对于经典粒子，粒子是可以分辨的，而且不受泡利不相容原理的限制。由处于平衡态的近独立粒子体系分布的状态数和拉格朗日条件极值方法，可以得到玻尔兹曼统计函数，即

$$f(E) = A\exp\left(-\frac{E}{k_B T}\right) \tag{1-15}$$

式中 A——系数；

k_B——玻尔兹曼常数；

T——热力学温度；

E——某态的能量；

$f(E)$——能量为 E 的态具有粒子的个数。

玻尔兹曼统计函数说明温度一定，一个态能量越高，则具有的粒子数越少。

1.2.2 费米 - 狄拉克统计

若微观粒子的自旋量子数为半整数，则称其为费米子。典型的费米子包括电子、质子和中子等。费米子符合泡利不相容原理，即一个系统中不允许有状态相同的两个费米子存在。鉴于上述费米子的特性，对于由大量无相互作用的全同费米子组成的孤立体系，当体系处于平衡态时，遵从费米 - 狄拉克统计分布函数。

由处于平衡态的近独立费米子粒子体系分布的状态数和拉格朗日条件极值方法，得到费米 - 狄拉克统计分布函数

$$f(E) = \frac{1}{1+\exp\left(\frac{E-\mu}{k_B T}\right)} \tag{1-16}$$

式中 μ——化学势，与温度有关；对于金属，0K 下的化学势称为费米能；

k_B——玻尔兹曼常数；

T——热力学温度；

E——某量子态的能量；

$f(E)$——能量为 E 的量子态具有粒子的个数。

由式（1-16）可见，当温度为 T 时，每个状态被粒子占据的概率都不大于 1，这正是泡利不相容原理作用的结果。

1.2.3 玻色 - 爱因斯坦统计

若微观粒子的自旋量子数为整数，则称其为玻色子。典型的玻色子为声子。玻色子不符合泡利不相容原理，即一个系统中允许状态相同的玻色子存在。鉴于上述玻色子的特性，对于由大量无相互作用的全同玻色子组成的孤立体系，当体系处于平衡态时，遵从玻色 - 爱因斯坦统计分布函数。

由处于平衡态的近独立玻色子粒子体系分布的状态数和拉格朗日条件极值方法，得到玻色 - 爱因斯坦分布函数。如果体系粒子数不守恒，则玻色 - 爱因斯坦分布函数为

$$f(E)=\frac{1}{\exp\left(\dfrac{E}{k_{\mathrm{B}}T}\right)-1} \tag{1-17}$$

式中 k_{B}——玻尔兹曼常数；

T——热力学温度；

E——某态的能量；

$f(E)$——能量为 E 的量子态具有粒子的个数。

由式（1-17）可见，当温度为 T 时，一个量子态上被玻色子占有数可能大于 1，这是玻色子不受泡利不相容原理限制的结果。

1.3 自由电子论

全面、深入认识固体依赖于固体电子理论。固体电子理论的发展源于金属自由电子理论。金属具有很高的强度和良好的延展性、导热性和导电性能，是应用最广泛的材料。从微观角度看，金属是由大量的价电子与离子实组成的多粒子体系，带正电的离子实组成晶格，价电子在晶格中运动。最初，人们用自由电子模型来解释金属的物理性质，既没有考虑晶格周期性势场对价电子的作用，也没有考虑价电子之间的相互作用，只是简单地把金属中的价电子看成是封闭在晶格中的自由电子气；后来，在此基础上逐步发展为现代的固体电子理论。固体电子理论不仅考虑电子受晶格周期性势场作用，也考虑电子间的相互作用。最早处理金属中电子状态的理论是特鲁德提出的金属自由电子理论。特鲁德认为，金属中的价电子像气体分子那样组成电子气体，服从经典规律。利用这个理论可以成功地解释金属中的某些输运过程，但是也存在不可逾越的障碍。量子力学建立后，索末菲进一步将费米 - 狄拉克理论用于自由电子气，建立了金属自由电子气的量子理论，解决了经典理论的困难。本节介绍量子自由电子理论。

1.3.1 量子自由电子基本假设

索末菲 1928 年提出了自由电子气的量子理论。该理论仍假定电子是彼此独立地在晶格

中自由运动，但与经典自由电子理论不同，索末菲用量子理论来确定电子的状态与能量，并用费米 - 狄拉克分布来研究自由电子的物理性质。该理论克服了经典理论的困难，得到与实验相符的结果，对后来的固体电子理论的发展起到了十分重要的作用。自由电子气的量子理论基于以下几点基本假设——独立电子近似、自由电子近似和弛豫时间近似。

独立电子近似指金属中的自由电子（价电子）与离子实之间没有相互作用，自由电子可以自由地在晶格空间中运动。自由电子近似指金属的自由电子（价电子）之间没有相互作用，电子可以彼此独立地相对运动。弛豫时间近似指电子与晶格的碰撞过程中存在一个弛豫时间或平均自由时间 τ，$1/\tau$ 表示单位时间内电子同离子发生碰撞的平均概率，与电子的位置和速度无关。电子通过同离子的碰撞与周围环境达到热平衡。

量子自由电子理论认为电子是微观粒子，具有波粒二象性，电子的状态可以用波函数描述，波函数符合薛定谔方程；电子是费米子，满足泡利不相容原理和费米 - 狄拉克统计分布函数。总之，同经典量子自由电子理论相比，量子自由电子理论除电子运动遵循量子力学、统计行为遵循费米 - 狄拉克分布外，其余近似是相同的。

1.3.2 自由电子的能量状态

金属中含有大量电子，是一个复杂的多电子、多粒子体系，在自由电子近似下，可以把它们看作是金属中的自由电子气。在索末菲理论中，这些自由电子是完全等同的，所满足的薛定谔方程在形式上完全一致，因此可以采用单电子薛定谔方程处理。

设边长为 L 的立方形金属有 N 个自由电子，金属的体积 $V=L^3$，电子的密度 $n=N/V$，$V(\boldsymbol{r})$取为常数，可以设为 0，则单电子满足的薛定谔方程为

$$-\frac{\hbar^2}{2m}\nabla^2\psi(\boldsymbol{r}) = E\psi(\boldsymbol{r}) \tag{1-18}$$

式中 m——电子质量；

$\hbar$——约化普朗克常数。

方程［式（1-18）］的解为

$$\psi(\boldsymbol{r}) = V^{-\frac{1}{2}}\mathrm{e}^{\mathrm{i}\boldsymbol{k}\cdot\boldsymbol{r}} \tag{1-19}$$

式中 V——所研究晶体的体积；

k——波矢；

r——空间位置矢量。

由式（1-19）可见，自由电子的波函数是平面波，其模平方的取值在晶体内空间各点都相等。这说明自由电子在晶体内各点出现的概率是相同的，充分体现了“自由”的特性。

相应的能量为

$$E = \frac{\hbar^2\boldsymbol{k}^2}{2m} = \frac{\hbar^2}{2m}(\boldsymbol{k}_x^2 + \boldsymbol{k}_y^2 + \boldsymbol{k}_z^2) \tag{1-20}$$

式中 $\boldsymbol{k}_x$、$\boldsymbol{k}_y$ 和 $\boldsymbol{k}_z$——波矢 $\boldsymbol{k}$ 沿坐标轴 x、y 和 z 方向的分量。

由式（1-19）和式（1-20）可见，电子的状态是由波矢 $\boldsymbol{k}$ 来确定的。在波矢空间中可以构造一个面，其面上各点的能量相等，这个面为等能面。由式（1-20）可知，自由电子的等能面是球面。显然，能量为 E 的等能面的半径为$\left(\frac{2mE}{\hbar^2}\right)^{\frac{1}{2}}$，其围成的球的体积为

$\frac{4\pi}{3}\left(\frac{2mE}{\hbar^2}\right)^{\frac{3}{2}}$。图 1-2 为波矢 $\boldsymbol{k}$ 和等能面示意图。

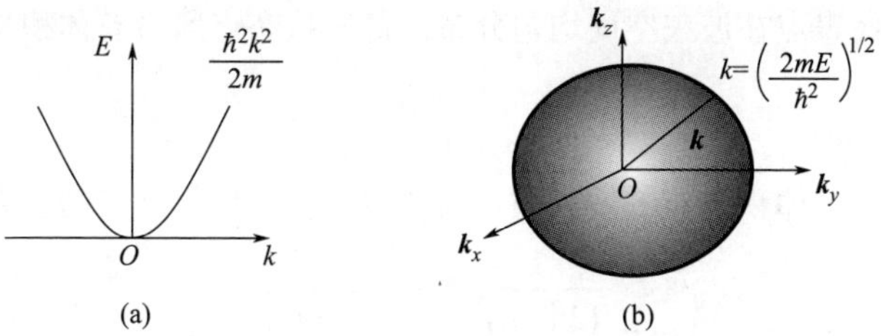

图 1-2　单自由电子能量（a）和 $\boldsymbol{k}$ 空间中自由电子等能面（b）

1.3.3　周期性边界条件和波矢取值

引入周期性边界条件（玻恩 - 卡门边界条件），波函数 $\psi(\boldsymbol{r})$ 满足:

$$\begin{aligned}\psi(x+L,y,z)&=\psi(x,y,z)\\ \psi(x,y+L,z)&=\psi(x,y,z)\\ \psi(x,y,z+L)&=\psi(x,y,z)\end{aligned} \tag{1-21}$$

式（1-19）代入式（1-21），以沿 x 轴方向为例，有

$$V^{-\frac{1}{2}}\mathrm{e}^{\mathrm{i}k_x x}=V^{-\frac{1}{2}}\mathrm{e}^{\mathrm{i}k_x(x+L)} \tag{1-22}$$

上式成立，需要

$$\mathrm{e}^{\mathrm{i}k_x L}=1 \tag{1-23}$$

由式（1-23）得

$$k_x=\frac{2\pi}{L}n_1(n_1=0,\pm1,\pm2,\cdots) \tag{1-24}$$

将 x 方向推广到 y 和 z 轴，得到波矢可能的取值为

$$k_y=\frac{2\pi}{L}n_2,\ k_z=\frac{2\pi}{L}n_3 \quad (n_2=0,\pm1,\pm2,\cdots;\ n_3=0,\pm1,\pm2,\cdots) \tag{1-25}$$

可见，k 的取值是分立的值，在波矢空间内取值如图 1-3 所示。

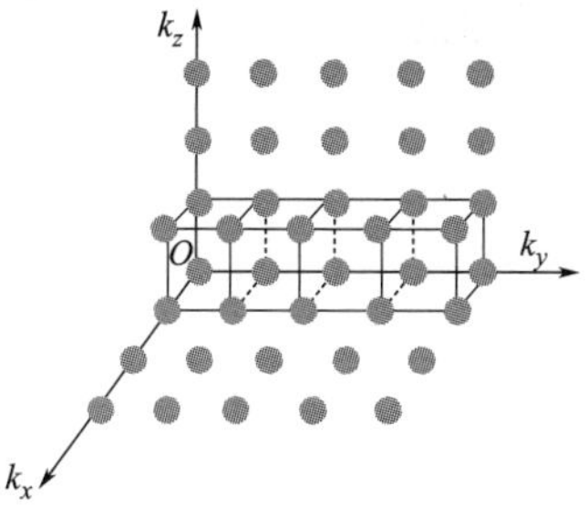

图 1-3　波矢取分立值

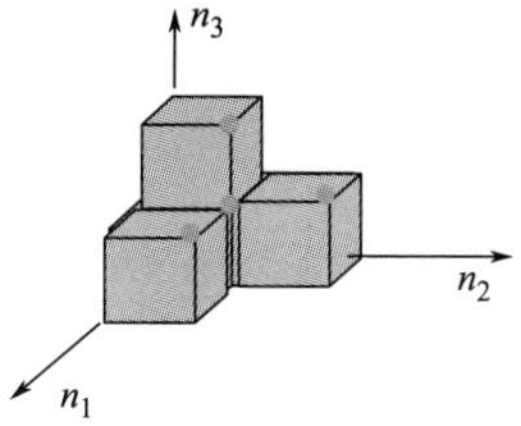

图 1-4　波矢构成量子数空间

$\boldsymbol{k}_x$、$\boldsymbol{k}_y$、$\boldsymbol{k}_z$ 只能取一系列分立的值，若把波矢 $\boldsymbol{k}$ 看作是空间矢量，相应的空间称为波矢空间（$\boldsymbol{k}$ 空间）；每一组量子数（n_1,n_2,n_3）对应一个波矢，也代表电子的一个状态，对应一个能量，这个能量称为能级。如图 1-4 所示，所示点分别对应（1,1,1）、（1,2,1）、（2,1,1）和（1,1,2）。可见，每一（n_1,n_2,n_3）对应一波矢量 $\boldsymbol{k}$（$\boldsymbol{k}_x,\boldsymbol{k}_y,\boldsymbol{k}_z$）。$\boldsymbol{k}_x$、$\boldsymbol{k}_y$、$\boldsymbol{k}_z$ 只能取一系列分立的值导致相应的量子态取分立的能量；但因为通常相邻 k 值间隔很小，使得相邻能级之

间的间隔很小，可近似看成是连续的。

将 $\boldsymbol{k}$ （$\boldsymbol{k}_x$，$\boldsymbol{k}_y$，$\boldsymbol{k}_z$）作为坐标轴来建立动量空间（波矢空间）。波矢空间的一点表示一个允许的单电子态。代表点在波矢空间均匀分布，每一状态点所占有体积是

$$\left(\frac{2\pi}{L}\right)^3 \tag{1-26}$$

定义 $\boldsymbol{k}$ 空间中单位体积具有的波矢数目为波矢密度，显然波矢密度为

$$\frac{1}{(2\pi/L)^3}=\frac{L^3}{8\pi^3}=\frac{V}{8\pi^3} \tag{1-27}$$

波矢密度也是 $\boldsymbol{k}$ 空间中单位体积具有的电子状态数。

1.3.4 能态密度

有时我们关心在一个能量点附近单位能量区间具有的电子量子态的数量。为此，定义能量 E 附近单位能量区间具有的电子态的数量为能态密度。

由图 1-2 可见，自由电子在 k 空间中的等能面为球面，能量在 $0\sim E$ 之间的状态代表点均落在此球内。因为每一个波矢所占体积$\left(\frac{2\pi}{L}\right)^3$，所以不考虑自旋时的 $0\sim E$ 之间的电子的状态数量为Z'

$$Z'=\frac{4\pi}{3}\left(\frac{2mE}{\hbar^2}\right)^{3/2}\div\left(\frac{2\pi}{L}\right)^3=\frac{V}{6\pi^2}\left(\frac{2mE}{\hbar^2}\right)^{3/2} \tag{1-28}$$

考虑自旋，上式应乘以 2，得

$$Z=\frac{V}{3\pi^2}\left(\frac{2mE}{\hbar^2}\right)^{\frac{3}{2}} \tag{1-29}$$

式中　Z'——$0\sim E$ 之间考虑自旋时的电子态的数量。

式（1-29）两边求导得到能量在 $E\sim E+\mathrm{d}E$ 内的状态数为

$$\mathrm{d}Z=\frac{V}{2\pi^2}\left(\frac{2m}{\hbar^2}\right)^{\frac{3}{2}}E^{\frac{1}{2}}\mathrm{d}E \tag{1-30}$$

定义式（1-31）为能态密度，其表示电子状态按能量的分布密度。

$$g(E)=\frac{\mathrm{d}Z}{\mathrm{d}E} \tag{1-31}$$

则由式（1-30）、式（1-31）得到

$$g(E)=\frac{V}{2\pi^2}\left(\frac{2m}{\hbar^2}\right)^{3/2}E^{1/2} \tag{1-32}$$

设

$$C=\frac{V}{2\pi^2}\left(\frac{2m}{\hbar^2}\right)^{3/2} \tag{1-33}$$

有

$$g(E)=CE^{1/2} \tag{1-34}$$

式（1-33）和式（1-34）为自由电子的态密度表达式。

1.3.5 基态与费米能

1.3.5.1 费米 - 狄拉克统计函数与化学势

前文述及，量子自由电子理论除电子运动遵循量子力学、统计行为遵循费米 - 狄拉克

分布外，其余近似是相同的。下面讨论电子的统计分布问题。通过求解自由电子的薛定谔方程，得到电子态。那么一个电子态上有多少个电子？每个态上的电子数可以由费米 - 狄拉克统计分布得到。

因为电子为费米子，所以自由电子气应遵循费米 - 狄拉克统计，分布函数为

$$f(E,T)=\frac{1}{\exp\left(\dfrac{E-\mu}{k_{\mathrm{B}}T}\right)+1} \tag{1-35}$$

式中　μ——化学势，表示在一个电子系统中，T 和 V 一定时系统增加或减小一个电子导致的自由能的变化。

$$\mu=\left(\frac{\partial F}{\partial N}\right)_{T,V} \tag{1-36}$$

式（1-36）表示 T、V 不变时，体系自由能随电子总数 N 的变化率。

式（1-35）为温度 T 时，达到热平衡时能量为 E 的电子态具有的电子数，或被电子占据的概率。在分布函数中，化学势 μ 是一个决定电子在各能级中分布的参量，它由电子总数 N 应满足的条件来确定。

$$N=\int_0^{\infty} f(E,T)g(E)\mathrm{d}E \tag{1-37}$$

式中　N——电子总数；

$f(E,T)g(E)$——E 附近单位能量间隔内的电子数，即电子分布密度。

1.3.5.2　基态与费米能

下面讨论 T=0K 时费米 - 狄拉克统计分布函数的取值，进而基于费米 - 狄拉克统计分布函数讨论 0K 时电子的分布。设 $\mu(0)$ 是 T=0K 时的化学势，0K 时费米 - 狄拉克分布函数取值如图 1-5 所示。可见，能量 E 大于 $\mu(0)$ 时取值为 0，小于或等于 $\mu(0)$ 时取值为 1。这意味着，能量在 $\mu(0)$ 以上的状态是空的，能量在 $\mu(0)$ 以下的状态被电子占满。受泡利不相容原理的限制，考虑自旋，每个电子态只能容纳两个自旋相反的电子，所以电子只能按电子态的能量从低到高的顺序依次填充。显然，$\mu(0)$ 是自由电子气基态中电子的最高能量，称 $E_{\mathrm{F}}=\mu(0)$ 为费米能。费米能是材料物理中非常重要的一个概念。基于费米能的概念，定义金属中 k 空间能量为 E_{F} 的等能面为费米面。显然，自由电子的费米面是特殊的等能面，是球面形状；其球面对应的半径称为费米半径 k_{F}，费米半径加上方向得到费米波矢 $\boldsymbol{k}_{\mathrm{F}}$。

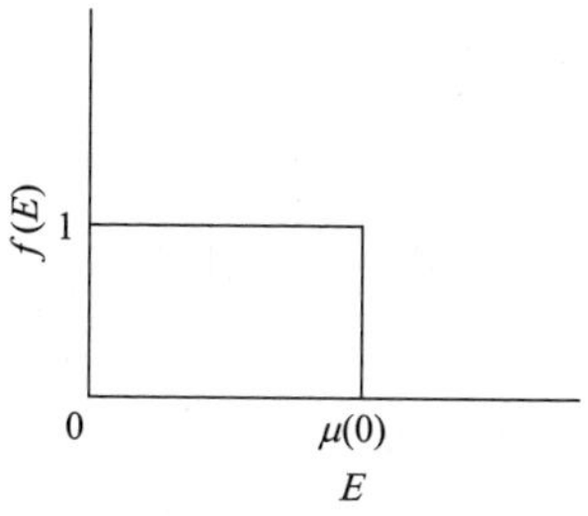

图 1-5　0K 时费米 - 狄拉克分布函数取值

结合式（1-34）和式（1-37），$T\rightarrow$ 0K 有

$$N=\int_0^{E_{\mathrm{F}}} g(E)\mathrm{d}E=\int_0^{E_{\mathrm{F}}} CE^{1/2}\mathrm{d}E \tag{1-38}$$

利用式（1-33），得到

$$N=\int_0^{E_{\mathrm{F}}} g(E)\mathrm{d}E=\frac{V}{3\pi^2}\left(\frac{2m}{\hbar^2}\right)^{3/2}E_{\mathrm{F}}^{3/2} \tag{1-39}$$

根据式（1-39），得到

$$E_{\mathrm{F}}=\frac{\hbar^2 k_{\mathrm{F}}^2}{2m} \tag{1-40}$$

$$k_{\mathrm{F}}=(3\pi^2 n)^{1/3} \tag{1-41}$$

式中　$n=N/V$——电子密度。

可见，费米波矢依赖于电子密度 n，费米能也完全由电子密度 n 决定。在绝对零度下，自由电子气的基态就是费米球内所有状态全被电子占满，球外电子态则处于全空的状态。一般金属的费米能级的数量级为几电子伏特。由以上分析可以看出，索末菲模型下的金属费米能级仅由电子浓度决定。电子浓度提高，费米能就提高。那么怎么改变合金的费米能呢？显然，可以通过合金化的方法调整合金的费米能级，如可以向 Cu 中添加 Zn，因为 Zn 的价电子数多于 Cu，所以 Zn 合金化可以提高 Cu 的费米能。

下面讨论 0K 时的自由电子能量问题。根据量子理论，基态中自由电子的能量为

$$N\bar{E}=\int_0^{E_{\mathrm{F}}} Eg(E)\mathrm{d}E=\frac{3}{5}NE_{\mathrm{F}} \tag{1-42}$$

式中　$\bar{E}$——自由电子的平均能量。

可得

$$\bar{E}=\frac{3E_{\mathrm{F}}}{5} \tag{1-43}$$

根据经典理论，0K 时电子的平均热动能为 0；而根据量子理论，平均热动能不为 0，这是量子理论不同于经典理论的地方。原因在于电子服从泡利原理，每个能级只能由自旋相反的两个电子占据，即使是绝对零度也不可能发生所有电子都集中在最低能态上的情况。所以即使在绝对零度下电子的平均能量也不为 0。

1.3.6 激发态

考虑 $T>0\mathrm{K}$ 的情况。当 $T>0\mathrm{K}$ 时，自由电子气处于激发态，电子获得热能 $k_{\mathrm{B}}T$ 从费米面内跃迁到费米面外的空状态，这时电子分布与基态截然不同。费米面内出现空状态，费米面外有部分状态被占据。空状态和占据状态没有截然不同的界限。这种情况下，$N(E,T)=f(E,T)g(E)$为电子的分布密度，其意义为温度为 T 时分布在 E 附近单位能量间隔内的电子数。

由费米 - 狄拉克函数可知，当一个电子态具有的能量等于该温度下的化学势时，f=1/2，即 f=1/2 时所对应的能级为化学势。化学势的精确值可由式（1-44）确定。

$$N_{\mathrm{e}}=\int_0^{\infty} f(E,T)g(E)\mathrm{d}E \tag{1-44}$$

如果$k_{\mathrm{B}}T/\mu \ll 1$时，$T$ 时的化学势为

$$\mu=E_{\mathrm{F}}\left[1-\frac{\pi^2}{12}\left(\frac{k_{\mathrm{B}}T}{E_{\mathrm{F}}}\right)^2\right] \tag{1-45}$$

当温度达到数千摄氏度时，该温度下的化学势和 0K 化学势相差很大；而在室温附近，T 比较小，该温度下的化学势和费米能差别很小。如图 1-6 所示。可见，化学势在 0K 时等于 E_{F}，但在非基态时，$\mu(T)< E_{\mathrm{F}}$，而且随 T 的升高略有下降。对于金属，室温下，$k_{\mathrm{B}}T/E_{\mathrm{F}}$

为 10^{-2} 量级。μ 和 E_F 数值上相差很小，可以认为二者相等，但二者意义是不同的。$\mu(T)$不再是电子填充的最高能级。

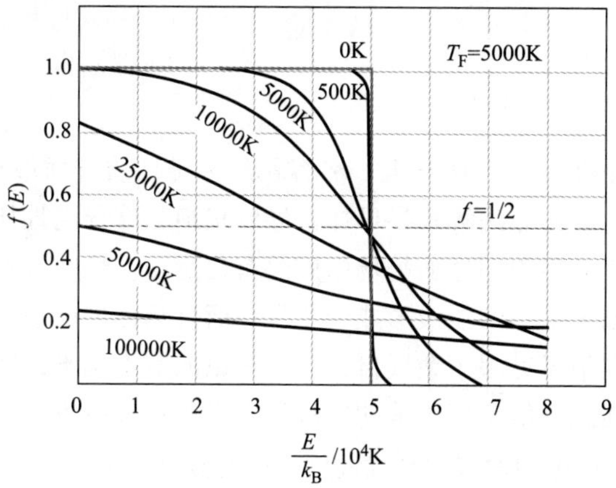

图1-6　费米 - 狄拉克函数与温度的关系

（T_F为费米温度）

一般温度下（温度不太高时），可以用费米能级代替化学势。这时费米 - 狄拉克函数的取值为

$$\begin{aligned} &f(E)>1/2, E<E_F \\ &f(E)=1/2, E=E_F \\ &f(E)<1/2, E=E_F \end{aligned} \tag{1-46}$$

根据式（1-45）估算，相比 0K 状态，只有费米能级附近的电子才有可能跃迁至费米能级以上的状态。这意味着，只有费米能级附近 k_BT 能量区间内电子的分布规律才与 0K 下电子的分布规律有区别。

下面考察激发态下的电子能量，进而分析电子热容。$T>$0K 时，自由电子气的总能量为

$$N\bar{E}=\int_0^{E_F} Eg(E)f(E,T)\mathrm{d}E \tag{1-47}$$

计算得

$$\bar{E}=\frac{3E_F}{5}+\frac{\pi^2}{4}\times\frac{(k_BT)^2}{E_F} \tag{1-48}$$

右侧第一项是基态的电子平均能量，第二项是热激发的能量。

根据式（1-48），计算得到电子气的热容C_e，即

$$C_e=n\frac{\partial\bar{E}}{\partial T}=\gamma T \tag{1-49}$$

式中　γ——电子热容系数，$\gamma=\frac{\pi^2}{2}\times\frac{nk_B^2}{E_F}$；

n——单位体积自由电子数。

与经典理论相比，C_e 与温度有关且与 T 成正比。T 趋近于 0K 时，C_e 也趋近于 0。同时也可以看到，由于 k_BT 远小于 E_F，只有费米面附近的少量电子对热容有贡献，因此 C_e 在数值上比经典结果小很多。这些结果说明自由电子气的量子理论是成功的。

金属的热容应该由晶格热容 C_L 和电子热容 C_e 两部分构成的，如式（1-50）所示。在常温下，电子贡献很小，晶格的贡献是主要的；在低温下，电子的贡献是主要的。

$$C_V = C_e + C_L = \gamma T + \beta T^3 \tag{1-50}$$

式中 C_V——等容热容。

1.4 能带理论

量子自由电子理论在解释金属导电、热容和热传导性质方面取得了一定程度的成功，但是也存在明显的不足，如无法解释半导体、导体和绝缘体导电性质的差异。事实上，晶体中的电子在一个具有晶格周期性的势场中做共有化运动。这时，对应孤立原子中电子的一个能级，在晶体中该类电子的能级形成一个带，而且晶体中电子的能带是倒格子的周期函数。能带理论的建立不仅克服了金属自由电子理论的基本困难，而且使人们对晶体电子结构的认识产生质的飞跃。能带理论成功地解释了固体的许多物理特性，是研究固体性质的重要理论基础。能带理论的发展对当代高度发展的微电子工业做出了奠基性的贡献。

1.4.1 能带理论基本假设和单电子薛定谔方程

量子自由电子理论在阐述金属导电、热容、热传导等性质方面取得了许多成功，但也存在很大的局限性，如自由电子无法解释导体、半导体和绝缘体导电性质的巨大差异，原因是自由电子忽略了电子之间和电子与离子之间的作用。对于一般的晶体，这种作用很强，往往不能忽视。因此，人们研究晶体中的电子，或者说周期场中的电子运动，发展了能带理论。能带理论取得了巨大的成功，已经成为固体理论的重要基础。

材料物理研究的一般范式是根据基本的实验现象和规律，建立基本近似，而后建立物理和数学模型，得到核心方程进行分析。下面首先讨论能带理论的基本近似。

（1）绝热近似

实际材料往往是庞大的多粒子系统，并且包含大量的原子核和核外电子。鉴于原子核的质量远远大于电子的质量，根据原子核的运动，电子可以进行瞬时调整，因此可以将电子从原子核的运动中分离开来，在计算电子状态的时候，可以近似认为原子核静止不动。通过绝热近似，可以将多粒子体系问题转化为多电子系统问题。

（2）平均场近似

由于多个电子之间存在复杂的相互作用，人们采取一种简便的处理方法：用一平均场代替电子与电子间复杂的相互作用，每个电子所处的势场均相等；每个电子在固定的离子实势场和与其他电子的平均势场中运动。通过该近似，多电子问题转化为单电子问题。

（3）周期场近似

周期场近似认为，电子感受到的势场，包括离子实势场和电子之间的平均势场，是一个严格的周期性势场。

$$V(\boldsymbol{r}) = V(\boldsymbol{r} + \boldsymbol{R}_n) \tag{1-51}$$

式中 $\boldsymbol{R}_n$——晶格平移矢量。

在绝热近似、平均场近似和周期场近似下，可以处理晶体中电子运动问题。基于绝热近似、平均场近似和周期场近似，可以得到周期势场中单电子满足的薛定谔方程：

$$\left[-\frac{\hbar^2}{2m}\nabla^2+V(\boldsymbol{r})\right]\psi(\boldsymbol{r})=E\psi(\boldsymbol{r}) \tag{1-52}$$

式中 ψ——单电子的本征态波函数；

E——单电子本征态能量。

1.4.2 布洛赫定理

晶体具有周期性，其势场也是周期性的。因此，电子在周期势场中满足的波函数具有一定的特性，这种特性由布洛赫定理说明。

布洛赫定理指出，具有晶格周期性$V(\boldsymbol{r})=V(\boldsymbol{r}+\boldsymbol{R}_n)$势场运动的单电子薛定谔方程的本征函数具有如下形式。

$$\psi(\boldsymbol{r}+\boldsymbol{R}_n)=\mathrm{e}^{\mathrm{i}\boldsymbol{k}\cdot\boldsymbol{R}_n}\psi(\boldsymbol{r}) \tag{1-53}$$

布洛赫定理说明，在以晶格原胞为周期的势场中运动的电子，当平移晶格矢量$\boldsymbol{R}_n$时，单电子态波函数只增加了相位因子$\mathrm{e}^{\mathrm{i}\boldsymbol{k}\cdot\boldsymbol{R}_n}$。

布洛赫定理可表示为另外一种形式，即

$$\psi(\boldsymbol{r})=\mathrm{e}^{\mathrm{i}\boldsymbol{k}\cdot\boldsymbol{r}}u(\boldsymbol{r}) \tag{1-54}$$

式中 $u(\boldsymbol{r})$——周期函数。

$$u(\boldsymbol{r}+\boldsymbol{R}_n)=u(\boldsymbol{r}) \tag{1-55}$$

可见，布洛赫函数是平面波与周期函数的乘积，或者说布洛赫函数可以写为被周期函数所调幅的平面波（布洛赫波）的形式，其中平面波部分描述了电子的非局域性，而周期函数描述了电子的局域性。需要说明的是，布洛赫定理的两种形式是等价的，可以相互推导出。

布洛赫定理说明，晶体波函数在晶格等效点是相似的。满足布洛赫定理的波函数为布洛赫函数，由它描述的电子为布洛赫电子。

1.4.3 波矢 $\boldsymbol{k}$ 的取值和波矢密度

1.4.3.1 波矢 $\boldsymbol{k}$ 的取值

在晶体周期场中，电子可能的状态由 $\boldsymbol{k}$ 取值决定，$\boldsymbol{k}$ 的取值则由边界条件确定。假设在有限晶体之外还有无穷多完全相同的晶体相互平行地堆积在整个空间内，并与各晶体内部相应位置上的电子状态相同。

沿晶体 $\boldsymbol{a}_1$、$\boldsymbol{a}_2$ 和 $\boldsymbol{a}_3$ 方向各有 N_1、N_2、N_3 个原胞。由周期性边界条件，有

$$\psi_k(\boldsymbol{r})=\psi_k(\boldsymbol{r}+N_1\boldsymbol{a}_1) \tag{1-56}$$

$$\psi_k(\boldsymbol{r})=\psi_k(\boldsymbol{r}+N_2\boldsymbol{a}_2) \tag{1-57}$$

$$\psi_k(\boldsymbol{r})=\psi_k(\boldsymbol{r}+N_3\boldsymbol{a}_3) \tag{1-58}$$

由式（1-56）得到

$$\psi_k(\boldsymbol{r}+N_1\boldsymbol{a}_1)=\mathrm{e}^{\mathrm{i}\boldsymbol{k}\cdot(\boldsymbol{r}+N_1\boldsymbol{a}_1)}u_k(\boldsymbol{r}+N_1\boldsymbol{a}_1)=\mathrm{e}^{\mathrm{i}\boldsymbol{k}\cdot(\boldsymbol{r}+N_1\boldsymbol{a}_1)}u_k(\boldsymbol{r})=\mathrm{e}^{\mathrm{i}\boldsymbol{k}\cdot N_1\boldsymbol{a}_1}\mathrm{e}^{\mathrm{i}\boldsymbol{k}\cdot\boldsymbol{r}}u_k(\boldsymbol{r}) \tag{1-59}$$

而

$$\psi_k(\boldsymbol{r})=e^{\mathrm{i}\boldsymbol{k}\cdot\boldsymbol{r}}u_k(\boldsymbol{r}) \tag{1-60}$$

可见

$$\mathrm{e}^{\mathrm{i}\boldsymbol{k}\cdot N_1\boldsymbol{a}_1}=1 \tag{1-61}$$

必有

$$\boldsymbol{k}N_1\boldsymbol{a}_1 = 2l_1\pi \tag{1-62}$$

式中 l_1——整数。

又

$$\boldsymbol{a}_1 \cdot \boldsymbol{b}_1 = 2\pi \tag{1-63}$$

式中 $\boldsymbol{b}_1$——倒空间一个基矢。

$$\boldsymbol{k} = \frac{2l_1\pi}{N_1\boldsymbol{a}_1} = \frac{l_1\boldsymbol{b}_1}{N_1} \tag{1-64}$$

考虑三维

$$k = \frac{l_1\boldsymbol{b}_1}{N_1} + \frac{l_2\boldsymbol{b}_2}{N_2} + \frac{l_3\boldsymbol{b}_3}{N_3} \tag{1-65}$$

式中 l_1、l_2、l_3——1,2,3,…。

可见，满足周期性边界条件的布洛赫波的波矢只能取一些分立值。

如果波矢 $\boldsymbol{k}$ 换成 $\boldsymbol{k}+\boldsymbol{G}_{\mathrm{h}}$（$\boldsymbol{G}_{\mathrm{h}}$ 是倒格矢），则可以证明

$$\psi_{\boldsymbol{k}}(\boldsymbol{r}) = \psi_{\boldsymbol{k}+\boldsymbol{G}_{\mathrm{h}}}(\boldsymbol{r}) \tag{1-66}$$

$\boldsymbol{k}$ 和 $\boldsymbol{k}+\boldsymbol{G}_{\mathrm{h}}$ 对应同一电子态，因此对应同一能量，故$E(\boldsymbol{k}) = E(\boldsymbol{k}+\boldsymbol{G}_{\mathrm{h}})$。

为使本征函数和本征值一一对应，即使电子的波矢与本征值$E(\boldsymbol{k})$一一对应，必须把波矢$\boldsymbol{k}$的值限制在一个倒格子原胞区间内，通常取第一布里渊区，即

$$-\frac{\boldsymbol{b}_i}{2} < \boldsymbol{k}_i \leqslant \frac{\boldsymbol{b}_i}{2} (i=1,2,3) \tag{1-67}$$

$$-\frac{N_i}{2} < l_i \leqslant \frac{N_i}{2} (i=1,2,3) \tag{1-68}$$

1.4.3.2 波矢密度

由式（1-65）可见，波矢在空间中是均匀分布的，一个分立的波矢量对应一个状态点，其在波矢空间中所占的体积为

$$\frac{\boldsymbol{b}_1}{N_1} \cdot \left(\frac{\boldsymbol{b}_2}{N_2} \times \frac{\boldsymbol{b}_3}{N_3}\right) = \frac{\Omega^*}{N} = \frac{(2\pi)^3}{N\Omega} = \frac{(2\pi)^3}{V} \tag{1-69}$$

式中 $\boldsymbol{b}_1$、$\boldsymbol{b}_2$ 和 $\boldsymbol{b}_3$——倒空间基矢；

Ω、Ω^*——正空间原胞体积和相应倒空间原胞的体积；

V——晶体体积。

一个波矢代表点对应的体积为$\frac{(2\pi)^3}{V}$。电子按波矢分布的态密度为$\frac{V}{(2\pi)^3}$。一个布里渊区含有的状态数$N = \frac{V}{(2\pi)^3} \times \frac{(2\pi)^3}{\Omega}$。

1.4.4 能带结构

1.4.4.1 能带结构的形成

能带的形成是求解布洛赫电子薛定谔方程的必然结果。将布洛赫波函数形式代入单电子薛定谔方程，有

$$\left[-\frac{\hbar^2}{2m}(\nabla + \mathrm{i}k)^2 + V(\boldsymbol{r})\right]u_k(\boldsymbol{r}) = E_n(\boldsymbol{k})u_k(\boldsymbol{r}) \tag{1-70}$$

上述方程相当于是等效算符$[-\frac{\hbar^2}{2m}(\nabla+\mathrm{i}k)^2+V(\boldsymbol{r})]$的本征方程，本征函数为$u_k(\boldsymbol{r})$，本征能量为$E_n(\boldsymbol{k})$。每个$\boldsymbol{k}$都对应一个等效算符。因此，可以从式（1-70）求出一系列能量本征值$E_n(\boldsymbol{k})$以及$u(\boldsymbol{k})$，进而求得$\psi_k(\boldsymbol{r})$。能量本征值与$\boldsymbol{k}$有关，对于一个给定的$\boldsymbol{k}$可由式（1-70）得出多个能量本征值和相应的本征函数。用量子数n（n取1、2、3等）表示第n个能量本征值，即$E_n(\boldsymbol{k})$，相应的本征态即$\psi_{nk}(\boldsymbol{r})$。

$$E_1(\boldsymbol{k}),E_2(\boldsymbol{k}),E_3(\boldsymbol{k}),E_4(\boldsymbol{k}),E_5(\boldsymbol{k}),\cdots,E_n(\boldsymbol{k})$$
$$\psi_{1k}(\boldsymbol{r}),\psi_{2k}(\boldsymbol{r}),\psi_{3k}(\boldsymbol{r}),\psi_{4k}(\boldsymbol{r}),\psi_{5k}(\boldsymbol{r}),\cdots,\psi_{nk}(\boldsymbol{r}) \tag{1-71}$$

波矢相邻取值之间相差很小。显然，对应同一n值，本征能量包含不同的$\boldsymbol{k}$取值所对应的许多能级，这些能级在一定范围内变化，由能量的上下界构成一能带。不同的n值代表不同的能带，量子数n称为带指数，用来标志不同的能带。一般而言，在同一个能带中相邻$\boldsymbol{k}$值的能量差别很小，故$E_n(\boldsymbol{k})$可近似看作是$\boldsymbol{k}$的连续函数。相邻两个能带之间可能出现电子不允许出现的能量间隙，其称为能隙或禁带。在能带理论中，能量本征值$E_n(\boldsymbol{k})$的总体称为晶体的能带结构。图1-7给出了Si的能带结构。

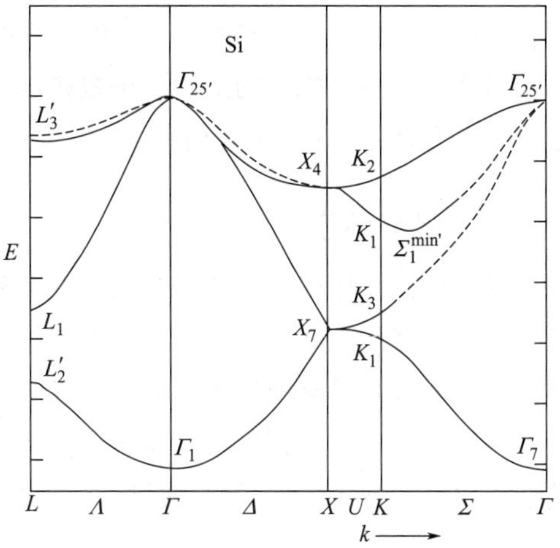

图1-7　Si的能带结构

1.4.4.2　能带结构的性质

可以证明，能带$E_n(\boldsymbol{k})$具有以下对称性：

$$E_n(\boldsymbol{k}+\boldsymbol{G})=E_n(\boldsymbol{k}) \tag{1-72}$$
$$E_n(\boldsymbol{k})=E_n(-\boldsymbol{k}) \tag{1-73}$$

这表明$E_n(\boldsymbol{k})$是$\boldsymbol{k}$的周期函数，又是$\boldsymbol{k}$的偶函数。$E_n(\boldsymbol{k})$是$\boldsymbol{k}$的周期函数，所以只需将$\boldsymbol{k}$的取值限制在一个布里渊区内就可以得到每个能带的全部独立状态，而每个布里渊区内$\boldsymbol{k}$的数目恰好等于晶体原胞数N。因此，每个能带中独立的状态数共有N个，考虑电子自旋后，每个能带可以容纳$2N$个电子。

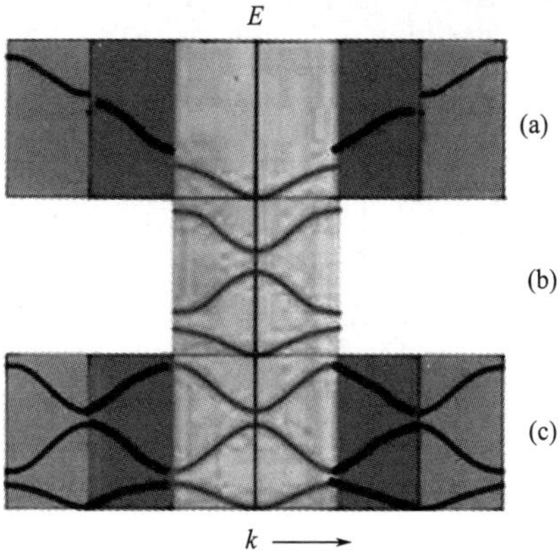

图1-8　电子能带的三种表示方法

（a）扩展区图；（b）简约区图（c）周期区图

1.4.4.3　能带的表示方法

能带有三种表示方法，如图1-8所示。扩展区图，即在不同的布里渊区画出不同的能带；简约区图，即将不同能带平移适当的倒格矢到第一布里渊区内表示（在简约布里渊区内画出所有的能带）；周期区图，即在每一个布里渊区中周期性地画出所有能带。

1.4.5 布洛赫电子等能面和能态密度

1.4.5.1 等能面

在三维空间内不可能绘出$E_n(\boldsymbol{k})$的完整图像，那么$E_n(\boldsymbol{k})$在$\boldsymbol{k}$空间中的等能面是了解能带性质的一个重要方面。在分析晶体的物理性质时，特别是电子输运性质时，最重要的是未填满的能带，它在$\boldsymbol{k}$空间的等能面特别重要。金属中$E_n(\boldsymbol{k})=E_F$的面为费米面，费米面是了解金属物理性质的重要方面。自由电子气的等能面是球面，但能带中的等能面的形状是很复杂的。图 1-9 给出了简单立方晶体 s 带的等能面。

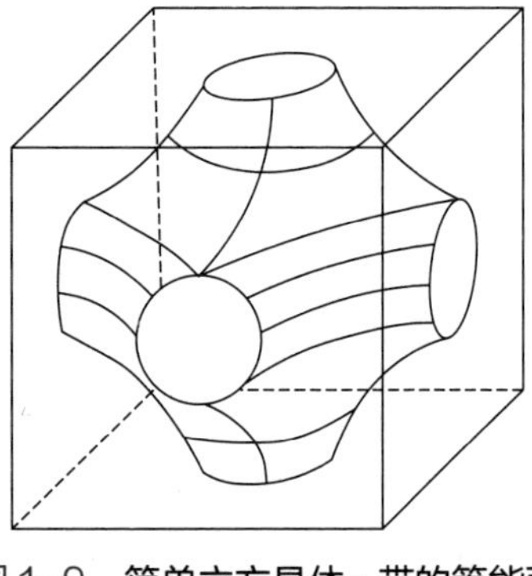

图 1-9 简单立方晶体 s 带的等能面

1.4.5.2 能态密度

下面讨论晶格周期性势场对能态密度和费米面的影响。在原子中，电子的本征状态形成一系列的能级，并可以具体标明各能级的能量，说明它们的分布情况。当原子形成固体时，电子能级是异常密集的，形成准连续分布。此时，标明其中每个能级的能量是没有意义的。为了描述这种情形下的状况，引入“能级密度”的概念。考虑能量在 E 到 $E+\Delta E$ 间的能态数目，若 ΔZ 表示能态数目，则能态密度定义为

$$g(E)=\lim_{\Delta E\to 0}\frac{\Delta Z}{\Delta E} \tag{1-74}$$

如果在波矢空间中，根据$E(\boldsymbol{k})=$常数作出等能面，那么在等能面 E 到 $E+\Delta E$ 间的状态数目就是 ΔZ。由于状态在 $\boldsymbol{k}$ 空间分布是均匀、准连续的，其状态密度是 $V/[(2\pi)^3]$。因此，可以根据$E(\boldsymbol{k})$的函数关系画出空间的等能面，并计算 E 到 $E+\Delta E$ 间的状态数目。

$$\Delta Z=\frac{V}{(2\pi)^3}\times\Delta V \tag{1-75}$$

式中 ΔV——能量在 E 到 $E+\Delta E$ 的等能面之间的体积。

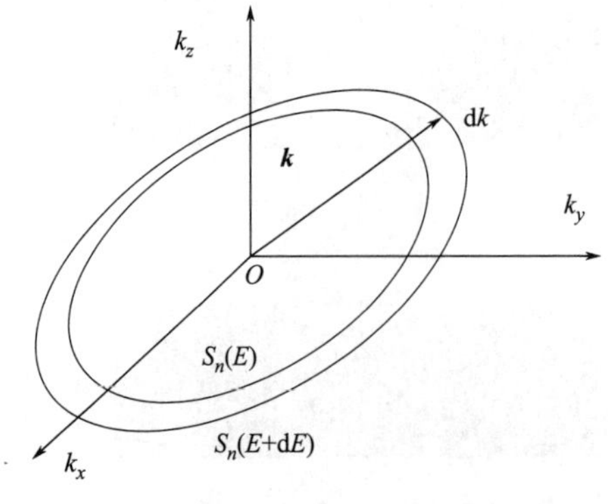

图 1-10 能量为 E 和 $E+\mathrm{d}E$ 的两个等能面

等能面的体积如图 1-10 所示，可以对体积元 $\mathrm{d}S\mathrm{d}k$ 积分，因此有

$$\Delta Z=\frac{V}{(2\pi)^3}\int\mathrm{d}S\mathrm{d}k \tag{1-76}$$

式中 $\mathrm{d}k$——两等能面之间的垂直距离；

$\mathrm{d}S$——面积元。

$$\mathrm{d}k\left|\nabla_k E\right|=\Delta E \tag{1-77}$$

因为$\left|\nabla_k E\right|$表示沿法线方向能量的改变率，且 ΔE 很小，因此有

$$\Delta Z=\left[\frac{V}{(2\pi)^3}\int\frac{\mathrm{d}S}{\left|\nabla_k E\right|}\right]\Delta E \tag{1-78}$$

得到能态密度的一般表达式：

$$g(E)=\frac{V}{(2\pi)^3}\int\frac{\mathrm{d}S}{|\nabla_k E|} \tag{1-79}$$

考虑到电子的自旋，能态密度为

$$g(E)=2\frac{V}{(2\pi)^3}\int\frac{\mathrm{d}S}{|\nabla_k E|} \tag{1-80}$$

以上仅考虑一条能带，事实上，能态密度应该对应所有能带的计算结果之和。

$$g(E)=\sum_n g_n(E) \tag{1-81}$$

态密度与 $\boldsymbol{k}$ 空间等能面形状和分布有很大关系。以二维晶体为例，如图 1-11 所示，分析态密度和等能面的关系。

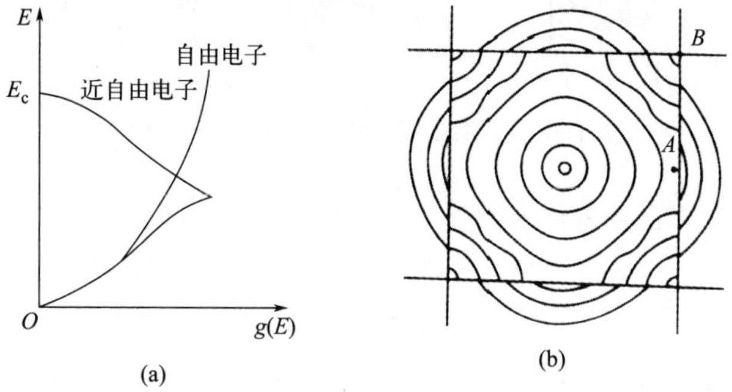

图 1-11　近自由电子态密度（a）和等能面（b）

由图 1-11（a）可知，$\boldsymbol{k}$ 远离布里渊区边界时，近自由电子的能量与自由电子相差很小，态密度也同自由电子十分接近，此时 $\boldsymbol{k}$ 空间内等能面和球面接近（二维情况下是圆），如图 1-11（b）所示。当 $\boldsymbol{k}$ 接近布里渊区边界时，近自由电子的能量严重偏离自由电子，其态密度开始逐渐偏离自由电子的态密度，随着 $\boldsymbol{k}$ 逐渐接近布里渊区，等能面与球形的差别越来越大。原因在于周期势场的微扰使能量降低，也就是说要达到同样的能量 E，就需要更大的 $\boldsymbol{k}$，结果等能面将向外凸出；能量接近第一布里渊区边界时，等能面一个比一个更加强烈地凸出，于是态密度比真空自由电子偏大，并在 A 处达到最大值。当能量超过 E_A 时，由于等能面开始残缺，面积不断下降，于是态密度开始下降；直到布里渊区顶角 B 时，等能面缩为几个顶角点，态密度也降为 0。

1.4.5.3　金属的费米面

严格讲，实际金属中的费米面要经过复杂计算或通过实验测定的方法来确定。费米面的存在是金属的重要特性，所以定性地给出费米面同样具有重要的意义。以二维正方晶格为例，分析自由电子近似下的金属费米面的构建。自由电子的费米面为球面（二维情况下是圆）。每个布里渊区可以填充 $2N$ 个电子，N 是晶体的原胞数。自由电子体系在布里渊区边界没有能隙，根据费米波矢的大小与布里渊区的大小可以直接判断费米面是否进入下一个布里渊区。当每个原胞含一个电子时，费米面位于第一布里渊区；当每个原胞中价电子 n=1，2 时，二维正方晶格的自由电子费米面见图 1-12。n 为 2 时，第一布里渊区和第二布里渊区都有电子占据，但两个布里渊区都未满。注意，布里渊区中的费米面都可以在第一布里渊区中用简约区的形式表示出来。

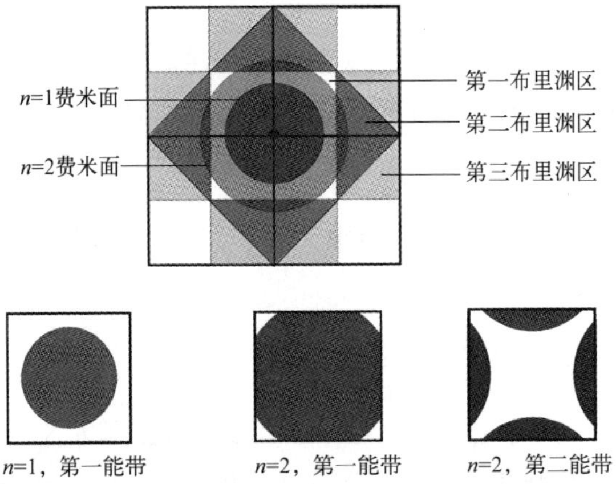

图 1-12 二维正方晶格的自由电子费米面

对于实际金属而言，费米面非常复杂。碱金属（Li、Na、K、Rb、Cs）具有体心立方结构，每个原胞有一个原子，每个原子提供一个价电子，仅能填充半个能带，此时，费米面与球相似。

贵金属（Cu、Ag、Au）具有面心立方金属结构，第一布里渊区为十四面体。Cu 中的 $4s^1$ 电子可以看成是近自由电子，则费米面应包含在第一布里渊内。但费米面与六边形布里渊区面很接近，费米面发生很大畸变，凸向布里渊区界面，如图 1-13 所示。

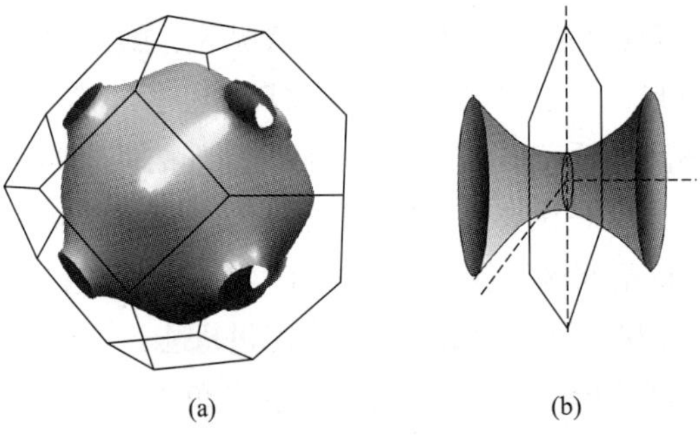

图 1-13 Cu 的费米面（a）及费米面在布里渊区边界的形状（b）

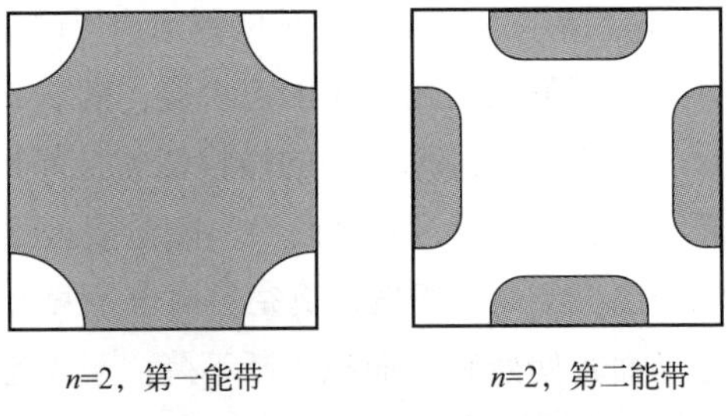

图 1-14 二维正方格子近自由电子近似下的费米面（n 为每个原胞中的价电子数）

下面讨论近自由电子近似情况下金属的费米面的构造。如前所示，$\boldsymbol{k}$ 远离布里渊区时，近自由电子能量同自由电子能量相近。所以在定性构造费米面时，只要知道布里渊区边界附近费米面的形状，就可以大致知道费米面的形状。利用近自由电子近似构造费米面时，总结以下几点：a. 由于周期场的微扰，在布里渊区边界出现能隙；b. 所有能带内的费米面都可以在第一布里渊区内表示出来；c. 等能面（包括费米面）与布里渊区边界垂直相交。二维正方格子近自由电子近似下的费米面，如图 1-14 所示。$n=1$ 时，费米面在第一布里渊区内部（全部位于第一能带），此时费米面与自由电子的情形相近，与圆相差不多。$n=2$ 时，费米面与布里渊区边界垂直相割，在布里渊区边界上，费米面发生很大的畸变。

1.4.6　准经典近似

了解了固体中电子的能量（本征值），可以根据统计物理的一般原理，研究诸如比热容和热激发等与电子统计有关的问题；求解电子的能量（本征值）和能级（本征态），可以分析电子的跃迁问题；如何研究晶体中的布洛赫电子在外场中的运动规律，也是人们比较关注的问题。利用量子力学，求解含外场的薛定谔方程非常复杂和困难，物理图像也不直观，因此，经常采用准经典近似。准经典近似把波矢在一个很小范围内变化的布洛赫函数叠加起来，形成一个“波包”。“波包”描述的电子在空间的分布不再具有晶格周期性，而在某一范围内出现的概率最大。一定条件下，可以把布洛赫电子等价于某种波包的运动。引入波包，可以解决布洛赫电子在晶体中的位置问题，波包的群速度可以代表电子在 $\boldsymbol{r}$ 空间的平均速度。把布洛赫波当作准经典粒子，外场引起的布洛赫电子状态的变化，可以通过有效质量和准动量表示为经典力学形式。把布洛赫电子作为准经典粒子的近似处理方法称为准经典近似。由于布洛赫波有色散现象，稳定的波包包含的波矢范围是一个很小的量，布洛赫波有独立物理意义的波矢被限制在简约布里渊区内，因此波包中波矢的变化范围 k 应远小于布里渊区的尺度。

1.4.6.1　晶体中电子的速度

电子的粒子性可以通过由波矢相近的许多布洛赫波的叠加来表示。电子在$\boldsymbol{r}$空间运动的平均速度，即波包的群速度，由波动力学，有

$$v_{\mathrm{g}}=\frac{\partial\omega}{\partial\boldsymbol{k}} \tag{1-82}$$

由爱因斯坦关系得到

$$E=\hbar\omega \tag{1-83}$$

因此

$$v=\frac{1}{\hbar}\times\frac{\partial E}{\partial\boldsymbol{k}} \tag{1-84}$$

对于三维空间，有

$$v=\frac{1}{\hbar}\nabla_{\boldsymbol{k}}E(\boldsymbol{k}) \tag{1-85}$$

由式（1-85）可见，对于完美的晶体，布洛赫电子速度只与能量和波矢有关，对时间和空间而言是常数，平均速度不会衰减；这也说明晶体中的电子不会被晶体中静止的原子散射，具有严格周期性的晶体电阻为 0。

由式（1-85）还可以看到，晶体电子速度是 $\boldsymbol{k}$ 的奇函数，即

$$\boldsymbol{v}(\boldsymbol{k})=-\boldsymbol{v}(-\boldsymbol{k}) \tag{1-86}$$

晶体中电子的平均运动速度取决于能带结构在 $\boldsymbol{k}$ 空间的变化率。

$$\boldsymbol{v}_n(\boldsymbol{k})=\frac{1}{\hbar}\nabla_{\boldsymbol{k}}E_n(\boldsymbol{k}) \tag{1-87}$$

以一维晶格为例，图 1-15 给出了波包速度的分布，可

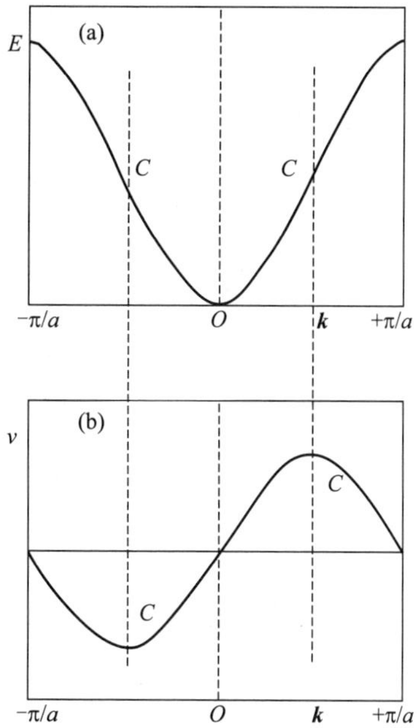

图1-15　波包速度的分布

见，对应图 1-15（a）中$\frac{\mathrm{d}E}{\mathrm{d}k}=0$的状态（即能带带顶和带底的位置）波包速度为 0；$\frac{\mathrm{d}^2E}{\mathrm{d}k^2}=0$代表速度最大的位置，这时对应$k=\frac{\pi}{2a}$，即曲线 C 处。

1.4.6.2　晶体电子的准动量

在波矢 k 空间内，电子的能量等于定值的曲面为等能面，对于自由电子，等能面为一个同心球面；对于布洛赫电子，$\hbar k$具有动量的量纲，称为准动量。

在下列条件下用准经典的模型处理：外场的波长远大于晶格常数，即需要外场的频率满足

$$\hbar\omega \leqslant E_{\mathrm{g}} \tag{1-88}$$

在外场作用下，单位时间内晶体电子的能量变化为

$$\frac{\mathrm{d}E}{\mathrm{d}t}=F\cdot v \tag{1-89}$$

布洛赫电子能量$E(\boldsymbol{k})$取决于状态波矢 $\boldsymbol{k}$，在外场作用下，电子波矢的变化导致电子能量的变化，即

$$\frac{\mathrm{d}E}{\mathrm{d}t}=\frac{\mathrm{d}E}{\mathrm{d}\boldsymbol{k}}\times\frac{\mathrm{d}\boldsymbol{k}}{\mathrm{d}t}=v\frac{\mathrm{d}(\hbar\boldsymbol{k})}{\mathrm{d}t} \tag{1-90}$$

$\frac{\mathrm{d}(\hbar\boldsymbol{k})}{\mathrm{d}t}=F$类似于牛顿第二定律。$\hbar k$具有准动量的作用。

1.4.6.3　晶体电子的有效质量

如果晶体中的电子受外场力作用，外场力引起晶体电子状态的变化，引起电子速度的变化，电子的平均加速度为

$$\frac{\mathrm{d}\boldsymbol{v}}{\mathrm{d}t}=\frac{\mathrm{d}}{\mathrm{d}t}\left[\frac{1}{\hbar}\nabla_k E(\boldsymbol{k})\right]=\frac{1}{\hbar}\times\frac{\partial^2 E(\boldsymbol{k})}{\partial\boldsymbol{k}\partial\boldsymbol{k}}\times\frac{\mathrm{d}\boldsymbol{k}}{\mathrm{d}t} \tag{1-91}$$

$$\frac{\mathrm{d}(\hbar\boldsymbol{k})}{\mathrm{d}t}=\boldsymbol{F} \tag{1-92}$$

$$\frac{\mathrm{d}\boldsymbol{v}}{\mathrm{d}t}=\frac{1}{\hbar^2}\times\frac{\partial^2 E(\boldsymbol{k})}{\partial\boldsymbol{k}\partial\boldsymbol{k}}\cdot\boldsymbol{F}=\frac{1}{\hbar^2}\nabla_{\boldsymbol{k}}^2 E(\boldsymbol{k})\cdot\boldsymbol{F} \tag{1-93}$$

写为矩阵形式

$$\begin{bmatrix}\frac{\mathrm{d}\boldsymbol{v}_x}{\mathrm{d}t}\\ \frac{\mathrm{d}\boldsymbol{v}_y}{\mathrm{d}t}\\ \frac{\mathrm{d}\boldsymbol{v}_z}{\mathrm{d}t}\end{bmatrix}=\frac{1}{\hbar^2}\begin{bmatrix}\frac{\partial^2E}{\partial k_x^2} & \frac{\partial^2E}{\partial k_x\partial k_y} & \frac{\partial^2E}{\partial k_x\partial k_z}\\ \frac{\partial^2E}{\partial k_y\partial k_x} & \frac{\partial^2E}{\partial k_y^2} & \frac{\partial^2E}{\partial k_y\partial k_z}\\ \frac{\partial^2E}{\partial k_z\partial k_x} & \frac{\partial^2E}{\partial k_z\partial k_y} & \frac{\partial^2E}{\partial k_z^2}\end{bmatrix}\begin{bmatrix}F_x\\ F_y\\ F_z\end{bmatrix} \tag{1-94}$$

对比牛顿定律：

$$\frac{\mathrm{d}\boldsymbol{v}}{\mathrm{d}t}=\frac{1}{m}\boldsymbol{F} \tag{1-95}$$

由此可以定义有效质量m^*，有效质量的倒数为

$$\frac{1}{m^*} \equiv \frac{1}{\hbar^2}\begin{bmatrix} \frac{\partial^2 E}{\partial k_x^2} & \frac{\partial^2 E}{\partial k_x \partial k_y} & \frac{\partial^2 E}{\partial k_x \partial k_z} \\ \frac{\partial^2 E}{\partial k_y \partial k_x} & \frac{\partial^2 E}{\partial k_y^2} & \frac{\partial^2 E}{\partial k_y \partial k_z} \\ \frac{\partial^2 E}{\partial k_z \partial k_x} & \frac{\partial^2 E}{\partial k_z \partial k_y} & \frac{\partial^2 E}{\partial k_z^2} \end{bmatrix} \tag{1-96}$$

$\frac{1}{\hbar^2}\begin{bmatrix} \frac{\partial^2 E}{\partial k_x^2} & \frac{\partial^2 E}{\partial k_x \partial k_y} & \frac{\partial^2 E}{\partial k_x \partial k_z} \\ \frac{\partial^2 E}{\partial k_y \partial k_x} & \frac{\partial^2 E}{\partial k_y^2} & \frac{\partial^2 E}{\partial k_y \partial k_z} \\ \frac{\partial^2 E}{\partial k_z \partial k_x} & \frac{\partial^2 E}{\partial k_z \partial k_y} & \frac{\partial^2 E}{\partial k_z^2} \end{bmatrix}$与电子质量的倒数相当。

对于 E-k 各向同性材料定义有效质量

$$\frac{1}{m^*} = \frac{1}{\hbar^2} \times \frac{\partial^2 E(\boldsymbol{k})}{\partial \boldsymbol{k} \partial \boldsymbol{k}} \tag{1-97}$$

$$m^* = \hbar^2 \left(\frac{\partial^2 E(\boldsymbol{k})}{\partial k^2} \right)^{-1} \tag{1-98}$$

有效质量把晶体中电子准经典运动的加速度和外场力直接联系起来，当外力作用于晶体时，晶体中电子状态的变化是外力与晶体周期场共同作用的结果。引入有效质量的意义就在于它概括了晶格周期场的作用，使电子的加速度与外力直接联系起来，且满足简单的关系：

$$\boldsymbol{F} = m^* \boldsymbol{a} \tag{1-99}$$

式中　F——外场力。

显然，有效质量的引入，避免了周期场作用力，使问题简化。有效质量可以是正，也可以是负。在能带底和能带顶，$E(\boldsymbol{k})$取极小值和极大值，分别具有正值和负值的二级微商。因此在能带底，有效质量为正；在能带顶，有效质量为负；在拐点处，二阶微商为 0，有效质量为无穷大。

1.4.7　导体、半导体和绝缘体的能带论解释

自然界的物质导电性能差异很大，可以分为半导体（ρ 在 10^{-2}～$10^{9}\Omega \cdot$ cm 之间）、导体（$\rho < 10^{-6}\Omega \cdot$ cm）和绝缘体（ρ 在 10^{14}～$10^{22}\Omega \cdot$ cm 之间）。导体、半导体和绝缘体的本质区别在于能带结构的不同。我们首先从能带和能级的角度考察电子在晶体中按能级的排布，而后考察导体、半导体和绝缘体的能带结构。

1.4.7.1　能带的填充

电子是费米子，其排布原则为：a. 服从泡利不相容原理；b. 服从能量最小原理。各能带被电子全充满的条件：

s 能带：无简并，$2N$ 个电子达到全充满状态；

p 能带：3 个能带交叠而成，$6N$ 个电子达到全充满状态；

d 能带：5 个能带交叠而成，$10N$ 个电子达到全充满状态。

例如，钠的电子排布为 $1s^2 2s^2 2p^6 3s^1$，N 个原胞，对于孤立原子，N 个原子共有 $2N$ 个 1s 电子填充到 1s 态；对于晶体，此 $2N$ 个电子充满 1s 能带。同理，对于孤立原子，N 个原子共有 $2N$ 个 2s 电子填充 2s 态，N 个原子共有 $6N$ 个 2p 电子填充 2p 态，N 个原子共有 N 个 3s 电子填充 3s 态；对于晶体，则有 $2N$ 个电子充满 2s 能带，$6N$ 个电子充满 2p 能带，N 个电子填充 3s 能带。

孤立原子的内层电子能级一般是填满的，在形成固体时，其相应的能带也填满了电子，而外层电子能级可能填满，也可能未填满，因此相应的能带不一定全部填满电子。实际上，影响晶体性质的主要是不满能带中的电子。

各能级被电子填满的能带为满带；各能级没有电子填充的能带为空带；价带则是由价电子能级分裂而形成的能带。通常情况下，价带为能量最高的能带，可以是满带，也可以是不满带。导带指未被电子填满的能带，或最下面的一个空带。

1.4.7.2 固体导电性

固体导电的基本规律是满带电子不导电，不满带电子在无外电场作用下不导电，不满带电子在外电场作用下导电。

（1）满带情况

考虑满带情况。能带中每个电子对电流的贡献为$-ev(\boldsymbol{k})$，带中所有电子的贡献为

$$j=-ev(\boldsymbol{k})n \tag{1-100}$$

能带中电子对称分布，$\boldsymbol{k}$ 和 $-\boldsymbol{k}$ 态具有相同的能量，即

$$E_n(\boldsymbol{k})=E_n(-\boldsymbol{k}) \tag{1-101}$$

波矢为 $\boldsymbol{k}$ 的电子的速度

$$v(\boldsymbol{k})=\frac{1}{\hbar}\nabla_{\boldsymbol{k}}E \tag{1-102}$$

可以得到

$$v(\boldsymbol{k})=-v(-\boldsymbol{k}) \tag{1-103}$$

即处于同一能带上 $\boldsymbol{k}$ 态和 $-\boldsymbol{k}$ 态的电子速度大小相等，方向相反。

无外场时，热平衡状态下，电子占据波矢 $\boldsymbol{k}$ 和 $-\boldsymbol{k}$ 状态的概率相等。每个电子产生的电流 $-e\boldsymbol{v}$，对电流的贡献相互抵消，总电流为 0，如图 1-16 所示。可见，晶体中的满带在无外场时，不产生电流。

有外场时，若电子受到作用力，则

$$\boldsymbol{F}=-q\boldsymbol{E} \tag{1-104}$$

电子动量的变化：

$$\frac{\mathrm{d}(\hbar\boldsymbol{k})}{\mathrm{d}t}=\boldsymbol{F} \tag{1-105}$$

综上，得到

$$\frac{\mathrm{d}\boldsymbol{k}}{\mathrm{d}t}=-\frac{1}{\hbar}q\boldsymbol{E} \tag{1-106}$$

所有电子状态以相同的速度沿着电场的反方向运动。对于满带的情形，电子的运动不

改变布里渊区中电子的分布，满带中的电子不产生宏观的电流，如图 1-17 所示。满带电子在有无电场时均不导电。

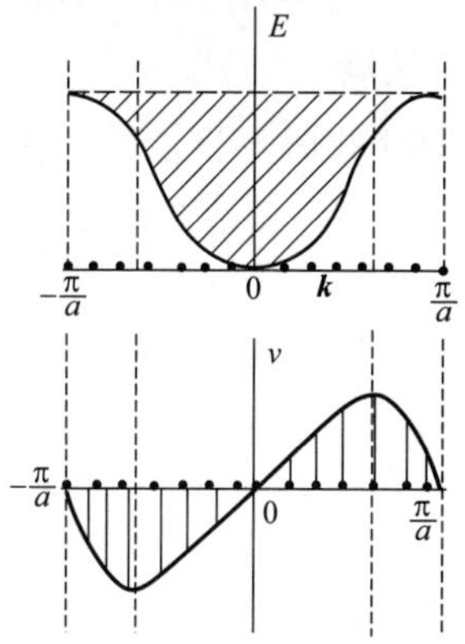

图 1-16　无外场作用时电子的能量和速度分布

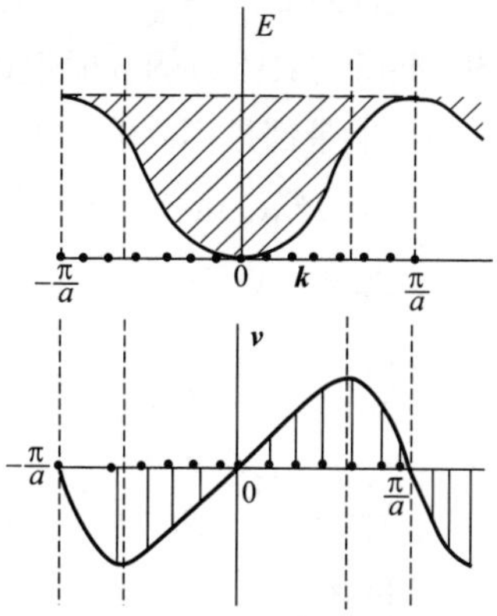

图 1-17　有电场满带情况下电子的能量和速度分布

（2）不满带情况

现在考虑不满带情况，如图 1-18 所示，无外场时，热平衡状态下，电子占据波矢 $\boldsymbol{k}$ 和 $-\boldsymbol{k}$ 状态的概率相等，虽未被全部充满，但波矢为 $\boldsymbol{k}$ 态和 $-\boldsymbol{k}$ 态的电子速度大小相等，方向相反，对电流的贡献抵消，总电流为 0。晶体中的不满带在无外场作用时，不产生电流。有外电场作用时，如图 1-19 所示，有外场作用时，电子的状态在 $\boldsymbol{k}$ 空间发生平移，这破坏了原来的对称分布。沿电场方向与反电场方向运动的电子数目不相等，这时电子对电流的贡献只有部分抵消，总电流不为 0，即宏观上产生电流。

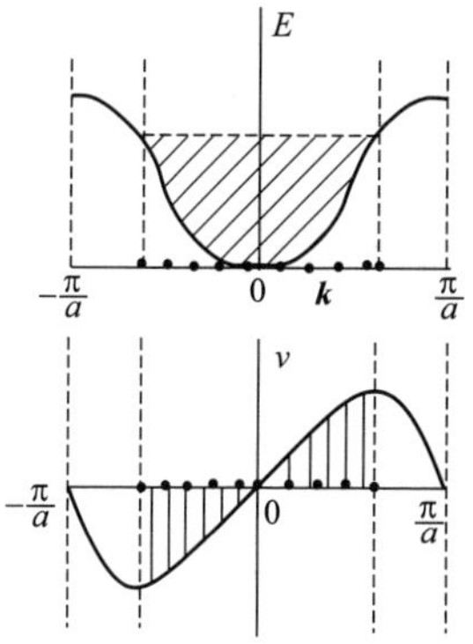

图 1-18　不满带电子无外电场情况下电子能量和速度分布

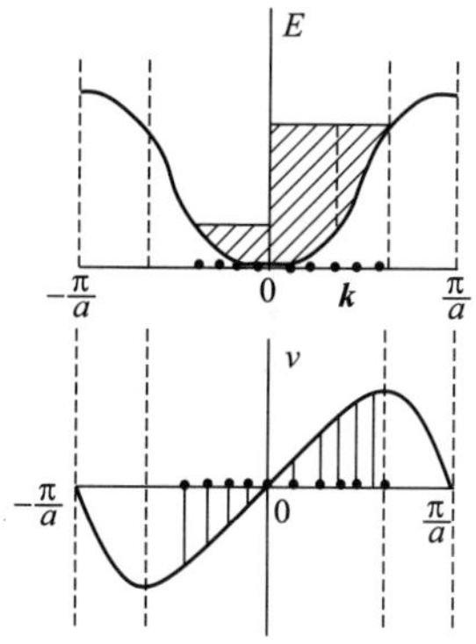

图 1-19　不满带电子在外电场作用下导电

1.4.7.3　导体、半导体、绝缘体的区分

（1）导体

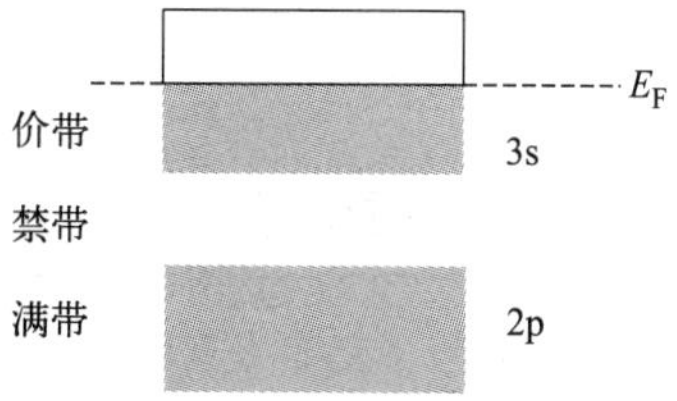

图 1-20　导体的能带结构

在 0K，系统处于基态。电子按能量由低到高的顺序填充能带中的状态。如果最后填充的能带不满（如图 1-20 所示），则它必然是导电的，因此是导体，如钠、锂、钾等

晶体。

对镁而言，其电子排布是 $1s^22s^22p^63s^2$。N 个原子组成的晶体，其 $2N$ 个价电子似乎刚好填满一个 s 能带的 $2N$ 个状态，从而得到不导电的结论，这个结论不正确。实际上，这些元素晶体的 s 能带与其上方的 p 能带是交叠的，电子在没有填满 s 能带以前，已开始填充 p 能带，这样两个能带都是不满的，因此具有导电性，如图 1-21 和图 1-22 所示。其他碱土金属 Be、Ca 也与镁类似，这种导电性为混合型导电。

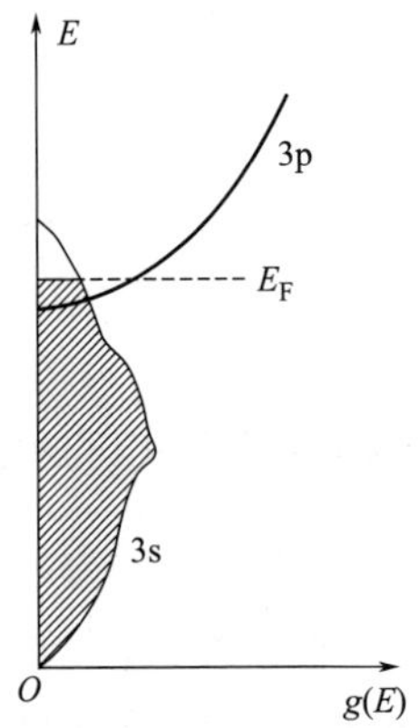

图1-21 Mg 的能带重叠 [$g(E)$ 为态密度]

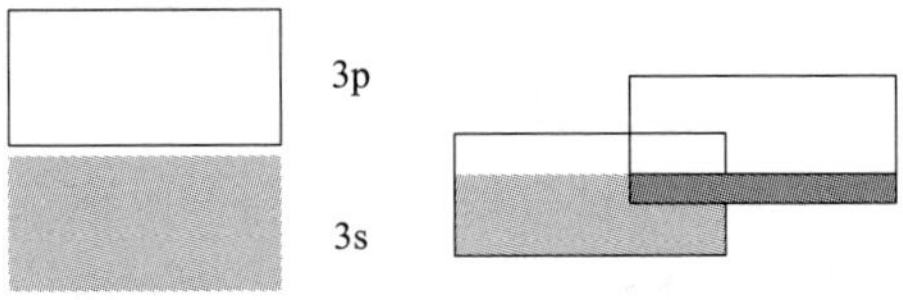

图1-22 Mg 的能带重叠示意图

（2）绝缘体和半导体

原子中的电子是满壳层分布的，电子填满一系列的能带，最上面满带即价带，在一般情况下，价带之上的能带没有电子，是空带，如图 1-23 所示。通常，将最靠近价带的空带称为导带。价带和导带之间存在一个很宽的禁带。

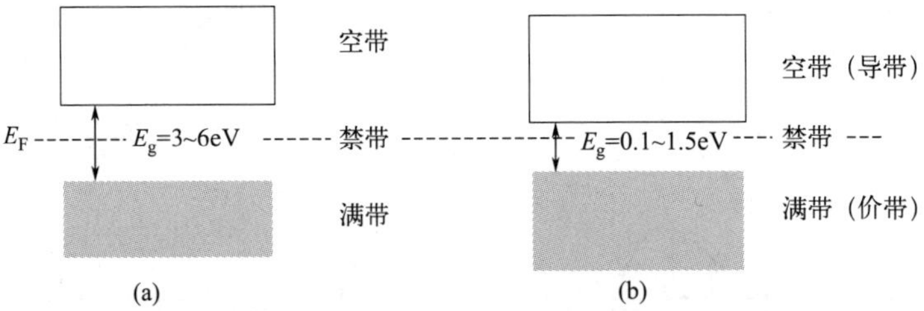

图1-23 绝缘体（a）和半导体（b）的能带结构

从能带论的角度看，绝缘体和半导体没有本质的差别，半导体应当算是绝缘体的一个子类，它们的差别仅仅在于禁带宽度 E_g 的大小不同。对于绝缘体来说，禁带一般在 3～6eV，对半导体而言，禁带一般在 0.1～1.5eV。二者之间没有严格界限。

本章小结

微观粒子具有波粒二象性，可以用德布罗意关系式描述。用波函数描述粒子的状态，波函数模的平方表示该时刻在空间 r 处单位体积发现粒子的概率，即概率密度，波函数必须是有界的、单值的、连续的、平方可积的。波函数的统计诠释是量子力学基本假设之一。

所有基本粒子都具有自旋特性。凡是自旋量子数为半整数的粒子为费米子；自旋量子数为整数的粒子为玻色子。电子是典型的费米子。费米子满足泡利不相容原理。波函数满足的方程就是薛定谔方程。薛定谔方程的地位同经典牛顿第二定律相当。薛定谔方程也是量子力学的基本假定。

基于体系每个粒子的能级结构求解温度为 T 时每个能级被多少粒子占据的问题，需要用统计物理来解决。经典粒子分布满足玻尔兹曼统计，玻色子满足玻色 - 爱因斯坦统计，费米子满足费米 - 狄拉克统计分布。

自由电子气的量子理论基于独立电子近似、自由电子近似和弛豫时间近似。求解自由电子单电子薛定谔方程，得到自由电子波函数形式为平面波，相应的能量和波矢的平方成正比。根据周期性边界条件得出，对于有限尺寸的固体，描述自由电子状态的波矢取值是分立的、不连续的。定义能量 E 附近单位能量区间具有的电子态的数量为能态密度，0K 时电子系统的化学势是自由电子气基态中电子的最高能量，该能量称为费米能。根据费米 - 狄拉克统计分布分析了基态和激发态条件下的电子能量状态。

针对晶体中的电子（周期场中的电子）运动，发展出能带理论。能带基本近似包括绝热近似、平均场近似和周期场近似。布洛赫定理给出了周期性势场中电子波函数的形式。将布洛赫波函数形式代入单电子薛定谔方程，求解得到能带结构。能带结构说明电子能量 E 是波矢 k 的偶函数，也是 k 的周期函数。能带结构可以用扩展区图、周期区图和简约区图表示。经常采用准经典近似研究晶体中的电子在外场作用下的运动问题，研究晶体中电子的速度和有效质量。

思考题

1. 波函数的意义是什么？
2. 量子力学的建立基于几个基本的假定，试列举。
3. 经典粒子、玻色子和费米子有哪些不同？
4. 金属自由电子等能面和费米面是何形状？费米能与哪些因素有关？
5. 布洛赫电子论做了哪些基本近似？它与金属自由电子论相比有哪些改进？
6. 一个能带有准连续能级的物理原因是什么？
7. 试述有效质量的意义，引入有效质量有何用处？
8. 试用能带理论解释金属、半导体和绝缘体的导电性。

第2章 缺陷物理

本章提要

晶体的缺陷对晶体的性质具有重要的影响。本章首先叙述了晶体缺陷的概念，包括点缺陷、线缺陷、面缺陷和体缺陷。而后讲述了缺陷的分类：本征缺陷、杂质缺陷和电子缺陷。在此基础上讲述了缺陷平衡问题，介绍了热缺陷的吉布斯自由能判据和点缺陷浓度。随后讲述了缺陷和扩散问题，介绍了固态扩散的宏观规律，阐述了扩散的微观机制。重点讲述了离子晶体中的点缺陷，介绍了色心。最后讲述了位错类型和位错能，分析了位错滑移与塑性变形的关系，介绍了位错对晶体性质的影响。

即使在0K时，实际晶体也不是所有原子都严格按周期性规律排列的。晶体总是存在一些微小的区域，在这些区域内原子的周期性排列遭到破坏。这些区域称为晶体缺陷。按照缺陷区相对于晶体的大小可以分为点缺陷、线缺陷、面缺陷和体缺陷四种。一般来说，晶体缺陷的浓度很低，但是对于晶体性质的影响非常显著。晶体缺陷显著影响晶体的力学性质、物理性质（如电导率、扩散系数）、化学性质（如耐蚀性），以及冶金性能（如固态相变）等。本章将介绍晶体中主要的缺陷，包括典型的点缺陷、线缺陷和面缺陷。

2.1 晶体结构的缺陷

晶体缺陷按照尺寸可以分为点缺陷、线缺陷和面缺陷，分别对应零维、一维、二维情况。此外，也有人提出存在三维缺陷——体缺陷。如果在任意方向上缺陷区的尺寸都可以与晶体或晶粒的线度相比拟，则称为体缺陷。典型体缺陷包括镶嵌块亚结构、沉淀相、空洞、气泡和层错四面体等。鉴于各种缺陷对材料物理性质的影响不同，本节只讨论点缺陷、线缺陷和面缺陷。

2.1.1 点缺陷

点缺陷是最简单的晶体缺陷，它是在结点上或邻近的微观区域内偏离晶体结构原子正常排列的一种缺陷。点缺陷发生在晶体中一个或几个晶格常数范围内，在三维方向上的尺寸都很小。例如，溶解于晶体中的杂质原子就是点缺陷；晶体点阵阵点上的原子进入点阵间隙中会同时形成两个点缺陷——空位和间隙原子。空位、间隙原子（如图 2-1 所示）、置换原子都是典型的点缺陷。

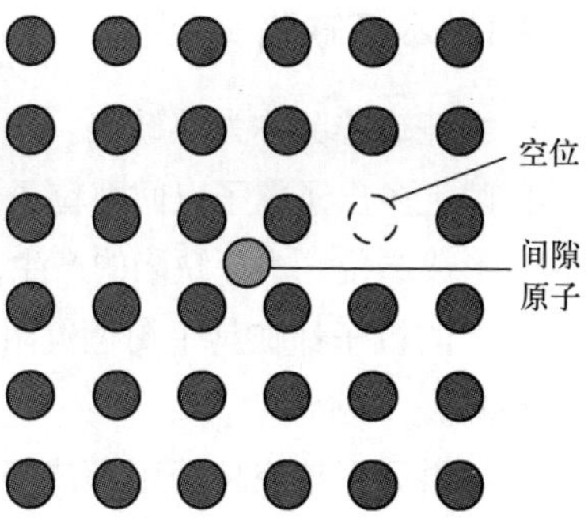

图 2-1 空位和间隙原子

2.1.2 线缺陷

线缺陷是指二维尺度很小而第三维尺度很大的缺陷，其特征是两个方向尺寸很小而另外一个方向延伸较长，也称一维缺陷，其集中表现形式是位错，由晶体中原子平面的错动引起。位错根据几何结构可分为刃型位错和螺型位错，如图 2-2 所示。

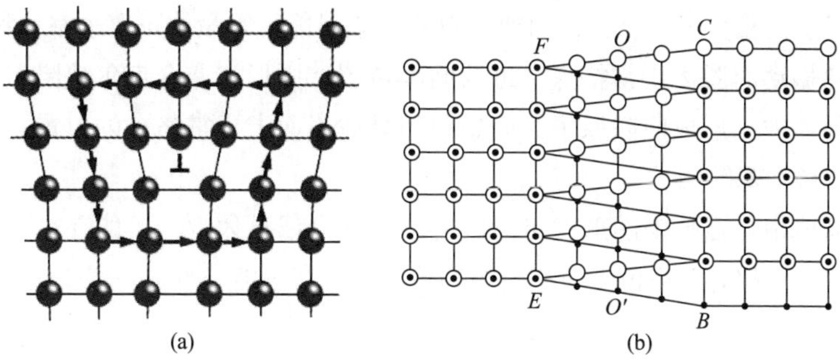

图 2-2 刃型位错（a）和螺型位错（b）

2.1.3 面缺陷

晶体常被一些界面分隔成许多较小的畴区，畴区内具有较高的原子排列完整性，而畴区之间的界面附近存在着较严重的原子错排。这种发生于整个界面上的广延缺陷被称作面缺陷。在工程材料学中，面缺陷是指二维尺度很大而第三维尺度很小的缺陷。典型面缺陷包括表面缺陷、相界面缺陷和晶界缺陷。图 2-3 给出了 WC/ZrO_2 相界面的高分辨图。

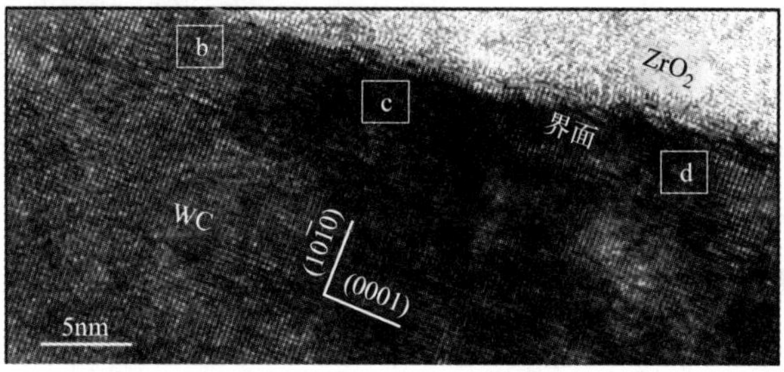

图 2-3 WC/ZrO_2 相界面

2.2 点缺陷的类型及缺陷反应

根据点缺陷形成的过程可以分为本征缺陷、杂质缺陷和电子缺陷。下面就典型的点缺陷类型和缺陷反应做介绍。

2.2.1 本征缺陷

本征缺陷又称为热缺陷。本征缺陷包括在点阵中晶格结点出现空位，或在不该有粒子的间隙上多出了粒子（间隙粒子）。此外，还可能是一种粒子占据了另一种粒子应该占据的位置形成错位。本征缺陷的产生，主要由于粒子的热运动。任何高于 0K 的实际晶体，晶格结点上的粒子都在其平衡位置附近做热运动，一些能量较高的粒子会脱离其平衡位置而形成缺陷。

如果只形成空位而不形成等量的间隙原子，这样的缺陷称为肖特基缺陷；如果同时形成等量的空位和间隙原子，则所形成的缺陷（空位和间隙原子对）称为弗仑克尔缺陷。对于金属来说，肖特基缺陷就是金属离子空位；弗仑克尔缺陷就是金属离子空位和位于间隙中的金属离子。对于离子晶体来说，由于电中性的要求，离子晶体中的肖特基缺陷只能是等量的正离子空位和负离子空位；而弗仑克尔缺陷只能是等量的正离子空位和间隙正离子。如果原子在热振动时脱离正常格点，进入间隙位置，则形成弗仑克尔缺陷；原子脱离格点后，并不在晶体内部形成间隙原子，而是跑到晶体表面上正常格点的位置，构成新的一层原子，则形成肖特基缺陷。

在实际晶体中，点缺陷的形式可能很复杂。在金属晶体中，可能存在两个、三个甚至多个相邻的空位，称为双空位、三空位或空位团；也有可能 m 个原子均匀分布在 n（$m>n$）个原子的位置上。

由空位和间隙原子的形成机理可知，在一定温度下，本征缺陷的产生和复合过程相互平衡，缺陷将保持一定的平衡浓度。形成间隙原子缺陷时需使原子挤入晶格的间隙位置，所需的能量比造成空位的能量高，所以肖特基缺陷形成的可能性大于弗仑克尔缺陷。

2.2.2 杂质缺陷

杂质缺陷是由杂质引入的点缺陷，是点缺陷中数目最多的一类。组成晶体的主体原子称为基质原子；掺入到晶体中的异种原子或同位素称为杂质。根据杂质原子的占位方式分为置换式杂质缺陷和间隙式杂质缺陷。杂质原子如果占据基质原子的位置，则形成置换式杂质缺陷，Si 中掺杂 Ge 或 P 原子都形成这种缺陷；如果杂质原子进入晶格间隙位置，则形成间隙式杂质缺陷，碳原子进入面心立方结构铁晶体则形成间隙式杂质缺陷。一般来说，半径较小的杂质粒子常以间隙粒子进入晶体。

离子晶体中如果杂质离子的氧化数与所取代的离子不一致，就会给晶体带来额外电荷。这些额外电荷必须通过其他相反电荷的离子来补偿或通过产生空位来抵消，以保持整个晶体的电中性。杂质缺陷一般并不改变原基质晶体的晶格，但会因晶格畸化而活化，为粒子的迁移提供条件。

2.2.3 电子缺陷

电子缺陷可以认为是本征缺陷和杂质缺陷引起的一种电子效应缺陷。按照能带理论，0K 下大多数半导体材料的纯净完整晶体是电绝缘体，但在高于 0K 的温度下，热激发、光辐照等因素会使少数电子从满带激发到导带，原来满带中被这些电子占据的能级便空余出来，能带中的这些空轨道称为空穴。满带中的空穴和导带中的部分电子是使半导体导电的主要原因，可见，实际晶体中的微量杂质和其他缺陷改变了晶体的能带结构并控制着其中电子和空穴的浓度及其运动，对晶体的性能具有重要的影响。

2.3 缺陷平衡

2.3.1 吉布斯自由能判据

在一定温度下，热缺陷处在不断产生和消失的过程中。新的缺陷不断产生，原有缺陷由于不断复合而消失。当单位时间内产生和复合消失的缺陷数目相等时，热缺陷的数目保持不变，达到动态平衡。缺陷的平衡数目可以通过热力学平衡条件获得，通常采用吉布斯自由能来描述。吉布斯自由能是晶体的特性函数。缺陷的产生或者消失可以引起自由能的改变。在等温等压条件下，达到平衡时体系的吉布斯自由能最低。

$$G=H-TS \tag{2-1}$$

$$H=U+PV \tag{2-2}$$

式中　G——吉布斯自由能；

H——焓，反映体系的热含量，即体系的能量；

S——熵，反映体系的混乱程度；

T——热力学温度；

U——内能；

P——压强；

V——体积。

点缺陷的引入造成了晶体畸变以及断键的形成，这必然使体系的能量升高，但也使体系的混乱程度增加，即熵增加。实际上体系在热平衡状态下必然含有一定数量的点缺陷。具体说，在一定温度下点缺陷从两个方面影响自由能：一方面，产生缺陷需要能量，因为当缺陷浓度为 n 时，系统的内能增加ΔU；另一方面，由于缺陷的出现使原子排列变得无序，增加了系统的位形熵ΔS。两种因素相互制约，使缺陷数目达到平衡态。

2.3.2 点缺陷浓度

当吉布斯自由能最小时，缺陷数目 n 达到稳定值。点缺陷的数目由式（2-3）决定。

$$\frac{\partial G}{\partial n}=0 \tag{2-3}$$

在计算点缺陷浓度时，采用以下假定：热缺陷数目 n 远小于晶体原子数目 N；点缺陷是独立的，点缺陷之间没有相互作用；点缺陷对晶格振动频率没有影响。在上述条件下，计算得到简化。

下面讨论弗仑克尔缺陷。设 N 为原子总数，N'为晶体间隙位置总数，有 n_F 个原子脱离晶格格点位置进入间隙原子位置，形成 n_F 个弗仑克尔缺陷，而且形成一个弗仑克尔缺陷所需的能量为 u_F。

缺陷产生导致晶体内能增量 ΔU，有

$$\Delta U = n_F u_F \tag{2-4}$$

其中，n_F 个缺陷引起的位形熵增量ΔS，按统计物理，有

$$\Delta S = k_B \ln W \tag{2-5}$$

式中 W——缺陷导致的微观状态数的增量。

从 N 个原子中取 n_F 个缺陷形成 n_F 个空位的可能方式数W'为

$$W' = \frac{N!}{(N-n_F)!n_F!} \tag{2-6}$$

n_F 个原子进入N'个间隙位置而形成间隙原子的可能排列方式数W''为

$$W'' = \frac{N'!}{(N'-n_F)!n_F!} \tag{2-7}$$

则形成 n_F 个弗仑克尔缺陷的可能方式数，即微观状态增加数 W 为

$$W = W'W'' = \frac{N!N'!}{(N-n_F)!(N'-n_F)!(n_F!)^2} \tag{2-8}$$

则熵增ΔS为

$$\Delta S = k_B \ln W = k_B \ln(W'W'') = k_B \ln W' + k_B \ln W'' \tag{2-9}$$

晶体自由能的增量为

$$\Delta G = n_F u_F - T\Delta S = n_F u_F - Tk_B(\ln W' + \ln W'') \tag{2-10}$$

结合式（2-3）、式（2-6）、式（2-7）和式（2-10），并利用斯特令公式，当 N 很大时，有

$$\ln N! = N \ln N - N \tag{2-11}$$

则热平衡时弗仑克尔缺陷数目为

$$n_F = \sqrt{NN'}\mathrm{e}^{-u_F/(2k_BT)} \tag{2-12a}$$

同理，可以得到肖特基缺陷数量为

$$n_s = N\mathrm{e}^{-u_s/(k_BT)} \tag{2-12b}$$

式中 u_s——产生一个肖特基空位所需的能量，是将晶体内部一个原子移到晶体表面层所需的能量，$u_s < u_F$；

N——晶体总原子数。

一般来说，点缺陷是热力学稳定的缺陷，而线缺陷、面缺陷是热力学不稳定的缺陷。

2.3.3 点缺陷对材料性能的影响

晶体缺陷对一些材料的力学和物理等性能有显著影响。晶体的某些性能对缺陷非常敏感，即使浓度较低的缺陷也会使某些物理性能发生显著的变化，我们称其为性能的结构敏感性，如电阻和光学性能对晶体线缺陷具有重要的依赖性，下面举几个例子。

（1）比容

填隙原子和肖特基缺陷可以使晶体比容发生变化。例如，产生肖特基缺陷，为了在晶体内部产生一个空位，需将该处的原子移到晶体表面上的新原子位置，这就会导致晶体体积增加，比容增大。有计算表明，一个填隙原子引起的体膨胀为 1～2 个原子体积，一个空位的体膨胀约为 0.5 个原子体积。

（2）比热容

缺陷将引起晶体比热容“反常”。含点缺陷的晶体，其内能比完整晶体的内能大 nu（n 表示点缺陷缺陷的数量；u 表示单个点缺陷的能量）。

$$U = U_f + U_v + nu \tag{2-13}$$

式中 U_f——晶格结合能；

U_v——晶格振动能；

nu——缺陷引起的附加能。

则含缺陷晶体的比热容为

$$c_v = \left(\frac{\partial U}{\partial T}\right)_V = \left[\frac{\partial(U_f + U_v)}{\partial T}\right]_V + \left[\frac{\partial(nu)}{\partial T}\right]_V \tag{2-14}$$

右侧第一项代表理想晶体的比热容；第二项代表缺陷引起的比热容。

形成点缺陷需要向晶体提供附加的能量（空位形成焓），因此引起比热容的增加。

（3）导电性能

金属的电阻源于离子对传导电子的散射。在理想晶体中，电子基本上是在均匀的电场中运动；在有缺陷的晶体中，周期性遭到破坏，产生对电子的强烈散射，导致晶体的电阻率增大。对于半导体而言，在高纯的硅单晶基体中掺入微量的 3 价元素硼，硅的电学性质有很大的改变，如 10^5 个硅原子中有一个硼原子，可以使硅的电导率增加 1000 倍。

（4）光学性质

点缺陷可以引起晶体光学性质的变化。点缺陷会破坏晶体的周期性结构，导致局域电子态或者能级发生变化，从而影响光子的吸收、发射和传播特性。某些点缺陷可能成为发光中心，增强材料的荧光或者磷光效应，如 AlN 中引入 C、O、Si 等杂质可调整能级改变发光波长。在光吸收与透射方面，缺陷会导致晶格畸变产生，增加光散射，降低光的透过率，而某些缺陷可在特定波段处产生选择性吸收。另外，缺陷导致的对称性残缺可能会增强二次谐波等非线性效应。

2.4 点缺陷的扩散

一定温度下，固体中的原子无时不在做无规则的热运动，包括热振动和跳跃迁移。就单个原子而言，这种运动是无规的；就大量原子而言，每个原子运动是随机的。一定条件下会发生原子的扩散。扩散指由大量热运动引起的物质宏观迁移。一般来说，扩散中原子运动具有自发性、随机性、经常性。根据浓度均匀程度分类，有浓度差的空间扩散为互扩散，没有浓度差的扩散为自扩散；按扩散方向分类，由高浓度区向低浓度区扩散为下坡扩散，由低浓度向高浓度扩散为上坡扩散。按扩散路径又可以分为体扩散、表面扩散和晶界扩散。在固体中扩散往往是物质传递的唯一方式，因此，研究扩散具有重要的意义。本节主要结合点缺陷，讨论固态扩散的宏观规律、分析扩散的微观机制。

2.4.1 扩散方程和扩散系数

2.4.1.1 菲克（扩散）第一定律

1858 年，菲克参照傅里叶于 1822 年建立的导热方程，获得了描述物质从高浓度区向低浓度区迁移的定量方程。考虑稳态扩散情况，即质量浓度不随时间而变化，设有一单相固溶体，横截面面积 A，浓度 C 分布不均匀，如图 2-4 所示。

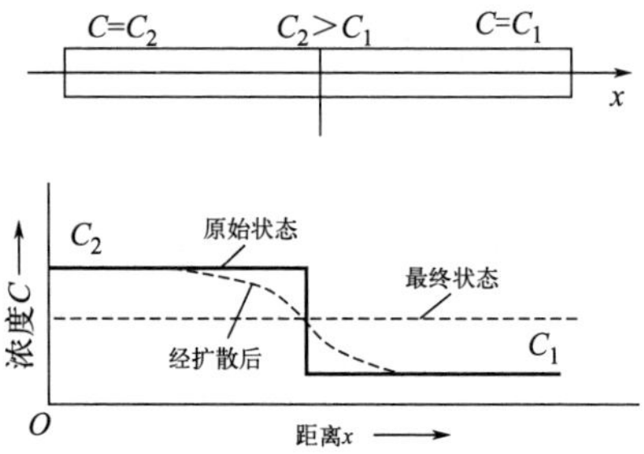

图 2-4 扩散过程中溶质原子的分布

在Δt时间内，沿 x 方向通过 x 截面处迁移的物质质量Δm与该处的浓度梯度成正比：

$$\Delta m \propto \frac{\Delta C}{\Delta x} A \Delta t \tag{2-15}$$

或可以写为

$$\frac{\mathrm{d}m}{A\mathrm{d}t} = -D\left(\frac{\partial C}{\partial x}\right) \tag{2-16}$$

扩散通量 J 为单位时间内通过垂直于扩散方向 x 的单位面积的扩散物质质量，单位为 $\mathrm{kg/(m^2 \cdot s)}$。

$$J = -D\frac{\partial C}{\partial x} \tag{2-17}$$

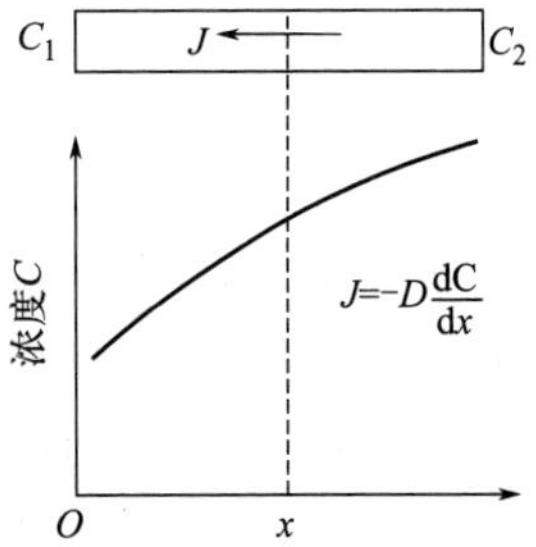

图 2-5 溶质原子流动方向与浓度降低方向一致

式中 D——扩散系数，$\mathrm{m^2/s}$；

C——扩散物质的质量浓度，$\mathrm{kg/m^3}$；

$-$——物质的扩散方向与质量浓度梯度方向相反，即物质从高的质量浓度区向低的质量浓度区方向迁移，如图 2-5 所示。

式（2-17）是唯象的关系式，并不涉及扩散系统内原子运动的微观过程；扩散系数 D 反应了扩散系统的特性，并不取决于某一组元的特性；式（2-17）不仅适用于扩散系统的任何位置，也适用于扩散过程的任意时刻。J、D、$\frac{\partial C}{\partial x}$可以是常量，也可以是变量，即式（2-17）既可以用于稳态扩散，也可以用于非稳态扩散。

2.4.1.2 菲克（扩散）第二定律

当扩散处于非稳态扩散时，各点浓度随时间发生改变。这时需要从物质的平衡着手，建立第二个微分方程式。为简化起见，考虑一维情况。在扩散方向上取用体积元 $A\Delta x$，J_x 和$J_{x+\Delta x}$分别表示流入体积元和从体积元流出的扩散通量，如图 2-6 所示。则在Δt时间内扩散的积累量为

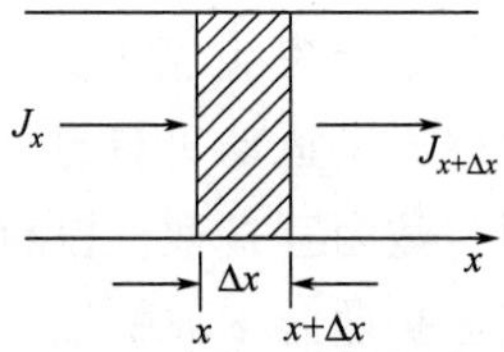

图 2-6 扩散通过微小体积的情况

$$\Delta m = (J_x A - J_{x+\Delta x} A)\Delta t \tag{2-18}$$

则有

$$\frac{\Delta m}{\Delta x A \Delta t}=\frac{J_x - J_{x+\Delta x}}{\Delta x} \tag{2-19}$$

当Δx、Δt趋近于0时，有

$$\frac{\partial C}{\partial t}=-\frac{\partial J}{\partial x} \tag{2-20}$$

将式（2-17）代入式（2-20），得到

$$\frac{\partial C}{\partial t}=\frac{\partial}{\partial x}\left(D\frac{\partial C}{\partial x}\right) \tag{2-21}$$

如果扩散系数为常数，得到

$$\frac{\partial C}{\partial t}=D\frac{\partial^2 C}{\partial x^2} \tag{2-22}$$

从菲克第二定律看，在扩散过程中某点浓度随时间的变化率与浓度分布曲线与该点的二阶导数成正比。若曲线在该点的二阶导数大于0，则曲线为凹形，该点浓度随时间的增加而增加；若在该点的二阶导数小于0，则曲线为凸形，该点的浓度随时间的增加而减小。菲克第一定律表示扩散方向与浓度降低的方向一致。

若为三维扩散，则有

$$\frac{\partial C}{\partial t}=\frac{\partial}{\partial x}\left(D\frac{\partial C}{\partial x}\right)+\frac{\partial}{\partial y}\left(D\frac{\partial C}{\partial y}\right)+\frac{\partial}{\partial z}\left(D\frac{\partial C}{\partial z}\right) \tag{2-23}$$

扩散系数为同一常数，得到

$$\frac{\partial C}{\partial t}=D\left(\frac{\partial^2 C}{\partial x^2}+\frac{\partial^2 C}{\partial y^2}+\frac{\partial^2 C}{\partial z^2}\right) \tag{2-24}$$

2.4.2 自扩散的微观机制

从微观看，在无外场作用下，扩散是原子无规则布朗运动的结果，在纯基体中，基质原子的布朗运动是以晶体中存在缺陷为前提的，在完整的晶体中不会发生迁移。以晶体缺陷为前提，扩散的主要机制为间隙机制和空位机制。

（1）间隙机制

间隙式固溶体中，间隙原子的扩散主要是间隙机制。这时阵点上的原子不动，C、N、B、O等尺寸较小的间隙原子在固溶体的扩散是按照从一个间隙位置跳动到近邻的另一个间隙位置的方式进行的。从一个间隙跳动到另外一个间隙时，必须把路径上相邻阵点原子推开，从而使晶格发生瞬时畸变。这时应变能构成间隙原子跳动的阻力，也就是间隙原子跳动时必须克服的势垒。图2-7给出了面心立方晶体的八面体间隙及（100）晶面，图2-8给出了原子的自由能与其位置关系。

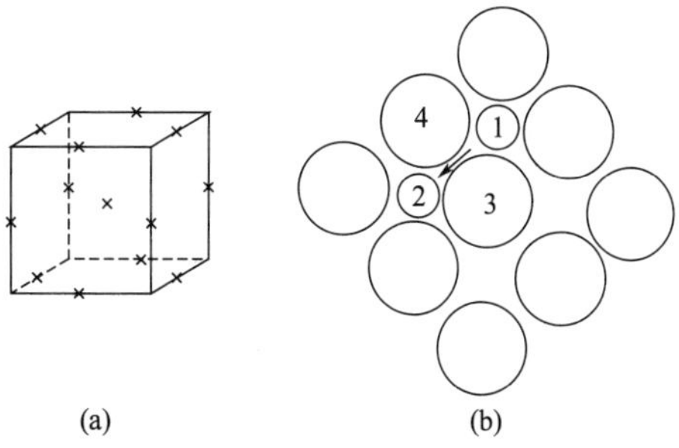

图2-7 面心立方晶体的八面体间隙（a）及（100）晶面（b）

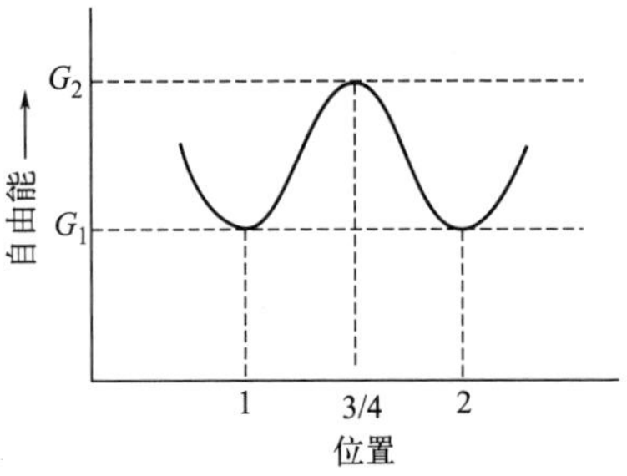

图 2-8 原子的自由能与其位置关系

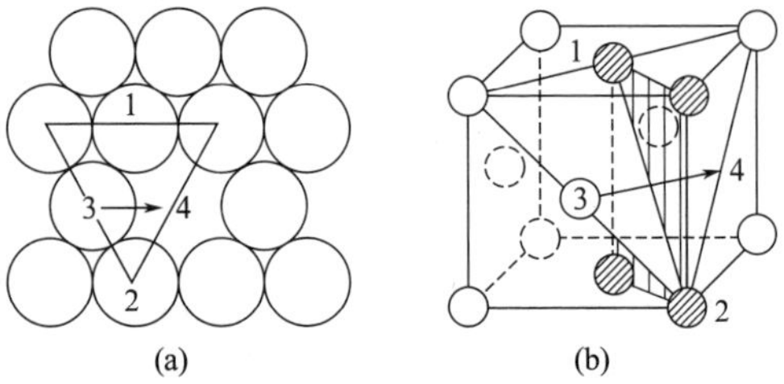

图 2-9 FCC 金属中扩散的主要机制

(a) (111) 面投影；(b) 晶胞中扩散示意图

(2) 空位机制

空位机制适用于置换式固溶体的扩散。在置换式固溶体中由于原子尺寸相差不太大，不能进行间隙扩散，只能通过空位机制扩散。扩散过程是通过空位迁移完成的。扩散原子与空位交换位置而迁移。当原子近邻有一空位时，原子才能跳跃一步。已经公认，空位机制是FCC金属中扩散的主要机制，如图2-9所示。在BCC和HCP金属中，它也起重要作用。

(3) 其他机制

对于置换式固溶体，人们提出了几种其他的机制。如甄纳提出，3 个原子呈现环形转动，循环交换位置，即所谓的环形扩散机制，其畸变能比两个原子的直接交换机制要低得多，如 2-10 (a) 所示。另外，也可以有 4 原子环，如图 2-10 (b) 和图 2-10 (c) 所示。另外，较大原子半径的原子进入间隙位置，可能通过填隙子方式进行。例如，辐照后形成的缺陷，它可能的方式是 1 占有 2 的格点，将 2 推入间隙位置，这种方式为填隙子方式。Ag 在 AgBr 中的扩散采用此种机制。另外，也可能出现两个原子共享同一格点的情况（称为挤列子情况），进而形成挤列子迁移机制。图 2-11 给出了填隙子机制和挤列子机制。

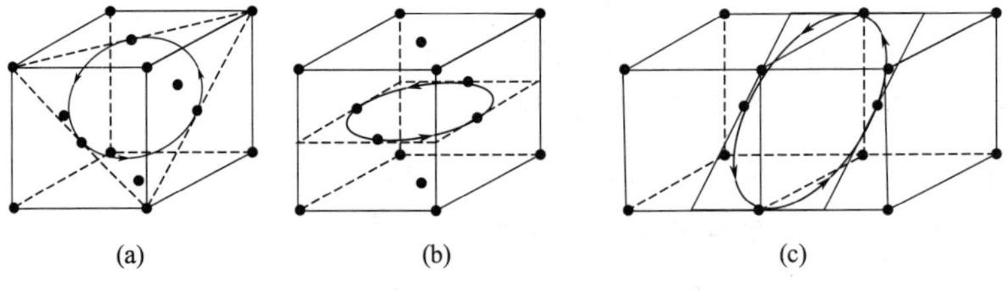

图 2-10 环形扩散机制

(a) 面心-3原子环；(b) 面心-4原子环；(c) 体心-4原子环

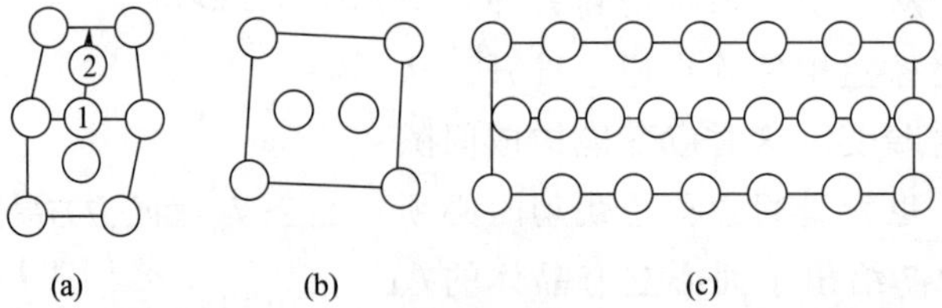

图 2-11 填隙子机制（a）和挤列子机制（b）和挤列子迁移机制（c）

2.5 离子晶体的点缺陷

离子晶体是由正负离子在库仑力作用下结合而成的，因此离子晶体中点缺陷带有一定的电荷，这就带来原子晶体点缺陷所没有的特性。

2.5.1 离子晶体中的点缺陷

离子晶体的结构特点是正负离子相间排列在格点上，每个离子均被配位数相等的异号离子所包围。不论形成正负离子空位，还是形成正负离子间隙离子，都会在缺陷处形成正的或负的带电中心。显然，负离子空位和正间隙离子带正电荷，正离子空位和负间隙离子带有负电荷。因为整个晶体保持电中性，所以在离子晶体中对肖特基缺陷应有数目相同的正离子空位和正间隙离子，以及数目相同的负离子空位和负间隙离子。

平衡时离子晶体中某种点缺陷的数量为

$$n_{sp} = N\mathrm{e}^{-u_{sp}/(2k_B T)} \tag{2-25}$$

式中　u_{sp}——产生一对电荷相反的点缺陷所需要的能量；

N——晶体中正负离子对的数目。

对于肖特基缺陷，u_{sp} 代表产生一对分离的正负离子空位需要的能量。负离子半径比正离子半径大，所以负间隙离子更难形成。

离子晶体中除本征缺陷外，还包括间隙式杂质缺陷和置换式杂质缺陷。它们都是带电中心。例如，$CaCl_2$ 掺入到 NaCl 晶体中，Ca^{2+} 将代替 Na^+ 占据格点位置，但二者携带电荷量不同，置换的 Ca^{2+} 称为一个带正电的中心，因此为保证晶体电中性，此时必定产生一个正离子空位。

2.5.2 色心

由于离子晶体的价带和导带之间存在能隙，而且能隙较大，即禁带宽度大于光子能量，如果用可见光照射晶体，价带电子不可能吸收可见光，因此表现为无色透明晶体。但是，如果晶体中存在一些点缺陷，形成电荷中心，则这些电荷中心可能束缚电子或者空穴在周围，形成束缚态。在固体物理上可以用类氢模型来处理。这样晶体可以吸收光子使被束缚的电子或空穴在束缚态之间跃迁。这使原来透明的晶体呈现一定的颜色。这类能吸收可见光的点缺陷称为色心。

F 心是常见的色心。试验观察到碱卤晶体在碱金属蒸气中加热一段时间，骤冷到室温，晶体就会呈现一定的颜色。如 NaCl 晶体在 Na 蒸气中加热一段时间后晶体变为黄色；KCl 晶体在 K 蒸气中加热变为紫色，其原因就是 F 心作用。在这个过程中，碱金属原子通过扩散进入晶体，且以一价正离子的形式占据正常格点位置，并且放出一个电子，此电子在晶体中巡游。碱金属原子的进入破坏了原来的化学比，因为缺乏多余的 Cl^- 供给，会产生一定的负离子空位。带正电的负离子空位与其束缚的钠原子提供的价电子形成的系统，称为 F 心。图 2-12 为 F 心模型。

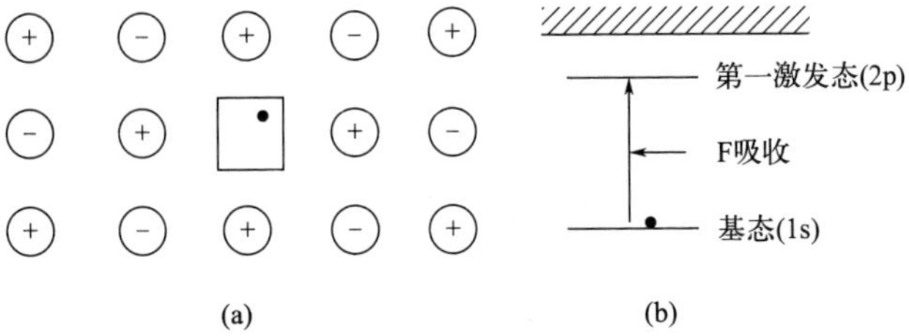

图 2-12 **F 心模型**

(a) 阴离子空位捕获电子形成F心；(b) F吸收示意图

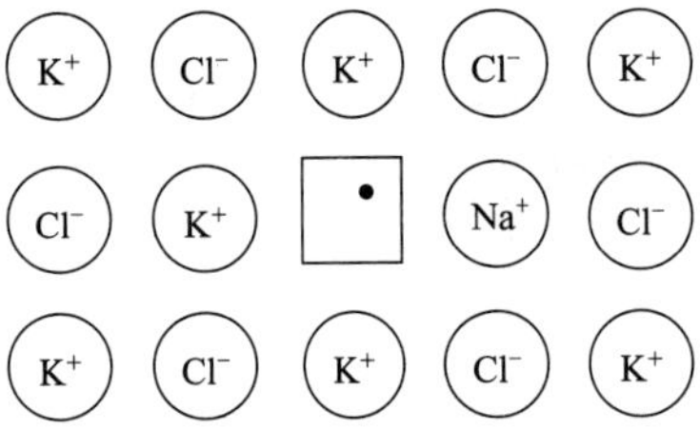

图 2-13 **F_A 心的模型**

以 F 心为基础可以形成一些相对复杂的色心。如 F 心的一个最近邻离子被一个外来的碱金属离子取代，就成为 F_A 心，如图 2-13 所示，把 KCl 放在 Na 蒸气中保温，就会出现 F_A 心。另外，多个 F 心也可以聚集出现。两个相邻的 F 心称为 M 心；3 个相邻的 F 心称为 R 心。

如果将碱卤晶体在卤素蒸气中加热，然后骤冷到室温，造成卤素原子的过剩，在晶体中就会出现正离子的空位，形成负电荷中心，并束缚临近的负离子空位，这样的系统称为 V 心。

2.6 位错

当晶体中原子排列偏离理想周期结构的情况发生在晶体内部一条直线附近时，就形成了一维的线缺陷。位错就是典型的晶体线缺陷。位错具有比较复杂的几何组态和运动方式，且对晶体的力学性能与物理性能具有重要的影响。篇幅所限，本节主要介绍两种最简单的位错组态——螺型位错和韧性位错，讲述位错的最基本运动方式——滑移和攀移。

2.6.1 位错类型

假设晶体的一个原子平面在晶体内中断，其中断的边缘就是刃型位错，如图 2-14（b）所示；如果存在原子面沿一根轴线盘旋上升，每绕轴线盘旋一周而上升一个晶面间距，就会在中央轴线处存在螺型位错，如图 2-14（c）所示。可见，螺型位错和刃型位错都使晶体中的原子排列在一条直线上偏离理想晶体的晶格周期性。

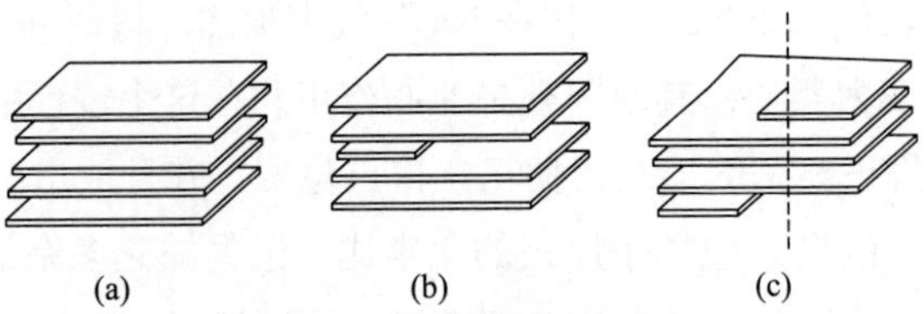

图 2-14 **晶体原子面**

(a) 完整晶体；(b) 含有刃型位错的晶体；(c) 含有螺型位错的晶体

图 2-15 分别给出了简单立方晶体中沿 z 轴的刃型位错和螺型位错附近原子的排列情况。可见，离原子较远的地方原子排列接近于完整晶体；但是在距离位错线较近的地方原子排列则有较大的错乱。

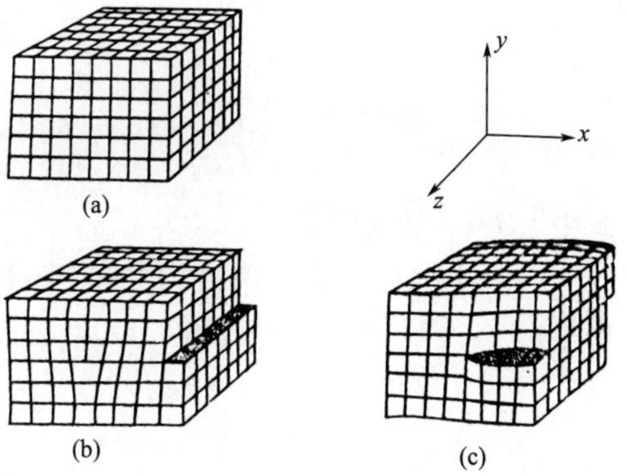

图 2-15　刃型位错与螺型位错的原子组态

(a) 完整晶体；(b) 含有刃型位错的晶体；(c) 含有螺型位错的晶体

螺型位错是比较难于理解的。下面重点说明螺型位错的形成。在图 2-16（a）中，设想将一晶面 *ABCD* 切开至直线 *AD*，并使切开部分的外缘 *BC* 沿 *AD* 方向滑移一个原子间距 b，这样在 *AD* 处形成一个螺型位错。如图 2-16（b）所示，将 *ABCD* 左边的晶格沿 *BC* 边向上推移一个原子间距 b，使得原来垂直于 *AD* 的平面变为一个以螺形上升为特征的平面。它在 *ABCD* 面上的投影如图 2-16（c）所示，图中的黑圆点代表图 2-16（b）中 *ABCD* 面以右的原子，圆点代表 *ABCD* 面以左的原子。

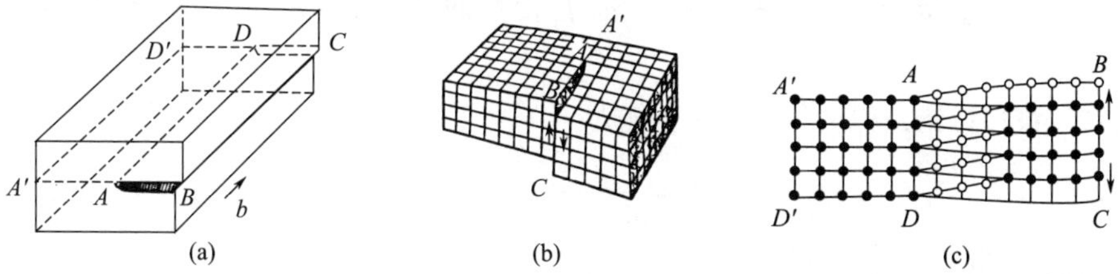

图 2-16　螺型位错

2.6.2　位错能

位错周围存在严重的晶格畸变，因此存在与之联系的应变场。在位错中心畸变很大，不能看作是严格的胡克位移，但是晶格畸变随离开位错的距离增加而减小，在离开位错几个原子间距之外的地方，可以用线性弹性理论来处理位错应变场的问题。下面在弹性各向同性介质条件下讨论螺型位错附近的应力应变场。在离开位错中心某一适当的距离处，畸变可以通过在此材料做成的平行于位错线的空心圆筒上取一个平行于圆筒轴的径向割面来说明。自由表面按图 2-17 所示的方式彼此做刚性位移，在 z 方向做一个大小为 b 的位移。这样一个平行于位错线的位移是在一个半径为 r，高度为 l 的薄圆筒中由单纯的切变产生的。这个切应变在位错线周围是对称的，且沿着位错线的方向。如果整个圆筒四周的畸变是均匀分布的，则我们可以把切应变 ε 和切应力 σ 规定为

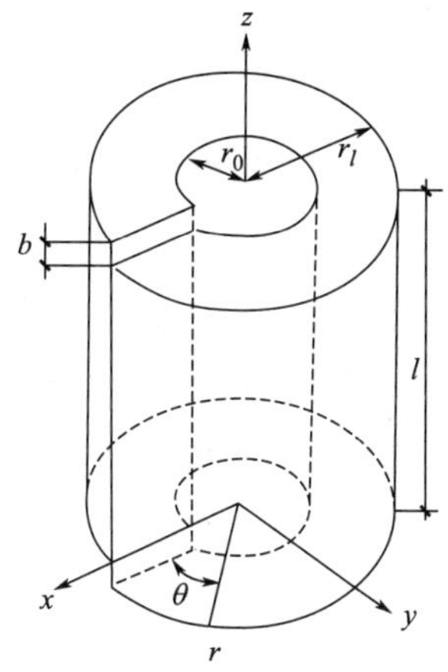

图 2-17　螺型位错的连续介质模型

$$\varepsilon = \frac{b}{2\pi r} \tag{2-26}$$

$$\sigma = \frac{Gb}{2\pi r} \tag{2-27}$$

式中 G——切变模量。

应变能贮存在这个厚度为 dr 的壳体，则体积 dV 内的应变能密度 dU 由式（2-28）给出。

$$\mathrm{d}U = \frac{1}{2}\varepsilon\sigma\mathrm{d}V \tag{2-28}$$

$$\mathrm{d}V = 2\pi r\mathrm{d}r \tag{2-29}$$

则有

$$U = \int_{r_0}^{r_l}\frac{Gb^2}{4\pi}\times\frac{\mathrm{d}r}{r} = \frac{Gb^2}{4\pi}\ln\left(\frac{r_l}{r_0}\right) \tag{2-30}$$

式中 r_l——位错周围某一区域的半径。

在 r_0 范围内弹性理论不成立，r_0 大小依赖于位错中心处的位移。理论上，上述积分一直取到晶体边界。因此，U 代表位错的整个应变场的总应变能，也就是整个晶体内的总应变能。

类似于螺型位错，刃型位错的应变能为

$$U = \frac{Gb^2}{4\pi(1-\nu)}\ln\left(\frac{r_l}{r_0}\right) \tag{2-31}$$

式中 ν——泊松比。

由式（2-31）可知，位错线能量正比于位错的伯格斯矢量 b 的平方。一般来说，位错具有高应变能，位错线将趋于通过缩短长度来降低它的能量，或者说位错具有线张力。另外，晶体内位错产生的位形熵使得晶体自由能有所降低，但远不足以抵消应变能带来的自由能增加。因此，总体上位错线还是增加了晶体的自由能。增加的自由能主要来自应变能。鉴于位错应变能比较大，所以固体中的位错不能在热平衡状态下存在。

2.6.3 位错滑移与塑性变形

晶体受到应力产生变形，变形超过弹性极限后会产生永久变形，这称为塑性变形。金属的塑性变形可以用晶面的滑移说明。晶体的塑性变形是由晶体一部分沿一个原子面相对于另一部分产生滑移导致的。对于某种结构材料，存在特定的容易发生滑移的晶面和晶向，通常滑移在原子密排面上沿这一原子面原子最密集排列方向发生。在金相显微镜下可以观察到发生塑性变形的金属表面上的一些条纹，这些条纹称为滑移带。晶体中容易发生滑移的特定晶面称为滑移面；发生滑移的晶向为滑移向，使晶面产生滑移的最小切应力称为临界切应力。

位错运动是晶体发生塑性变形的主要原因。以刃型位错为例，图 2-18（a）为正刃形位错，位错线右侧的晶体沿 xz 平面分为两半，下半晶体相对于上半晶体做了相对位移 $\boldsymbol{b}$，$\boldsymbol{b}$ 也为沿 x 轴最短的晶格平移矢量。由图 2-18（a）可见，晶体中已经滑移的区域和未滑移区域的分界线即为位错线。同样可用于理解图 2-19 表示的螺型位错，这时相当于位移矢量 $\boldsymbol{b}$

是沿 z 轴方向。定义位移矢量和位错线所确定的平面为滑移面。对于刃型位错，其滑移矢量垂直于位错线，因此滑移面是完全确定的，并且和附加的半原子平面垂直；对于螺型位错，位移矢量平行于位错线，因此其不具有确定的滑移面，或者说任一包含位错线的平面都可以作为滑移面。

位错线沿滑移面运动相当于晶体中滑移的逐步发展，即晶体的塑性形变可以通过位错的运动来实现。图 2-18 给出了正刃型位错和负刃型位错在切应力作用下的运动，运动的方向在两种情形下正好相反，但产生相同的变形。图 2-19 给出了螺型位错在切应力下的滑移过程。位错滑移对于刃型位错和螺型位错的不同之处在于：对于刃型位错，原子的滑移方向、位错线的运动方向和外加应力方向三者是平行的；对于螺型位错，原子滑移方向与外加应力方向相同，而与位错线运动方向垂直。

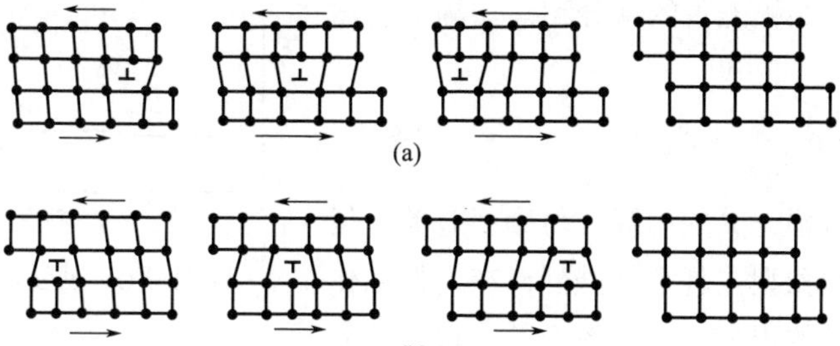

图 2-18　**刃型位错的滑移**

(a) 正刃型位错；(b) 负刃型位错

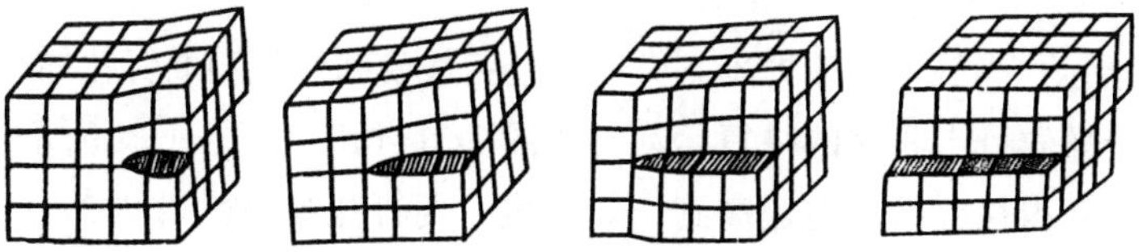

图 2-19　**螺型位错的运动**

2.6.4　位错对晶体性质的影响

位错对晶体性质具有重要的影响，如位错攀移导致热缺陷的产生和湮灭、位错应力场导致杂质原子在位错周围的聚集、位错产生固体内耗等。

(1) 位错攀移与热缺陷的产生和湮灭

位错在运动过程中可以产生或者消灭空位。如果刃型位错沿垂直于滑移面的方向运动，则称为攀移。攀移相当于附加的半原子面的伸张和收缩，通常要依靠原子的扩散过程才能实现，因此攀移要比滑移困难得多。攀移运动则伴随着空位的产生和消灭。当刃型位错向下攀移时，半原子面被延长，结果在刃型位错处增加了一列原子，因为原子总数不变，所以同时在晶格处产生空位；若刃型位错向上攀移，相当于在位错处减少一列原子，这时攀移释放出的原子或者变成间隙原子，或者填充原来的空位。

（2）位错应力场与杂质原子在位错周围的聚集

位错周围存在应力场，因此杂质原子会聚集到位错的近邻。典型的例子是正刃型位错，滑移面上部有晶格被压缩，原子受到压应力；在其下部，原子受到张力。因此如果由半径较小的原子取代原来的原子，则易聚集在正刃型位错的上部；相反，若由半径较大的原子取代基体原子，则这些杂质原子易聚集在正刃型位错的下部。这样可以在一定程度上减小晶格畸变，降低晶体相变能。杂质原子的聚集降低了位错附件的能量，使位错滑移变得困难，位错被钉扎。这样晶体对塑性变形表现出更大的抵抗能力。在半导体中，杂质向位错周围聚集，可能形成复杂的电荷中心，从而影响半导体的电学、光学和其他性质。

（3）位错和固体内耗

位错是一类重要的内耗源。典型的位错导致的应变振幅 - 内耗曲线见图 2-20。内耗可以分为两部分，即低振幅下与振幅无关的部分和高振幅下与振幅有关的部分。

$$\delta = \delta_{\mathrm{I}} + \delta_{\mathrm{II}} \tag{2-32}$$

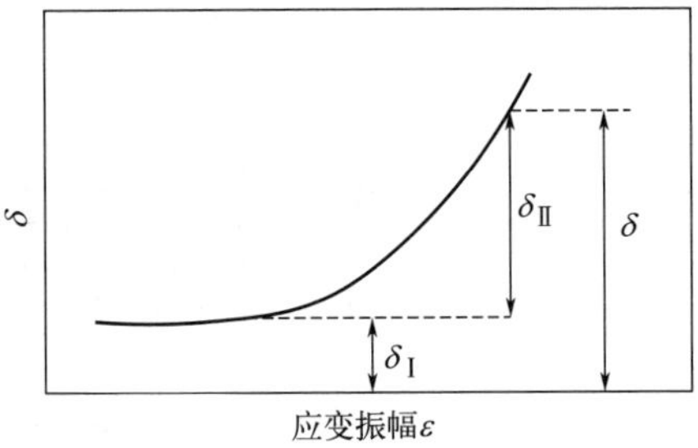

图 2-20　应变振幅 - 内耗曲线

低振幅下与振幅无关的内耗，与频率有关，但温度影响没有像弛豫型内耗那样强烈；在高振幅作用下，与振幅有关的内耗，与频率无关，可以认为是静滞后型内耗。寇勒提出了钉扎位错弦的阻尼共振模型来解释这种现象。该理论认为，位错运动时可以被某些质点钉扎。这些质点包括一些不可动的点缺陷（如位错网节点或沉淀粒子）以及一些可以脱开的点缺陷（如杂质原子、空位等）。前者称为强钉扎，后者称为弱钉扎。

如图 2-21 所示，当施加的应力不太大时，位错线受强钉扎和弱钉扎的束缚，在周期应力作用下像弦一样做弓出收缩的往复运动［如图 2-21（a）、(b)、(c) 所示］，在这一过程中克服阻力，引起内耗；当应力提高到一定程度，弱钉扎被抛脱［图 2-21（d)］，继续增加应力，长的位错线 L_N 弓出［如图 2-21（e）所示］，应力去除时又收缩［如图 2-21（f)、(g) 所示］，在这个过程中消耗能量。这一过程在应力 - 应变曲线上形成一个滞后环并产生内耗。

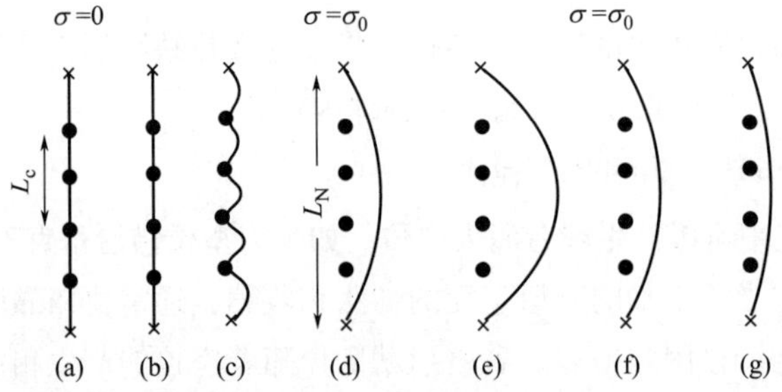

图2-21　位错线在周期应力作用下没有摆脱弱钉扎时的弓出和收缩［（a）~（c）］、摆脱弱钉扎（d）以及弓出（e)、应力去除时又收缩［（f)、(g)］

（L_c为弱钉扎之间的距离；L_N为强钉扎之间的距离；σ_0为施加的应力）

本章小结

晶体总是存在一些微小的区域，在这些区域内原子的周期性排列遭到破坏。这些区域称为晶体缺陷。按照缺陷区相对于晶体的大小可以分为点缺陷、线缺陷、面缺陷和体缺陷四种，分别对应零维、一维、二维和三维情况。空位、间隙原子、置换原子都是典型的点缺陷。线缺陷的集中表现形式是位错。典型面缺陷包括表面缺陷、相界面缺陷和晶界缺陷。体缺陷指的是在三维尺寸上的一种晶体缺陷，典型体缺陷包括镶嵌块、沉淀相、空洞、气泡等。

根据点缺陷形成的过程可以分为本征缺陷、杂质缺陷和电子缺陷。本征缺陷又称为热缺陷，本征热陷的产生，主要由于粒子的热运动。晶格结点上的粒子都在其平衡位置附近做热运动，一些能量较高的粒子会脱离其平衡位置而形成缺陷。如果只形成空位而不形成等量的间隙原子，这样的缺陷称为肖特基缺陷；如果同时形成等量的空位和间隙原子，则所形成的缺陷（空位和间隙原子对）称为弗仑克尔缺陷。杂质缺陷是由杂质引入的点缺陷，是点缺陷中数目最多的一类，根据杂质原子的占位方式分为置换式杂质缺陷和间隙式杂质缺陷。电子缺陷可以认为是本征缺陷和杂质缺陷引起的一种电子效应缺陷。

缺陷的平衡数目可以通过热力学平衡条件获得，通常采用吉布斯自由能来描述。在等温等压条件下，达到平衡时体系的吉布斯自由能最低。通过吉布斯自由能最小化处理可以得到热平衡时弗仑克尔和肖特基缺陷的数目。晶体缺陷对一些材料的力学和物理等性能有显著影响。晶体的某些性能对缺陷非常敏感，即使浓度较低的缺陷也会使某些物理性能（比容、比热容、电导率及光学性质等）发生显著的变化。

扩散指由大量热运动引起的物质宏观迁移。点缺陷的扩散同样遵循菲克（扩散）第一定律和菲克（扩散）第二定律，以晶体缺陷为前提，主要扩散机制为空位机制、间隙机制和环形扩散机制等。

离子晶体中除本征缺陷外，还包括间隙式杂质缺陷和置换式杂质缺陷，它们都是带电中心。离子晶体中能够吸收可见光的点缺陷称为色心。F 心是常见的色心，以 F 心为基础可以形成一些相对复杂的色心。

当晶体中原子排列偏离理想周期结构的情况发生在晶体内部一条直线附近时，就形成了一维的线缺陷。位错就是典型的晶体线缺陷。最简单的位错组态，即螺型位错和韧性位错，位错线能量正比于位错的伯格斯矢量的平方。一般来说，位错具有高应变能，位错线将趋于通过缩短长度来降低它的能量，因此位错具有线张力。位错最基本的运动方式——滑移和攀移。位错是晶体发生塑性变形的主要原因。

位错对晶体性质的影响，如位错攀移导致热缺陷的产生和湮灭、位错应力场导致杂质原子在位错周围的聚集、位错引起固体内耗。

思考题

1. 为什么形成一个肖特基缺陷所需的能量比形成一个弗仑克尔缺陷所需的能量低？
2. 离子晶体有哪些类型的点缺陷？什么叫色心？
3. 相对于元素晶体，离子晶体中存在哪些特殊的点缺陷？
4. 从缺陷的角度讲，为什么一般金属材料会因为淬火而变硬？
5. 位错滑移时，位错线上原子的受力有什么特点？
6. 缺陷（除了掺杂以外）有哪些积极作用？

第3章 热性物理

本章提要

本章首先基于晶格振动的能量计算给出声子的概念，并给出声子遵循的分布——玻色－爱因斯坦统计分布函数，讲述了模式密度的概念。在此基础上重点讲述材料热容、热传导和热膨胀性质。介绍了热容的概念，讲述了爱因斯坦热容模型和德拜热容模型；讲述了晶格振动的非简谐效应，介绍了倒逆散射与热传导，分析了热导率与温度的关系；最后讲述了材料的热膨胀。

热学性质是材料重要的物理性质之一，对材料的服役寿命具有重要的影响。材料的热性能主要包括热容、热膨胀和热传导。材料的热性能在工程技术中具有重要的地位，热性能分析也是材料科学研究的重要手段。航天工程中的热防护系统、测温用的热电偶、差示扫描量热仪、可伐合金和因瓦合金，以及微处理器的盖和散热片、芯片等都与材料的热学性能密切相关。材料的热学性质与晶格振动和声子运动密切相关。晶格振动和声子构成了热学性能的物理基础。本章基于晶格振动和声子讲述材料的热性物理。

3.1 晶格振动及能量

3.1.1 晶格振动与声子

格点，实际是原子的平衡位置。原子无时无刻不在其平衡位置做微小振动，原子间存在相互作用，它们的振动相互关联，在晶体中形成格波。在简谐近似的条件下，格波是由简正振动模式导致的，各简正振动模式是独立的。简正振动可用简谐振子来描述。这样，晶体内原子在平衡位置附近的振动，可近似看成是 $3N$（N 为晶体原子总数）个独立谐振子振动的线性叠加。

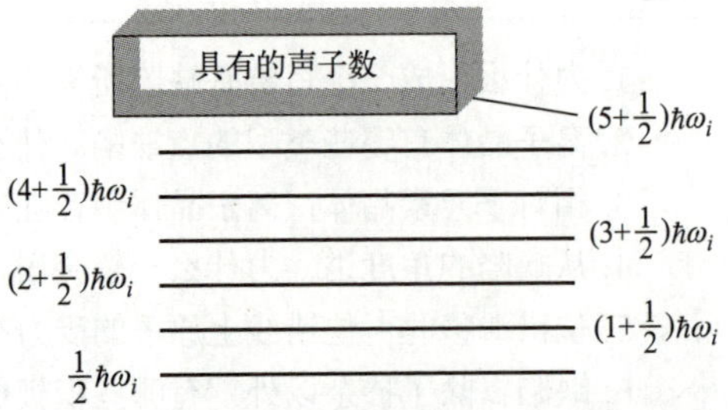

图 3-1 谐振子具有的能量和声子数的概念

频率为 ω_i 的谐振子，存在多种能量状态，每种状态有一定的概率分布，这是量子力学的基本结论。如图 3-1 所示，经计算得到一个频率为 ω_i

的谐振子的能量为

$$\varepsilon_i = \left(n_i + \frac{1}{2}\right)\hbar\omega_i \tag{3-1}$$

式中 n_i——0,1,2,⋯。

晶格振动能是这些谐振子振动的能量之和:

$$E = \sum_{i=1}^{3N}\left(n_i + \frac{1}{2}\right)\hbar\omega_i (i = 1, 2, \cdots, N) \tag{3-2}$$

由式（3-2）可知，晶格的振动能量是量子化的，能量的增减以$\hbar\omega_i$计量。人们赋予$\hbar\omega_i$一个假想的携带者——声子。声子是晶格振动能量的量子。人们称声子为准粒子，$\hbar q$为声子的准动量。声子是虚设的，它并不携带真实的动量。声子的另一个性是等价性，声子等价性指波矢为 q 的声子和波矢为 $q+G_m$（G_m 为倒格矢）的声子是等效的。

一个格波，也就是一种振动模，称为一种声子。当一种振动模处于$(n_i + \frac{1}{2})\hbar\omega_i$时，称有$n_i$个声子。简正模式的数目等于原子振动的总自由度数，即等于声子的“种类数”。

振动能的高低取决于声子的数目和能量大的声子数目多少。温度一定，频率为 ω 的声子，其平均声子数为

$$n(\omega) = \frac{1}{e^{\hbar\omega/(k_B T)} - 1} \tag{3-3}$$

由式（3-3）可见，当 T=0 K 时，$n(\omega)$=0，这说明 T >0K 时才有声子；另外，在高温时:

$$e^{\hbar\omega/(k_B T)} \approx 1 + \frac{\hbar\omega}{k_B T} \tag{3-4}$$

$$n(\omega) \approx \frac{k_B T}{\hbar\omega} \tag{3-5}$$

式（3-5）说明，高温时平均声子数与温度成正比，与频率成反比。温度一定，频率低的格波的声子数比频率高的格波的声子数要多。从数值看，在低温时，绝大部分声子的能量小于 $10k_B T$。

3.1.2 模式密度

下面介绍晶格振动模式密度的概念，然后利用模式密度求解声子的总能量，亦是晶格振动总能量。定义模式密度$D(\omega)$为单位频率区间的格波振动模式数目，即单位频率区间内声子种类的数目。

$$D(\omega) = \lim_{\Delta\omega \to 0} \frac{\Delta Z}{\Delta\omega} = \frac{dZ}{d\omega} \tag{3-6}$$

式中 Z——振动模式的数量。

则有

$$\int_0^{\omega_m} D(\omega) d\omega = 3N \tag{3-7}$$

式中 ω_m——最高频率，又称截止频率。

因为频率是波矢的函数，可在波矢空间内求出模式密度的表达式。因为同一个波矢可对应不同的几支格波，先考虑其中的一支波。对一支波而言，ω 到 ω+dω 区间的波矢数目就等于模式数目。在波矢空间内取两个等频面 ω、ω+dω，在两等频面间取一体积元 $dq_{\perp}dS$

3

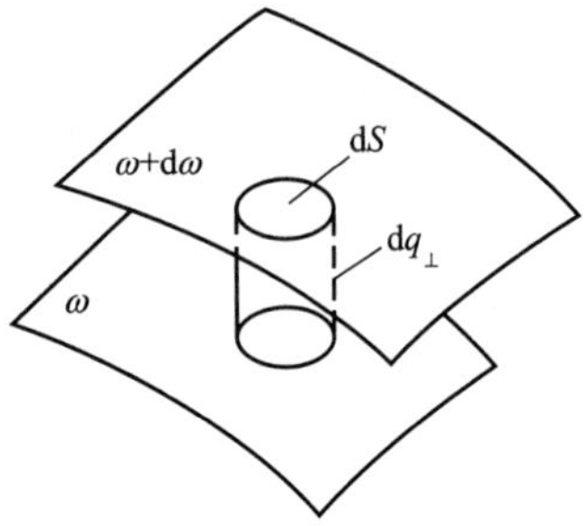

图 3-2 波矢空间内的等频面

($dq_{\perp}$是等频面间垂直距离；dS是体积元在等频面上的面积)，如图 3-2 所示。此体积元内的波矢数目，即模式数目为

$$dZ' = \frac{V}{(2\pi)^3} dq_{\perp} dS \tag{3-8}$$

式中 V——所研究的晶体的体积。

因为 $d\omega$ 是非常小的量，根据梯度的定义可知

$$d\omega = \left|\nabla_{\boldsymbol{q}}\omega\right| dq_{\perp} \tag{3-9}$$

式中 $\nabla_q\omega$——ω对$\boldsymbol{q}$的梯度。

对两等频面间体积进行积分，结合式（3-9）得到两等频面间的模式数目

$$dZ = \frac{V}{(2\pi)^3} \int \frac{dS d\omega}{\left|\nabla_{\boldsymbol{q}}\omega\right|} \tag{3-10}$$

根据模式密度$D(\omega)$的定义，由式（3-10）得

$$D(\omega) = \frac{dZ}{d\omega} = \frac{V}{(2\pi)^3} \int \frac{dS}{\left|\nabla_{\boldsymbol{q}}\omega\right|} \tag{3-11}$$

将所有格波考虑在内，总的模式密度为

$$D(\omega) = \frac{V}{(2\pi)^3} \sum_{a=1}^{3n} \int_{S_a} \frac{dS}{\left|\nabla_{\boldsymbol{q}}\omega_a\right|} \tag{3-12}$$

式中 n——晶体原胞内的原子数。

a——第 a 支格波；

S_a——第 a 支格波的等频面面积。

下面利用模式密度计算晶格振动总能量。晶格振动总能量就是声子携带的能量。考虑频率为 ω_i 的谐振子的平均声子数目［如式（3-3）所示］，则这些声子携带的能量为

$$E_i = \frac{\hbar\omega_i}{e^{\hbar\omega_i/(k_B T)} - 1} \tag{3-13}$$

N 个原子构成的晶体，晶格振动等价于 $3N$ 个谐振子的振动，总的热振动能为

$$E = \sum_{i=1}^{3N} \frac{\hbar\omega_i}{e^{\hbar\omega_i/(k_B T)} - 1} \tag{3-14}$$

由于波矢 q 是准连续的，就每支格波而言，频率也是准连续的，式（3-14）可用积分来表示，利用模式密度的概念，可得

$$E = \int_0^{\omega_m} \frac{\hbar\omega D(\omega) d\omega}{e^{\hbar\omega/(k_B T)} - 1} \tag{3-15}$$

3.2 材料的热容

热容是材料重要的热学性质。不同材料，即使质量或者物质的量相同，升高 1℃吸收的热量也不同，用热容描述这种性质的差异。热容一般由晶格振动和电子作出贡献。对于非金属和温度不太低的情况，主要是晶格振动作出贡献。下面先基于声子的概念给出晶格热

容的一般表达式，而后介绍爱因斯坦热容模型和德拜热容模型。

3.2.1 比热容的概念

在不发生相变和化学反应时，材料温度升高1℃所需要的热量Q为材料的热容。在温度T时，材料热容C_T的数学表达式为

$$C_T = \left(\frac{\partial Q}{\partial T}\right)_T \tag{3-16}$$

材料在不同温度下具有不同的热容。某一温度下的热容称为真热容。工程上所用的平均热容是指材料从T_1升到T_2所吸收热量的平均值，表达式为

$$C_a = \frac{Q}{T_2 - T_1} \tag{3-17}$$

热容与材料的质量有关。定义单位质量的热容为比热容，单位为J/(K · kg)；1mol材料的比热容叫摩尔热容，单位为J/(K · mol)。

比热容是过程量，与热过程有关，可以分为定压比热容和定容比热容。加热过程在恒压条件下进行时所测定的比热容为定压比热容；加热过程中保持物体容积不变时所测定的比热容为定容比热容，其表达式分别为

$$c_p = \left(\frac{\partial Q}{\partial T}\right)_p = \left(\frac{\partial H}{\partial T}\right)_p \tag{3-18}$$

$$c_V = \left(\frac{\partial Q}{\partial T}\right)_V = \left(\frac{\partial H}{\partial T}\right)_V \tag{3-19}$$

一般$c_p > c_V$。对于理想气体来说，$C_{p,m} - C_{V,m} = R$（$C_{p,m}$为摩尔定压热容；$C_{V,m}$为摩尔定容热容；R为摩尔气体常数）；而对于固体和液体来说，尤其是固体，二者相差不大。

表3-1给出了常见陶瓷材料的比热容。

3

表3-1 常见陶瓷材料的比热容

材料	C_p/[J/(kg·K)]
氧化铝	775
氧化铍	1050
氧化镁	940
尖晶石	790
熔融氧化硅	740
钠钙玻璃	840

3.2.2 热容一般表达式

下面给出热容的一般表达式（仅考虑晶格振动热容）。晶格振动总能量就是声子携带的能量，在体积或者压强一定的条件下，其对温度求导就是热容。晶格振动总能量可由式（3-14）或式（3-15）给出。在体积一定的条件下，E对T求导，得到热容的表达式

$$C_V = \int_0^{\omega_m} k_B \left(\frac{\hbar\omega}{k_B T}\right)^2 \frac{e^{\hbar\omega/(k_B T)} D(\omega) d\omega}{(e^{\hbar\omega/(k_B T)} - 1)^2} \tag{3-20}$$

由式（3-20）可知，求热容的关键在于求解模式密度。对于实际的固体，人们很难求三维的色散关系。因此，求解模式密度非常困难。在求固体热容时，人们通常采用近似方法，即爱因斯坦热容模型和德拜热容模型。

3.2.3 爱因斯坦理论

爱因斯坦假定晶体中所有原子都以相同的频率做振动。这一假定，实际是忽略了谐振子之间的差异，有

$$E = 3N\frac{\hbar\omega}{e^{\hbar\omega/(k_BT)}-1} \tag{3-21}$$

热容则为

$$C_V = \frac{\partial E}{\partial T} = 3Nk_B f_E\left(\frac{\hbar\omega}{k_BT}\right) \tag{3-22}$$

其中

$$f_E\left(\frac{\hbar\omega}{k_BT}\right) = \left(\frac{\hbar\omega}{k_BT}\right)^2 \frac{e^{\hbar\omega/(k_BT)}}{[e^{\hbar\omega/(k_BT)}-1]^2} \tag{3-23}$$

为爱因斯坦函数。

引入爱因斯坦温度 Θ_E，即

$$\Theta_E = \frac{\hbar\omega}{k_B} \tag{3-24}$$

则有

$$C_V = 3Nk_B\left(\frac{\Theta_E}{T}\right)^2 \frac{e^{\Theta_E/T}}{(e^{\Theta_E/T}-1)^2} \tag{3-25}$$

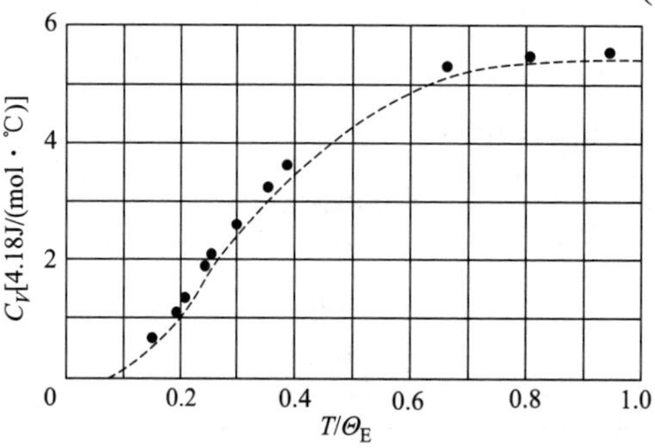

图 3-3 金刚石热容的实验值和爱因斯坦理论曲线的比较

其中，Θ_E 由理论曲线与实验曲线尽可能地拟合来确定。对于大多数固体材料，Θ_E 在 100～300K。图 3-3 是金刚石热容的实验值和爱因斯坦理论曲线的比较。通过观察图 3-3，可以发现：

① 当温度较高时，式（3-25）可以变为

$$C_V = 3Nk_B \tag{3-26}$$

这说明在高温情况下，爱因斯坦的热容理论与杜隆 - 珀替定律一致。

② 当温度很低时，$e^{\Theta_E/T} \gg 1$，有

$$C_V = 3Nk_B\left(\frac{\Theta_E}{T}\right)^2 e^{-\Theta_E/T} \tag{3-27}$$

实验结果表明，当温度很低时，绝缘体的热容以 T^3 趋于零；爱因斯坦热容比 T^3 更快地趋于零。这与实验结果出现严重不符，原因在于这个模型忽略了各格波对热容的贡献。

实验发现，一般晶体的 ω_E（爱因斯坦假定所有格波的频率都相等，记为 ω_E）均在红外频段。这说明爱因斯坦热容模型针对的主要是声学波声子。由晶格振动色散关系可以知道，高频晶格振动的频率变化平缓，可以用平均频率表示。而在较低温度下被激发的主要是声

学波声子，而低温色散关系近似为线性关系，难以用单一频率表达，所以爱因斯坦热容模型低温下与实验值严重不符。从物理角度看，爱因斯坦热容模型认为所有原子以相同的频率做简谐振动，这与实际情况相差甚远。尽管如此，爱因斯坦处理固体热容时引入量子力学的方法，意义重大。

3.2.4 德拜理论

为了克服爱因斯坦热容模型在处理固体低温热容所遇到的困难，德拜在爱因斯坦热容模型的基础上基于量子力学思想发展了德拜热容模型。德拜热容模型的基本思想是：

① 将格波作为弹性波来处理，在甚低温下，不仅光学波（如果晶体是复式格子的话）对热容的贡献可以忽略，而且频率高（短波长）的声学波对热容的贡献也可忽略。决定晶体热容的主要是长声学波，即弹性波。

② 晶体可以看成是连续介质，格波是连续介质中的弹性波，其频率与波矢成正比。

③ 各个振动模式的频率并不相等，存在最大的截止频率。

为简单起见，设固体弹性介质是各向同性的，长声学波可以看作弹性波，频率 ω 和波矢 q 成正比，比例系数 $\boldsymbol{v}$ 即为波速。在三维波矢空间内，弹性波的等频面是一个球面。

$$\left|\nabla_{\boldsymbol{q}}\omega\right| = \boldsymbol{v} \tag{3-28}$$

由式（3-12）结合（3-28）得到

$$D(\omega) = \frac{V}{(2\pi)^3}\times\frac{1}{\boldsymbol{v}}\int \mathrm{d}S = \frac{V}{(2\pi)^3\boldsymbol{v}}4\pi q^2 = \frac{V\omega^2}{2\pi^2\boldsymbol{v}^3} \tag{3-29}$$

考虑到弹性波有三支格波，一支纵波，两支横波，所以总的模式密度为

$$D(\omega) = \frac{V\omega^2}{2\pi^2\boldsymbol{v}_{\mathrm{p}}^{\ 3}} \tag{3-30}$$

$$\frac{3}{\boldsymbol{v}_{\mathrm{p}}^3} = \left(\frac{1}{\boldsymbol{v}_{\mathrm{L}}^3} + \frac{2}{\boldsymbol{v}_{\mathrm{T}}^3}\right) \tag{3-31}$$

式中 $\boldsymbol{v}_{\mathrm{T}}$ 和 $\boldsymbol{v}_{\mathrm{L}}$——横波波速和纵波波速。

将式（3-30）、式（3-31）代入式（3-20），得到

$$C_V = \frac{3V}{2\pi^2\boldsymbol{v}_{\mathrm{p}}^3}\int_0^{\omega_{\mathrm{m}}} k_{\mathrm{B}}\left(\frac{\hbar\omega}{k_{\mathrm{B}}T}\right)^2 \frac{\mathrm{e}^{\hbar\omega/(k_{\mathrm{B}}T)}\omega^2\mathrm{d}\omega}{(\mathrm{e}^{\hbar\omega/(k_{\mathrm{B}}T)}-1)^2} \tag{3-32}$$

另有

$$\int_0^{\omega_{\mathrm{m}}} D(\omega)\mathrm{d}\omega = 3N \tag{3-33}$$

结合式（3-7）、式（3-30）和式（3-31）可以得到

$$\omega_{\mathrm{m}} = \left(6\pi^2\frac{N}{V}\right)^{1/3}\boldsymbol{v}_{\mathrm{p}} \tag{3-34}$$

有时称式（3-34）的截止频率 ω_{m} 为德拜频率，并记作 ω_{D}。

类似爱因斯坦温度，定义德拜温度为

$$\Theta_{\mathrm{D}} = \frac{\hbar\omega_{\mathrm{D}}}{k_{\mathrm{B}}} \tag{3-35}$$

由式（3-34）、式（3-35）可知，原子浓度较高、声速大的固体，德拜温度就高。金

刚石的弹性常数是一般固体的 10 倍，声速很大，再加上碳原子浓度高，德拜温度达到 2230K。一般固体材料的德拜温度为 200～400K。

由式（3-32）和式（3-35），根据德拜热容模型得到的热容为

$$C_V = \frac{3Vk_B^4T^3}{2\pi^2\hbar^3 v_p^3}\int_0^{\Theta_D} \frac{e^x x^4 dx}{(e^x-1)^2} \tag{3-36}$$

其中

$$x = \frac{\hbar\omega}{k_B T}$$

当温度较高时，即$k_B T \gg \hbar\omega$时，有

$$C_V = 3Nk_B \tag{3-37}$$

当温度很低时，有

$$C_V = \frac{12\pi^4 Nk_B}{5}\left(\frac{T}{\Theta_D}\right)^3 \tag{3-38}$$

这与低温条件下的热容随温度变化的实验结果是相符的。图 3-4 给出了金属铜热容的实验值与德拜理论的比较，二者符合得非常好。

低温下德拜热容模型与实验相符较好是可以理解的。低温下容易激发的格波主要是那些能量较低的低频长声学波。由固体物理理论可以知道，长声学波同弹性波十分相似，频率和温度成正比。因此德拜温度是合理的，在处理低温晶格振动方面取得了巨大成功。

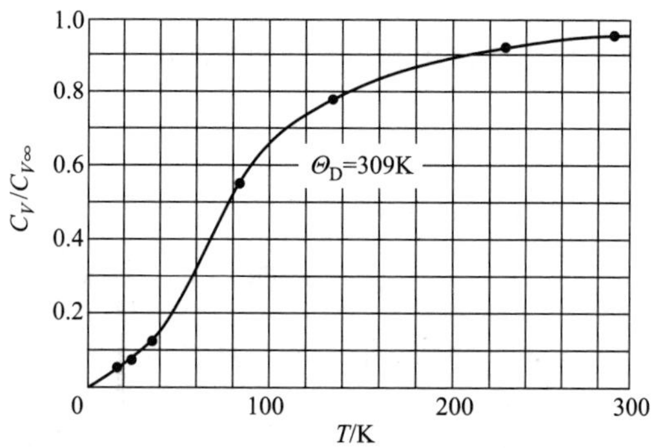

图 3-4　金属铜热容的实验值与德拜理论的比较

需要指出的是，德拜热容模型在分析晶体热容时仍存在很大的局限性，它只对具有简单结构的元素晶体和简单化合物（如金属卤化物）是正确的。因为计算晶体比热容的关键是晶格振动的态密度，而态密度实际上是由色散关系决定的，德拜热容模型实际上给出了最简单的色散关系。实际的色散关系远比德拜热容模型所采用的线性关系复杂。

德拜温度已经成为一个重要的概念，与晶体的许多性质相关，如与晶体的熔点有较好的对应关系。表 3-2 给出了部分固体德拜温度。

表 3-2　部分固体德拜温度

晶体	结构类型	弹性波速度/(m·s)	由弹性数据得到的Θ_D/K	由低温比热容数据得到的Θ_D/K
Na	BCC	2320	164	157
Cu	FCC	3880	365	342
Zn	HCP	3400	307	316
Al	FCC	5200	438	423
Pb	FCC	1960	135	102
Ni	FCC	4650	446	427

续表

晶体	结构类型	弹性波速度/(m·s)	由弹性数据得到的Θ_D/K	由低温比热容数据得到的Θ_D/K
Ge	金刚石立方	3830	377	378
Si	金刚石立方	6600	674	647
SiO_2	六方	4650	602	470
NaCl	NaCl结构	3400	289	321
LiF	NaCl结构	5100	610	732
CaF_2	氟石结构	5300	538	510

3.3 材料的热传导

固体的热传导主要通过电子运动和原子振动来实现。原子振动传导热量就是格波传导热量。对于绝缘体而言，热传导主要是晶格振动热传导；对于金属而言，热传导主要是电子热传导和晶格振动热传导。本节主要讨论晶格热传导。晶格热传导是典型的非简谐效应。

3.3.1 晶格振动的非简谐效应

在讨论晶格振动时，曾取简谐近似，把晶格振动等效成3N（N是原子数目）个简正振动。这3N个简正振动是相互独立的，即一旦一种模式被激发，它将保持不变，因此不会把能量传递给其他模式的简正振动。若果真如此，则温度不同的两晶体接触后发生热传导，则不会有热阻。事实上，热阻是一直存在的。可见，温度最终达到平衡必定是晶格振动的非简谐近似。

将原子间相互作用势能进行泰勒展开，相邻原子间原子势若保留势能级数中三次方项，有

$$U=U(r_0)+\left(\frac{\mathrm{d}U}{\mathrm{d}r}\right)_{r_0}(r-r_0)+\frac{1}{2}\left(\frac{\mathrm{d}^2U}{\mathrm{d}r^2}\right)_{r_0}(r-r_0)^2+\frac{1}{6}\left(\frac{\mathrm{d}^3U}{\mathrm{d}r^3}\right)_{r_0}(r-r_0)^3 \tag{3-39}$$

可以得到相应的谐振子的振动方程为

$$\ddot{\mathrm{Q}}_i+\omega_i^2\mathrm{Q}_i+f(\mathrm{Q}_1,\mathrm{Q}_2,\cdots,\mathrm{Q}_{3N})=0 \tag{3-40}$$

式中 Q——广义简正坐标。

式（3-40）说明，若考虑势能展式中三次方项的非简谐项的贡献，简正振动就不是严格独立的，而是3N个简正振动之间存在耦合，格波间存在能量的交换。

用声子模型来说，就是各类声子间会交换能量。通过声子的碰撞机制，两物体最终达到热平衡。没有声子的碰撞，就没有热平衡可言；没有非简谐效应，就不会发生声子碰撞，所以热传导是一个典型的非简谐效应。

3.3.2 倒逆散射与热传导

把声子系统想象成声子气体。当晶体内存在温度梯度时，高温区声子浓度高、能量大的声子也多，这些声子将以碰撞的方式向低温区扩散，将高温区的热能传递到低温区域

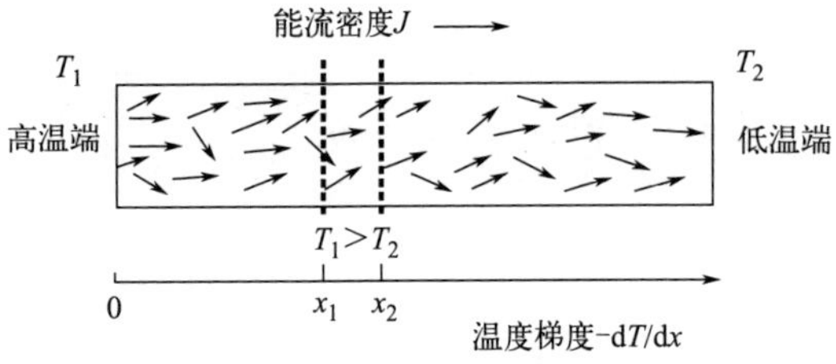

图 3-5 **声子扩散**

(图 3-5)。对于声子模型来说，各类声子间会交换能量。

下面通过声子的概念介绍热阻的产生。两个声子通过碰撞，产生第三个声子，或者是一个声子能劈裂为两个声子。声子在碰撞过程中遵从能量守恒定律和准动量守恒定律。

$$\hbar\omega_1 \pm \hbar\omega_2 = \hbar\omega_3 \tag{3-41a}$$

$$\hbar q_1 \pm \hbar q_2 = \hbar q_3 \tag{3-41b}$$

式中，“+”对应两个声子碰撞后，产生一个新声子，或者说一个声子吸收了另一个声子，变成了能量高的声子；“−”对应一个声子劈裂成两个声子。容易看出，劈裂过程其实就是吸收过程的逆过程。

因为波矢为 q 的声子和波矢为 $q+G_m$ 的声子是等价的。因此，准动量守恒更普遍的形式为

$$\hbar q_1 \pm \hbar q_2 = \hbar q_3 \pm \hbar G_m \tag{3-42}$$

式中，$G_m=0$ 为正常散射过程，$G_m \neq 0$ 为倒逆散射过程。

当 q_1、q_2 数值较大而夹角较小时，q_1+q_2 可能会超过第一布里渊区。与格波解一一对应的波矢应为能落在第一布里渊区的波矢 $q_3=q_1+q_2+G_m$。正常散射不改变热流的基本方向，但倒逆过程不然，它与热流的方向是相反的，对热传导有阻滞作用。倒逆过程是热阻的一个重要机制，如图 3-6 所示。

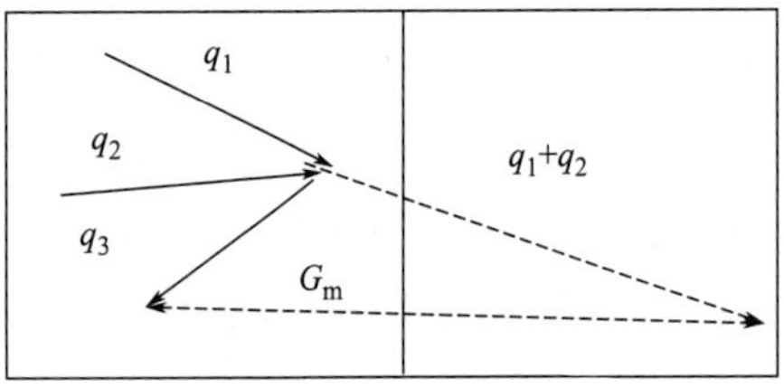

图 3-6 **声子的倒逆过程**

3.3.3 热导率与温度的关系

如果晶体内存在温度梯度 dT/dx，则在晶体内将有热流流过，热流密度 Q 为

$$Q = -k\frac{dT}{dx} \tag{3-43}$$

式中 k——晶体的热导率。

采用气体扩散模型，热导率可以写为

$$k = \frac{1}{3}C_V \bar{v} \bar{\lambda} \tag{3-44}$$

式中 C_V——单位体积的定容热容；

$\bar{v}$——声子的平均速度；

$\bar{\lambda}$——平均自由程。

根据德拜热容模型，声子的平均速度可以看作是一常数，考虑平均自由程与温度的依赖关系。平均自由程反比于单位时间内的平均碰撞次数，而声子间单位时间内的平均碰撞次数与声子的浓度成正比，因此平均自由程反比于声子的浓度。根据德拜热容模型则有

高温时：

$$\bar{\lambda} \propto \frac{1}{T} \tag{3-45}$$

低温时:

$$\bar{\lambda} \propto \frac{1}{T^3} \tag{3-46}$$

低温下温度趋于0K时，理论上平均自由程为无穷大，但平均自由程不会超过晶体尺寸，即声子的最大平均自由程由晶体尺寸 l 决定且 $l=d$（d 为晶粒尺寸）。

由热容和温度的关系可知，低温下 C_V 正比于 T^3，高温下，晶体的热容是常数。

综合考虑单位体积的定容热容 C_V、声子的平均速度 $\bar{v}$ 和平均自由程 $\bar{\lambda}$，则有:

① 在极低温度下，C_V 正比于 T^3，平均自由程（约等于晶体尺寸）为常数，声子平均速度也是常数，故低温下热导率正比于 T^3。

② 在高温下，晶体的热容与声子平均速度是常数，平均自由程与绝对温度成反比，故

$$k \propto \frac{1}{T} \tag{3-47}$$

③ 在某一温度下，热导率有最大值。

表3-3给出了一些固体在不同温度下的热导率和平均自由程。图3-7给出了热导率与温度的关系曲线。图3-8给出了LiF单晶热导率。由图3-8可以看出，LiF单晶晶粒尺寸一定，热导率先增加后减小，中间有一极值。晶粒尺寸大，则热导率增加。

表3-3 一些固体在不同温度下的热导率和平均自由程

晶体	T=273K		T=77K		T=20K	
	热导率/[W/(m·K)]	声子平均自由程/10^{-8}m	热导率/[W/(m·K)]	声子平均自由程/10^{-8}m	热导率/[W/(m·K)]	声子平均自由程/10^{-8}m
Si	150	4.3	1500	270	4200	41000
Ge	70	3.3	300	33	1300	4500
SiO_2	14	0.97	66	15	7600	7500
CaF_2	11	0.72	39	10	85	1000
NaCl	6.5	0.67	27	5.0	45	230
LiF	10	0.33	150	40	8000	120000

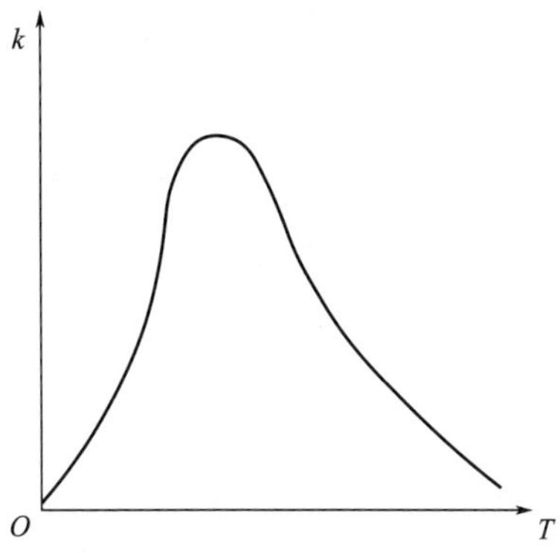

图3-7 热导率与温度的关系

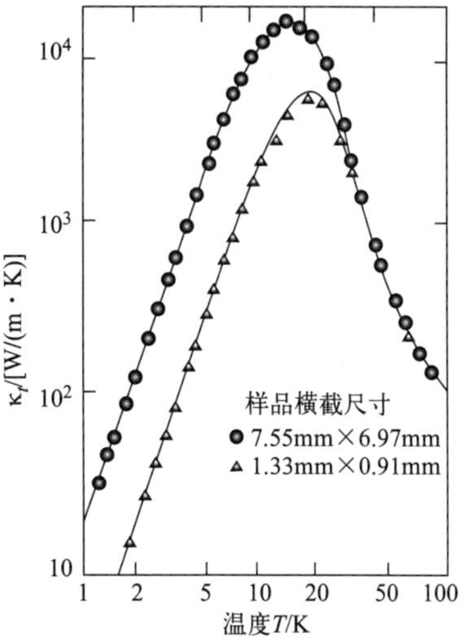

图3-8 LiF单晶热导率

3.4 材料的热膨胀

3.4.1 热膨胀的定义

热膨胀指材料的长度或体积在不加压力时随温度升高而变大的现象。线膨胀系数定义为

$$\alpha_l = \frac{\mathrm{d}l}{l\mathrm{d}T} \tag{3-48}$$

体膨胀系数定义为

$$\alpha_V = \frac{\mathrm{d}V}{V\mathrm{d}T} \tag{3-49}$$

式中 l——材料在温度 T 时的长度；

V——材料在温度 T 时的体积。

常用平均线膨胀系数表示：

$$\bar{\alpha}_l = \frac{\Delta l}{l_0 \Delta T} = \frac{l_T - l_0}{l_0(T - T_0)} \tag{3-50}$$

平均体膨胀系数：

$$\bar{\alpha}_V = \frac{\Delta V}{V_0 \Delta T} = \frac{V_T - V_0}{V_0(T - T_0)} \tag{3-51}$$

式中，l_0、V_0、l_T 和 V_T——材料在 T_0、T 时的长度和体积。

一般地，有

$$\alpha_V = 3\alpha_l \tag{3-52}$$

3.4.2 热膨胀的微观机理

固体受热时体积膨胀，这是普遍的物理现象，对材料的许多工程应用产生较大的影响。固体一维尺度尺寸变大或者体积变大，一定是原子平衡位置间的距离增大导致的。固体热膨胀是典型的非简谐效应。

以一维原子链的热膨胀为例，讨论原子间非简谐相互作用。设相邻两原子间的距离为 r，平衡位置间的距离为 r_0，设置适当的势能零点使 $U(r_0)$ 为 0，则相互作用势能在平衡位置的泰勒展开式为

$$U(r) = \left(\frac{\mathrm{d}U}{\mathrm{d}r}\right)_{r_0}(r - r_0) + \frac{1}{2}\left(\frac{\mathrm{d}^2U}{\mathrm{d}r^2}\right)_{r_0}(r - r_0)^2 + \frac{1}{6}\left(\frac{\mathrm{d}^3U}{\mathrm{d}r^3}\right)_{r_0}(r - r_0)^3 + \cdots \tag{3-53}$$

若将原子间相互作用势能取到二次方项，忽略非简谐项，则相互作用势能化为

$$U(r) = \left(\frac{\mathrm{d}U}{\mathrm{d}r}\right)_{r_0}(r - r_0) + \frac{1}{2}\beta(r - r_0)^2 \tag{3-54}$$

其中

$$\beta = \left(\frac{\mathrm{d}^2U}{\mathrm{d}r^2}\right)_{r_0} \tag{3-55}$$

图 3-9 虚线所示的抛物线为简谐近似对应的曲线。由于此抛物线关于 $r=r_0$ 对称。温度升高后，两原子平衡位置间的相对距离变化幅度（$r-r_0$）增大，但平均距离仍为 r_0，这时仍无热膨胀现象。这说明，若只计简谐近似，固体是不会有膨胀的。热膨胀必须考虑非简谐效应。

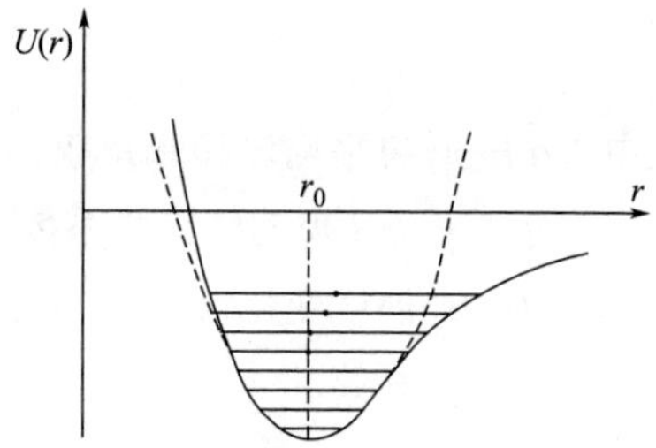

图 3-9 两原子之间相互作用势能曲线

若将原子间相互作用势能取到三次方项，则有

$$U(r)=\left(\frac{\mathrm{d}U}{\mathrm{d}r}\right)_{r_0}(r-r_0)+\frac{1}{2}\left(\frac{\mathrm{d}^2U}{\mathrm{d}r^2}\right)_{r_0}(r-r_0)^2+\frac{1}{6}\left(\frac{\mathrm{d}^3U}{\mathrm{d}r^3}\right)_{r_0}(r-r_0)^3 \tag{3-56}$$

引入

$$-\eta=\frac{1}{2}\left(\frac{\mathrm{d}^3U}{\mathrm{d}r^3}\right)_{r_0} \tag{3-57}$$

式（3-56）表示的势能曲线如图 3-9 实线所示。可见，这是一条不对称的曲线。r_0 左侧的曲线陡峭，右侧的曲线平缓。温度升高后，原子间平衡位置间的相对距离变化幅度$|r-r_0|$增大，平均位置向右偏移，导致两原子平衡位置间的平均距离大于 r_0，原子间间距变大，物体体积变大，出现热膨胀的现象。因此说热膨胀是一种非简谐现象。

下面利用玻尔兹曼统计理论求线膨胀系数。设热膨胀引起的两原子位置间距离的增量为 x，r 是温度 T 时两原子平衡位置间的距离，r_0 为某一选定温度下两原子平衡位置间的距离，有

$$x=r-r_0 \tag{3-58}$$

设热膨胀引起的两原子位置间距离的平均增量为$\bar{x}$，有

$$\bar{x}=\frac{\int_{-\infty}^{+\infty}x\mathrm{e}^{-U/(k_{\mathrm{B}}T)}\mathrm{d}x}{\int_{-\infty}^{+\infty}\mathrm{e}^{-U/(k_{\mathrm{B}}T)}\mathrm{d}x} \tag{3-59}$$

式（3-56）、式（3-57）、式（3-58）和式（3-59）联立得

$$\bar{x}=\frac{\eta k_{\mathrm{B}}T}{\beta^2} \tag{3-60}$$

由线膨胀系数的定义，得到

$$\alpha_l=\frac{1}{r_0}\times\frac{\mathrm{d}\bar{x}}{\mathrm{d}T}=\frac{\eta k_{\mathrm{B}}}{r_0\beta^2} \tag{3-61}$$

可见，在只计势能级数中的三次方情况下，线膨胀系数是一个与温度无关的常数。若 $\eta=0$，线膨胀系数α_l也为零，固体不发生热膨胀。

3.4.3 实际材料的热膨胀

一般材料的α-T关系类似于C_V-T关系，随着温度的升高而升高，最后趋于一稳定的值。一般来说，热膨胀系数与材料的结构有关。结构紧密的晶体比结构疏松晶体热膨胀系数大，如石英的$\alpha=12\times10^{-6}\mathrm{K}^{-1}$，而石英玻璃$\alpha=0.5\times10^{-6}\mathrm{K}^{-1}$。有机高分子材料的热膨胀系数一般比金属大。

对于复合材料，若各相均匀分布且具有各向同性，则由于各相的热膨胀系数α_i不同，各相分别存在的内应力 σ_i 为

3

$$\sigma_i = K(\bar{\alpha}_V - \alpha_i)\Delta T \tag{3-62}$$

式中 $\bar{\alpha}_V$——总平均体膨胀系数；

α_i——第 i 相的体膨胀系数；

ΔT——温度变化；

K——系数。

$$K = \frac{E}{3(1-2\nu)} \tag{3-63}$$

式中 E——弹性模量；

ν——泊松比。

因为整个复合材料的内应力之和为 0，则有

$$\sum \sigma_i \varphi_i = \sum K_i(\bar{\alpha}_V - \alpha_i)\varphi_i \Delta T = 0 \tag{3-64}$$

式中 φ_i——第 i 相的体积分数，即

$$\varphi_i = \frac{m_i}{\rho_i} = \frac{mw_i}{\rho_i} \tag{3-65}$$

式中 m_i——第 i 相的质量；

ρ_i——第 i 相的密度；

m——总质量。

$$w_i = \frac{m_i}{m} \tag{3-66}$$

式（3-65）代入式（3-64），得到

$$\bar{\alpha}_V = \frac{\sum(\alpha_i K_i w_i / \rho_i)}{\sum(K_i w_i / \rho_i)} \tag{3-67}$$

则线膨胀系数为

$$\bar{\alpha}_l = \frac{1}{3}\bar{\alpha}_V \frac{\sum(\alpha_i K_i w_i / \rho_i)}{3\sum(K_i w_i / \rho_i)} \tag{3-68}$$

表 3-4 给出了常见材料的线膨胀系数。

表 3-4 几种不同材料的线膨胀系数

材料名称	线膨胀系数 $\alpha_l \times 10^{-6}$/℃$^{-1}$	温度/℃
0.40%C 碳钢	11.3	20 ~ 100
因瓦合金 36Ni-Fe	0 ~ 2	20 ~ 100
高锰钢 13Mn-C-Fe	18	20
可伐合金 29Ni-18Co-Fe	4.6 ~ 5.2	20 ~ 400
铬不锈钢 13Cr-0.35C-Fe	10.0	20 ~ 100
镍铬不锈钢 18Cr-8Ni-Fe	16.5	20 ~ 100
铸铁	10.5 ~ 12	0 ~ 200
黄铜	18.5 ~ 21	200 ~ 300
镍铬合金 80Ni-20Cr	17.3	20 ~ 1000
GCr9 轴承钢	13.0	0 ~ 100
GCr15	14.0	0 ~ 100
镍基合金 K3	11.6	20 ~ 100

续表

材料名称	线膨胀系数$\alpha_l \times 10^{-6}$/℃$^{-1}$	温度/℃
LY12铝合金	22.7	20 ~ 100
ZM5镁合金	26.8	20 ~ 100
WC	6.9	24 ~ 1300
VC	6.8	24 ~ 1925
Fe-Cr-Al合金	10.5	30 ~ 100
M2高速钢	11.2	20 ~ 100
玻璃	0.9	20 ~ 100

本章小结

晶体原子的振动相互关联形成格波。在简谐近似的条件下，格波是由简正振动模式构成的，各简正振动模式是独立的。简正振动可用简谐振子来描述，谐振子的能量是量子化的，频率为ω_i的谐振子能量的增减是以$\hbar\omega_i$为计量的。人们赋予$\hbar\omega_i$一个假想的携带者——声子。声子是晶格振动能量的量子。振动能的高低取决于声子的数目和能量大的声子数目的多少。高温时，平均声子数与温度成正比，与频率成反比。温度一定，频率低的格波的声子数比频率高的格波的声子数要多。

模式密度 $D(\omega)$ 为单位频率区间的格波振动模式数目，即单位频率区间内的声子种类的数目。

在不发生相变和化学反应时，材料温度升高 1℃所需要的热量 Q 为材料的热容。热容与材料的质量有关。定义单位质量的热容为比热容；1mol 材料的比热容叫摩尔热容。爱因斯坦假定晶体中所有原子都以相同的频率做振动，这一假定实际是忽略了谐振子之间的差异。高温情况下，爱因斯坦的热容理论与杜隆 - 珀替定律一致。当温度很低时，爱因斯坦热容模型比 T^3 更快地趋于零，这与实验结果不符。德拜热容模型把格波作为弹性波来处理，决定晶体热容的主要是长声学波，即弹性波；晶体可以看成是连续介质，格波是连续介质中的弹性波，其频率与波矢成正比；各个振动模式的频率并不相等，存在截止频率。低温条件下的德拜热容模型给出的热容随温度变化的结果与实验结果是相符的。

将原子间相互作用势能进行泰勒展开，相邻原子间原子势若保留势能级数中三次方项及以上，则这种近似称为非简谐近似。热导和热膨胀都是非简谐近似下的效应。

当晶体内存在温度梯度时，高温区声子浓度高、能量大的声子也多，这些声子将以碰撞的方式向低温区扩散，将高温区的热能传递到低温区域。倒逆过程是产生热阻的重要机制。

热膨胀指材料的长度或体积在不施加压力时随温度升高而变大的现象。温度升高后，原子间平衡位置间的相对距离变化幅度增大，平均位置向右偏移，导致两原子平衡位置间的平均距离大于 r_0，原子间距变大，物体体积变大，因此出现热膨胀现象。

思考题

1. 什么是简谐近似？什么是非简谐近似？
2. 什么叫声子？对于一给定的晶体，它是否拥有一定种类和一定数目的声子？

3. 试比较爱因斯坦模型和德拜热容模型。

4. 声子碰撞时的准动量守恒为什么不同于普通粒子碰撞时的动量守恒?

5. 简要说明简谐近似下晶体不发生热膨胀的物理原因；势能的非简谐项起了哪些作用。

6. 在温度很低时，德拜热容模型为什么与实验相符?

7. 爱因斯坦热容模型在低温下与实验存在偏差的根源是什么?

8. 温度很低时，声子的自由程很大，当 $T \to 0$ 时，平均自由程$\to 0$。$T \to 0$ 时，无限长的晶体，是否能成为热超导材料?

第 4 章
磁性物理

本章提要

本章首先介绍了磁学基本量与材料磁性分类，讲述了原子（离子）的磁性理论；之后介绍了抗磁性及顺磁性理论；重点讲述了铁磁性，包括外斯磁场理论、海森堡 d 电子交换理论（直接电子交换理论、间接交换作用和自发磁化的能带模型）；在铁磁性理论基础上介绍了反铁磁性及亚铁磁性理论；最后讲述了磁畴与技术磁化。

磁性是固体重要的物理性质。磁性材料在工程技术中具有重要的应用。量子力学发展起来以后，人们对磁性才有了更加深入的认识。固体磁性主要源于组成固体原子或电子的固有磁矩，包括电子绕原子核运动的轨道磁矩和电子的自旋磁矩。本章将介绍固体磁性的基本概念以及各种磁性的物理本质。

4.1 磁学基本量与材料磁性分类

4.1.1 磁学基本量

4.1.1.1 磁场强度

通过物理学的知识知道磁现象源于电荷的运动，运动电荷在周围空间产生磁场。而磁场对放入其中的运动电荷、载流导体或永久磁体有磁力作用。磁场越强，对放入其中的运动电荷、载流导体或永久磁体作用力越大。描述磁场强弱可以采用磁场强度 H，H 的单位为 A/m。对于直流电流，距离电流垂直距离 r 处的磁场强度为

$$\boldsymbol{H}=\frac{\boldsymbol{I}}{2\pi r} \tag{4-1}$$

式中　I——通过的电流强度，A。

4.1.1.2 磁感应强度和磁导率

材料在磁场强度为 H 的外加磁场作用下，会在材料内部产生一定的磁通量密度，又称为磁感应强度 B。

$$\boldsymbol{B}=\mu\boldsymbol{H} \tag{4-2}$$

式中 μ——磁导率，是材料的本征参数，表示材料在单位磁场强度的外加磁场作用下，材料内部的磁通量密度。在真空中，有

$$\boldsymbol{B}_0 = \mu_0 \boldsymbol{H} \tag{4-3}$$

式中 μ_0——真空磁导率，μ_0=4π×10^{-7}H/m。

定义相对磁导率 μ_r:

$$\mu_r = \frac{\mu}{\mu_0} \tag{4-4}$$

4.1.1.3 磁矩

磁矩是磁铁的一种物理性质。处于外磁场的磁铁，会感受到力矩作用，这种力矩作用促使磁矩沿外磁场方向排列。磁矩的方向是从磁铁的南极指向北极，大小取决于磁铁的磁性与量值。一个环电流的磁矩为

$$\boldsymbol{\mu}_m = \boldsymbol{I} \times \boldsymbol{S} \tag{4-5}$$

式中 $\boldsymbol{I}$——电流强度，A；

$\boldsymbol{S}$——环电流回线包围的面积矢量，m^2；

$\boldsymbol{\mu}_m$——环电流的磁矩，方向由右手定则来确定，A·m^2。

磁矩是表征磁性物体磁性大小的物理量。磁矩愈大，磁性越强，物体在磁场所受的力越大。磁矩只与物体本身有关，与外磁场大小无关。磁矩可以用来说明原子、分子等微观世界产生磁性的原因。材料的宏观磁性是组成材料的原子中电子的磁矩引起的，产生磁矩的原因有两个：电子绕原子核的轨道运动，产生一个非常小的磁场，形成一个沿旋转轴方向的轨道磁矩；电子绕自身的旋转轴运动，产生自旋磁矩，它比轨道磁矩要大得多。因此，可以将原子中每个电子都看作一个小磁体，其具有永久轨道磁矩和自旋磁矩。

4.1.1.4 磁化强度

物质在磁场中由于受到磁场作用而表现一定的磁性，称为磁化。能磁化的物质为磁介质。磁化理论可以利用分子电流观点和等效磁荷观点。分子电流观点可以借助通有电流的环形线圈理解。电子的轨道运动和自旋可形成环形电流。在没有磁场作用时，各分子环流的磁矩取向是杂乱无章的，相互作用的效果相互抵消，宏观不显示磁性。当施加外磁场后，分子电流的磁矩将沿磁化场排列起来，呈现出宏观磁性。为衡量物质磁性的强弱和描述磁化状态，定义单位体积的总磁矩为磁化强度。

$$\boldsymbol{M} = \sum \frac{\boldsymbol{m}}{V} \tag{4-6}$$

式中 $\boldsymbol{m}$——磁矩；

V——体积；

$\boldsymbol{M}$——磁化强度，A/m。

当原子磁矩同向平行排列时，宏观磁体对外显示的磁性最强。

任何物质在外磁场作用下要产生一个附加的磁场。磁感应强度 $\boldsymbol{B}$ 是物质内部的外磁场和附加磁场的综合作用。在真空中，磁感应强度和外磁场成正比，在物质内部磁感应强度为

$$B = \mu_0 H + \mu_0 M = \mu_0 (H + M) \tag{4-7}$$

任何材料在外磁场作用下都会或大或小地显示磁性，这种现象称为材料被磁化。材料内部的磁感应强度 $\boldsymbol{B}$ 可以看成由两部分组成：一部分是材料对自由空间磁场的反应 $\mu_0 H$；另一部分是材料对磁化引起的附加磁场的反应 $\mu_0 \boldsymbol{M}$。

4.1.1.5 磁化率

考虑材料的磁化强度 $\boldsymbol{M}$ 与外磁场强度 $\boldsymbol{H}$ 和温度 T 的关系。当温度一定时，在 M-H 曲线上，$\boldsymbol{M}$ 与 $\boldsymbol{H}$ 的比值为磁化率 χ。

$$\boldsymbol{M} = \chi \boldsymbol{H} \tag{4-8}$$

χ 的大小表示材料的磁化难易程度。

磁化率 χ 与相对磁导率的关系为

$$\chi = \mu_r - 1 \tag{4-9}$$

4.1.2 材料的磁性分类

对原不存在宏观磁性的材料施加由零逐渐增大的磁场，则可以得到一条 M-H 曲线，该曲线称为磁化曲线，曲线上任何一点都对应着材料的一个磁化状态，而这些点与坐标原点连线的斜率表示材料在该磁场下的磁化率。根据磁化率的不同可以将物质的磁性分为五类：抗磁性、顺磁性、反铁磁性、铁磁性、亚铁磁性。抗磁性、顺磁性、反铁磁性，其 χ 的绝对值远小于 1；铁磁性和亚铁磁性，其 χ 的绝对值远大于 1；顺磁性、铁磁性、亚铁磁性、反铁磁性 χ 大于 0，抗磁性 χ 小于 0。图 4-1 给出了材料的磁性分类。

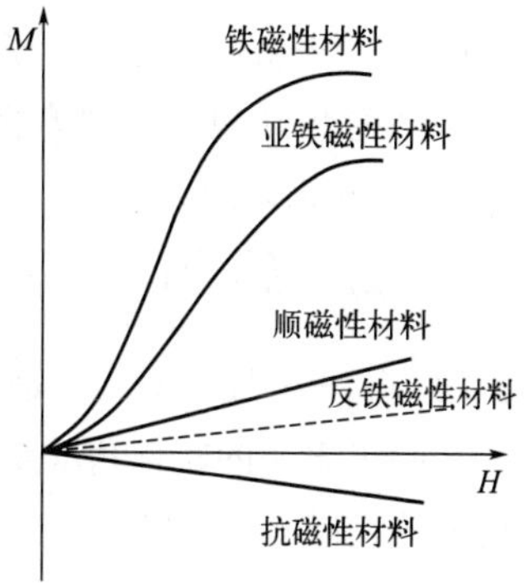

图 4-1 材料的磁性分类

4.2 原子（离子）的磁性

孤立原子的磁矩是理解材料磁性的基础。原子的磁矩包括原子核磁矩和电子磁矩两部分，但原子核磁矩远小于电子磁矩，一般认为电子磁矩起主导作用。每个电子都看作一个小磁体，具有永久轨道磁矩和自旋磁矩，这是产生顺磁性和铁磁性的基础。

材料的宏观磁性由组成材料的原子中电子的磁矩引起，电子在绕原子核的轨道中运动，将产生一个非常小的磁场，形成一个沿旋转轴方向的轨道磁矩。一个电子围绕原子核做圆周运动产生的磁矩，如图 4-2 所示。

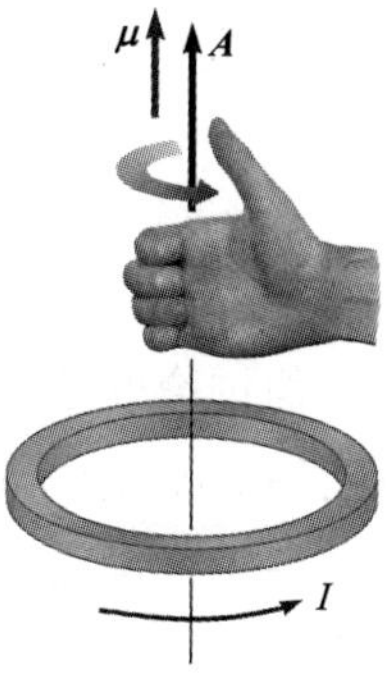

图 4-2 小电流环产生磁矩

根据大学物理可知，以一定频率做圆周运动的电子相当于一个小电流环。如电子运动轨道半径为 r，角频率为 ω，则电流为

$$I=-\frac{e\omega}{2\pi} \tag{4-10}$$

式中 e——电子电量。

电流环的面积为

$$A=\pi r^2 \tag{4-11}$$

得到一个做圆周运动的电子所产生的磁矩为

$$\boldsymbol{\mu}=\boldsymbol{I}A=-\frac{e}{2}r^2\omega=-\frac{e}{2m}\boldsymbol{r}\times m\boldsymbol{v}=-\frac{e}{2m}\boldsymbol{L} \tag{4-12}$$

式中 m——电子质量；

$\boldsymbol{v}$——电子做圆周运动的速度；

$\boldsymbol{L}$——电子的轨道角动量；

$-$——电子磁矩与其角动量方向相反。

$$\boldsymbol{L}=\boldsymbol{r}\times m\boldsymbol{v} \tag{4-13}$$

式（4-13）说明电子磁矩与其角动量相对应，如图 4-3 所示。

由量子力学可知

$$L^2=l(l+1)\hbar^2 \tag{4-14}$$

式中 l——轨道角动量量子数。

轨道角动量在 z 轴方向投影为 $m\hbar$（m 为磁量子数），则轨道磁矩大小为

$$\mu_L=\sqrt{l(l+1)}\frac{e\hbar}{2m}=\sqrt{l(l+1)}\mu_{\mathrm{B}} \tag{4-15}$$

式中 μ_{B}——玻尔磁矩，是原子磁矩的基本单位。

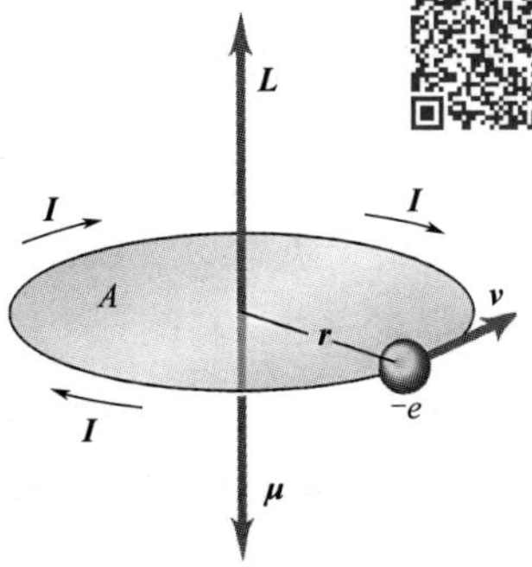

图 4-3 电子磁矩与角动量相对应关系

除了电子的轨道角动量外，还存在自旋角动量对磁矩的贡献。电子的自旋磁矩与自旋角动量的关系为

$$\boldsymbol{\mu}_S=-g_{\mathrm{S}}\frac{e}{2m}\boldsymbol{S} \tag{4-16}$$

式中 $\boldsymbol{S}$——电子的自旋角动量；

$\boldsymbol{\mu}_S$——自旋磁矩；

g_{S}——常数，约为 2.0003，一般取 2。

μ_S 的大小为

$$\mu_S=2\sqrt{s(s+1)}\mu_{\mathrm{B}}=2\sqrt{\frac{1}{2}\left(\frac{1}{2}+1\right)}\mu_{\mathrm{B}}=\sqrt{3}\mu_{\mathrm{B}} \tag{4-17}$$

式中 s——电子的自旋量子数，s=1/2。

下面讨论单电子有效磁矩。原子中满壳层的电子角动量和总磁矩为 0，对原子或离子的固有磁矩没有贡献。因此只需考虑未满壳层中只有一个电子的情况。

若原子未满壳层中只有一个电子，原子角动量是该电子轨道角动量和自旋角动量的和，即

$$\boldsymbol{J}=\boldsymbol{L}+\boldsymbol{S} \tag{4-18}$$

$\boldsymbol{J}$ 是电子的总角动量，且

$$J=\sqrt{j(j+1)}\hbar \tag{4-19}$$

式中　j——总角动量量子数，对于一个电子的情况，$j=l+1/2$ 或 $j=l-1/2$。

单电子总磁矩为

$$\boldsymbol{\mu}=\boldsymbol{\mu}_L+\boldsymbol{\mu}_S=-\frac{e}{2m}(\boldsymbol{L}+2\boldsymbol{S})=-\frac{e}{2m}(\boldsymbol{J}+\boldsymbol{S}) \tag{4-20}$$

图 4-4 给出了单电子角动量和磁矩的矢量关系。电子总磁矩 $\boldsymbol{\mu}$ 与总角动量 $\boldsymbol{J}$ 不在一条直线上。由于 $\boldsymbol{J}$ 是守恒量，$\boldsymbol{L}$ 和 $\boldsymbol{S}$ 都是绕 $\boldsymbol{J}$ 进动的。$\boldsymbol{\mu}$ 不是一个有固定方向的量，可以分解为反平行于 $\boldsymbol{J}$ 的分量 $\boldsymbol{\mu}_J$ 和垂直于 $\boldsymbol{J}$ 的分量 $\boldsymbol{\mu}_i$。$\boldsymbol{\mu}_i$ 绕 $\boldsymbol{J}$ 做进动，平均效果为 0，对外没有磁矩贡献，只有 $\boldsymbol{\mu}_J$ 为有效磁矩。

$$\boldsymbol{\mu}_J=-\frac{e}{2m}g\boldsymbol{J} \tag{4-21}$$

$$g=1+\frac{j(j+1)+s(s+1)-l(l+1)}{2j(j+1)} \tag{4-22}$$

g 称为朗德因子。一个电子的有效磁矩为

$$\mu_j=g\sqrt{j(j+1)}\mu_{\mathrm{B}} \tag{4-23}$$

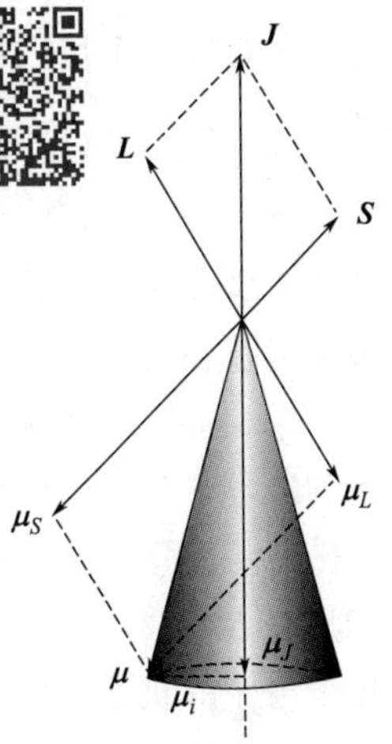

图 4-4　**电子磁矩与角动量的关系**

下面讨论多电子的有效磁矩。若原子未满壳层有多个电子，可采用 L-S 耦合计算原子的总角动量，然后分析原子总磁矩与总角动量的关系。L-S 耦合方法与步骤如下：

① 计算总自旋角动量和总自旋磁矩。将未满壳层的所有电子的自旋角动量相加，得到总自旋角动量。

$$\boldsymbol{S}_{\mathrm{t}}=\sum_i \boldsymbol{S}_i \tag{4-24}$$

$$S_{\mathrm{t}}=\sqrt{S(S+1)}\hbar \tag{4-25}$$

式中　$\boldsymbol{S}_i$——未满壳层中第 i 个电子的自旋角动量；

$\boldsymbol{S}_{\mathrm{t}}$——总自旋角动量；

S——总自旋角动量量子数。

② 计算总轨道角动量和总轨道磁矩。将未满壳层的所有电子的轨道角动量相加，得到总轨道角动量。

$$\boldsymbol{L}_{\mathrm{t}}=\sum_i \boldsymbol{L}_i \tag{4-26}$$

$$L_{\mathrm{t}}=\sqrt{L(L+1)}\hbar \tag{4-27}$$

式中　$\boldsymbol{L}_i$——未满壳层中第 i 个电子的自旋角动量；

$\boldsymbol{L}_{\mathrm{t}}$——总自旋角动量；

L——总轨道角动量量子数。

③ 将总自旋角动量和总轨道角动量相加得到总角动量。设 $\boldsymbol{J}_{\mathrm{t}}$ 为总角动量，有

$$\boldsymbol{J}_{\mathrm{t}}=\boldsymbol{L}_{\mathrm{t}}+\boldsymbol{S}_{\mathrm{t}} \tag{4-28}$$

$$J_{\mathrm{t}}=\sqrt{J(J+1)}\hbar \tag{4-29}$$

$$J_{\mathrm{tz}}=M_J\hbar \tag{4-30}$$

式中　J——总角动量量子数且有 $J=L+S$、$L+S-1$、…、$|L-S|$；

J_{tz}——总动角动量在 z 方向的投影；

M_J——总磁量子数，即总角动量在 z 方向投影的量子数，且有 $M_J=-J$，$-(J-1)$，…，$J-1$，J。

④ 计算总有效磁矩。总有效磁矩为总自旋磁矩和总轨道磁矩的矢量和。

在 L-S 耦合方式下，原子总有效磁矩仍可以按式（4-21）进行计算，只不过朗德因子稍作改变。

$$g=1+\frac{J(J+1)+S(S+1)-L(L+1)}{2J(J+1)} \tag{4-31}$$

在 L-S 耦合中，需要知道未满壳层 L 和 S 的取值。洪德根据原子光谱数据提出了确定原子或离子基态角动量的洪德准则：

（1）总自旋角动量量子数 S 取泡利不相容原理的最大值；关于未满壳层的电子自旋排列，泡利原理倾向一个轨道只被一个电子占据，而原子内的自旋 - 自旋间的相互作用使自旋平行排列，从而总自旋角动量 S 取最大值。

（2）在 S 取最大值的条件下，总轨道角动量量子数 L 也取泡利不相容原理的最大值。关于每个电子的轨道矢量的排列，电子倾向于同样的方向绕核旋转，以避免靠近而增加库仑排斥能，使总轨道角动量量子数 L 取最大值。

（3）当支壳层电子少于半满时，取 $J=|L-S|$；当支壳层电子等于或大于半满时，$J=L+S$。

原子基态用符号 $^{2s+1}L_J$ 表示，L 用字母表示，其字母和取值的关系为：S 对应 0，P 对应 1，D 对应 2，F 对应 3，G 对应 4，H 对应 5。

3d 原子或离子存在轨道角动量冻结现象。部分材料在晶场中的 3d 过渡金属磁性离子的原子磁矩仅等于电子自旋磁矩，而电子的轨道磁矩没有贡献，此现象称为轨道角动量冻结。一般认为过渡金属的 3d 电子轨道暴露在外面，受晶场的控制，晶场的值为 10^2～10^4cm^{-1} 大于自旋 - 轨道耦合能（10^2cm^{-1}），这导致了轨道角动量冻结。

4.3 抗磁性及顺磁性

4.3.1 抗磁体

抗磁体内部磁场 $\boldsymbol{M}$ 与外部磁场 $\boldsymbol{H}$ 的方向相反，它们在场中受微弱的斥力。电子绕原子核的轨道旋转对物质的抗磁性有贡献，电子的自旋可能对顺磁性有贡献。一般组成物质的原子具有完全填满的电子壳层，则这种物质具有抗磁性。这类材料因为具有填满的壳层，正负电子自旋的电子数相等，来自自旋运动总的磁矩为 0。大多数的离子键晶体和共价键晶体、几乎全部有机化合物、惰性气体是抗磁性材料。

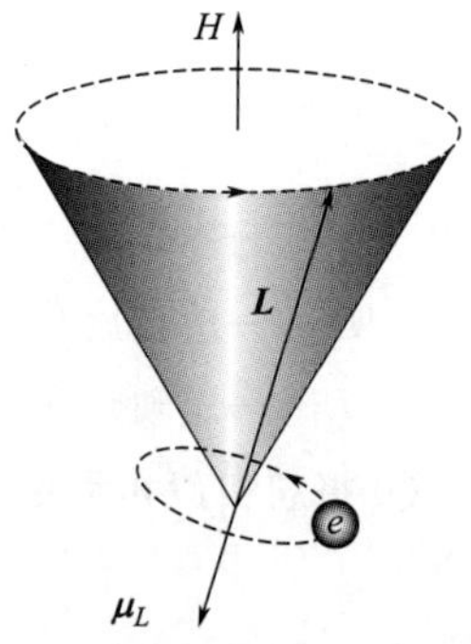

图 4-5 拉莫尔进动及抗磁性

抗磁性在所有固体中都是存在的，它是由外加磁场在物质内部感生的电子运动产生的。朗之万永磁性是电子轨道角动量在外场中作拉莫尔进动感生出的一种弱抗磁性。如图 4-5 所示，设电子的轨道角动量为 $\boldsymbol{L}$，轨道磁矩为 $\boldsymbol{\mu}_L$，外加磁场为 H。电子在磁场中受到洛伦兹力的作用而在磁场中做拉莫尔进动，进动方程为

$$\frac{\mathrm{d}\boldsymbol{L}}{\mathrm{d}t} = \boldsymbol{\mu}_L \times \boldsymbol{H} \tag{4-32}$$

也可以写为如下形式

$$\frac{\mathrm{d}\boldsymbol{\mu}_L}{\mathrm{d}t} = \frac{e}{2m}\boldsymbol{B}_0 \times \boldsymbol{H} \tag{4-33}$$

由式（4-32）、式（4-33）可知，电子的轨道角动量和磁矩绕着磁感应强度方向旋转，这种旋转（进动）感生出抗磁性。设 n 为单位体积的原子数，每个原子含 Z 个电子，则由拉莫尔进动所产生的总的磁化强度为

$$\boldsymbol{M} = -\frac{ne^2\boldsymbol{H}}{4m}\sum_{i=1}^{Z}\overline{x_i^2 + y_i^2} \tag{4-34}$$

式中　$\overline{x_i^2 + y_i^2}$——第 i 个电子拉莫尔进动的方均值。

抗磁磁化率为

$$\chi = \frac{M}{H} = -\frac{ne^2}{4m}\sum_{i=1}^{Z}\overline{x_i^2 + y_i^2} \tag{4-35}$$

对于满壳层结构，电子概率的空间分布是球对称的，因此有

$$\overline{x_i^2} = \overline{y_i^2} = \frac{\overline{r_i^2}}{3} \tag{4-36}$$

式中　$\overline{r_i^2}$——电子轨道半径在垂直于磁场的平面上的投影的均方值。设

$$r^2 = \frac{1}{Z}\sum_{i=1}^{Z}\overline{r_i^2} \tag{4-37}$$

则有

$$\chi = -\frac{\mu_0 Zne^2}{6m}r^2 \tag{4-38}$$

可见，只要原子具有轨道角动量，就一定存在拉莫尔进动引起的抗磁性，只是在某些固体中其他磁性掩盖了朗之万抗磁性而已。

另外，金属存在大量自由电子，这些电子在外磁场中受洛伦兹力作用，在垂直于磁场的平面做圆周运动。每一个“小电流环”都感应出磁场反平行的磁矩，产生朗道抗磁性。朗道抗磁性磁化率为

$$\chi_{\mathrm{L}} = -\frac{\mu_0 n\mu_{\mathrm{B}}^2}{2E_{\mathrm{F}}} \tag{4-39}$$

式中　n——自由电子密度；

E_{F}——金属的费米能级。

图 4-6 给出了自由电子朗道抗磁性示意图。

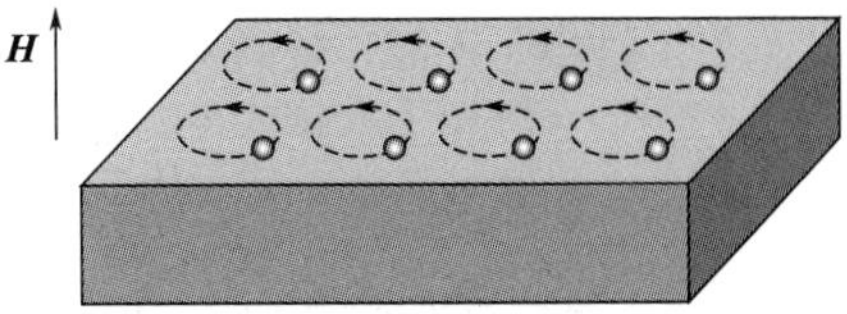

图 4-6　**自由电子朗道抗磁性示意**

4.3.2　顺磁体

顺磁体磁化率为正值，为 10^{-3}～10^{-6}，它们在磁场中受微弱的引力。顺磁体可分为正常顺磁体和与温度无关的顺磁体。正常顺磁体磁化率与温度的倒数成正比，如铂、钯、奥氏体不锈钢和稀土金属等；磁化率与温度无关的顺磁体包括 Li、Na、K 和 Rb。顺磁性源自未填满的内电子壳层中那些未成对电子具有的磁矩，多见于具有奇数个电子的原子或点阵缺陷。绝大多数的过渡金属和稀土金属具有顺

磁性。

顺磁物质的磁化率大于零，且数值较小。普通顺磁体的磁化率随温度变化的规律满足居里定律，即

$$\chi = \mu_0 \frac{C}{T} \tag{4-40}$$

式中　C——居里常数。

从一般顺磁性的定义可以看出，只要物质中的原子具有不为零的固有磁矩，而且这些磁矩之间又不存在明显的相互作用，物质就可以表现出顺磁特性。

例如，在稀土元素和铁族元素的顺磁盐晶体中，稀土离子和铁族离子因 4f 壳层和 d 壳层不满而有不为零的固有磁矩，且它们被其他离子或原子分隔较远，磁矩间没有相互作用，因此表现出顺磁性。

下面介绍顺磁性的非经典理论。磁矩与磁场的相互作用能为

$$E_J = -\boldsymbol{\mu}_J \times \boldsymbol{B}_0 = g\mu_B M_J B_0 \tag{4-41}$$

式中　M_J——总角动量在磁场方向上投影的磁量子数，取值为$-J$，$-(J-1)$，$-(J-2)$，…，J；

μ_J——原子或离子的磁矩。

$$\boldsymbol{\mu}_J = -g\frac{e}{2m}\boldsymbol{J} \tag{4-42}$$

可见原子磁矩同外加磁场的相互作用是量子化的。基于玻尔兹曼统计，沿磁场方向每个原子的平均磁矩为

$$\bar{\mu} = \frac{\sum\limits_{M_J} g\mu_e M_J \exp\left(\dfrac{-g\mu_B M_J B_0}{k_B T}\right)}{\sum\limits_{M_J}\exp\left(\dfrac{-g\mu_B M_J B_0}{k_B T}\right)} \tag{4-43}$$

进一步处理得到

$$\chi = \frac{n\bar{\mu}}{H} = \frac{ng\mu_B J}{H}B_J(y) \tag{4-44}$$

式中　$B_J(y)$——布里渊函数。

$$B_J(y) = \frac{2J+1}{2J}\coth\left(\frac{2J+1}{2J}y\right) - \frac{1}{2J}\coth\frac{y}{2J} \tag{4-45}$$

$$y = \frac{g\mu_B J B_0}{k_B T} \tag{4-46}$$

当 y 远小于 1 时，得到

$$\chi = \mu_0 \frac{nJ(J+1)g^2{\mu_B}^2}{3k_B T} = \mu_0 \frac{np^2{\mu_B}^2}{3k_B T} = \mu_0\frac{C}{T} \tag{4-47}$$

式中　p——有效玻尔磁子数，$p = g\sqrt{J(J+1)}$；

C——居里常数，$C = np^2\mu_B^2/(3k_B)$。

以稀土顺磁盐为例，具有固有磁矩的离子是稀土三价离子。稀土离子的固有磁矩源于未填满的 4f 壳层。4f 壳层位于壳层内部，且与邻近的原子核和电子作用很小，因此稀土离子的磁矩可以看成相互独立的。按照半经典理论计算的结果和实验结果吻合得比较好，见表 4-1。

表 4-1 三价稀土离子的有效玻尔磁子数

离子	基态	有效玻尔磁子数	
		理论值	实验值
Pr^{3+}	$^{3}H_{4}$	3.58	3.6
Nd^{3+}	$^{5}I_{9/2}$	3.62	3.6
Dy^{3+}	$^{6}H_{5/2}$	10.6	10.6

在过渡族顺磁晶体中，出现异常。因为过渡族金属的 s 电子全部用来同其他离子成键，对磁性有贡献的是未满壳层的 d 电子。但是实验结果表明，在过渡族金属离子中，轨道磁矩消失，离子的磁矩全部由离子未满壳层的 d 电子自旋磁矩所贡献。这种现象称为轨道磁矩猝灭。一般认为过渡金属的 3d 电子轨道暴露在外面，受晶场的控制，导致轨道磁矩猝灭。

4.4 铁磁性

4.4.1 铁磁性的概念

铁磁性指有些物质放入磁场中感生出和 H 方向相同的磁化强度，这些物质的磁化曲线 M-H 是非线性的复杂函数，χ 远大于 0，这种性质称为铁磁性，这些物质称为铁磁材料。铁磁性物质的原子不仅具有固有原子磁矩，而且原子磁矩分区间（磁畴）地自发平行排列，所以原子磁矩非常容易朝外磁场方向排列，只要在很小的磁场作用下就可以感生出很大的磁化强度 M。但是，当温度高于某个临界值时，铁磁性转化为顺磁性。

4

人们已经发现许多固体材料具有铁磁性，目前广泛应用的铁磁材料以铁族和稀土元素及其合金或化合物为主。铁磁材料主要实验规律如下。

① 铁磁体的磁化率为很大的正数，对于单晶或有织构的铁磁体，织构的磁化行为表现出明显的各向异性。如图 4-7 所示，Fe 的［100］方向、Ni 的［111］方向和 Co 的［001］方向都是容易达到磁饱和的方向，其称为易磁化方向。

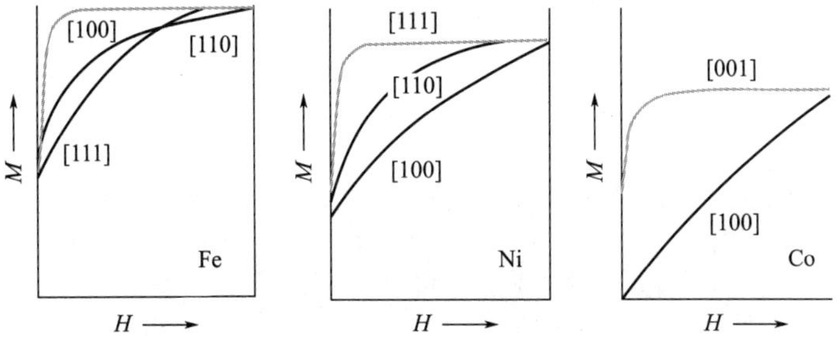

图 4-7 铁、镍和钴单晶沿不同晶体学方向的磁化曲线

② 铁磁体在外场下的磁化过程是不可逆的，表现出磁滞现象。如图 4-8 所示，随磁场的增加，磁化强度 M 或磁感应强度 B 开始增加缓慢，而后增加迅速再趋于缓和，最后达到饱和状态。其中，M_s 称为饱和磁化强度；B_s 为饱和磁感应强度。将一个试样磁化至饱和，慢慢减少 H，则 M 和 B 也将减小，这个过程叫退磁。当 H 下降时，沿图 4-8 中的 AB_rH_c 或

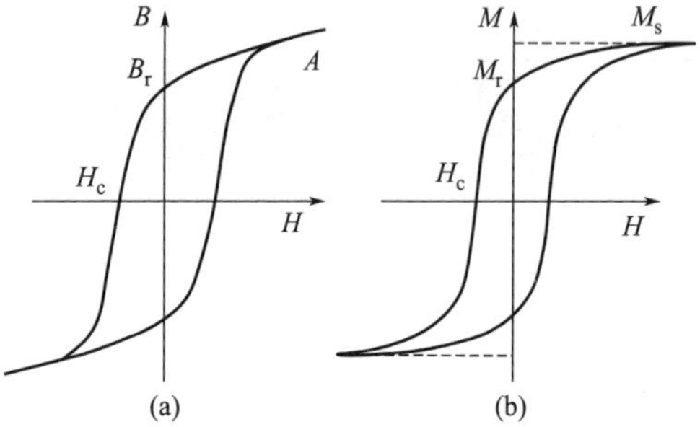

图 4-8 **铁磁体铁滞回线**

$M_sM_rH_c$ 路径进行，并不是原来的磁化曲线。当 H 减小到零时，对应的磁化强度和磁感应强度不为零，而是 M_r 和 B_r。M_r 称为剩余磁化强度，B_r 称为剩余磁感应强度。只有反向施加磁场强度 H_c 时，磁化强度或磁感应强度才变为零。H_c 称为矫顽力，B_rH_c 或 M_rH_c 段通常称为退磁曲线。最终，可以得到具有封闭特征的曲线。退磁过程中 M 的变化落后于 H 的变化，这种现象称为磁滞现象。试样的磁化曲线形成一条封闭曲线，该曲线称为磁滞回线。

③ 铁磁体在临界温度以下表现出铁磁性，在临界温度以上则表现出顺磁性。临界温度称为居里温度（T_C）。对于大部分铁磁体，当 $T > T_C$ 时，顺磁磁化率满足居里 - 外斯定律（Curie-Weiss law）：

$$\chi = \mu_0 \frac{C}{T-\theta} \tag{4-48}$$

式中 θ—— 顺磁居里温度，一般稍高于居里温度 T_C。

④ 铁磁体中存在铁磁畴。人们发现磁体由不同磁偶极矩取向的小区域组成，每一区域为磁畴。在磁畴内磁偶极子定向排列。没有外磁场时，各个磁畴的磁化方向是不同的，所以大块磁铁对外不显示磁性。在外磁场的作用下，各个磁畴的取向逐渐转向与外磁场相同的方向，则对外显示磁性。磁畴分为主畴和副畴。主畴往往长而大，且自发磁化方向是晶体的易磁方向。副畴则为小而短的磁畴，副畴无上述固定关系。图 4-9 为磁畴示意图。图 4-10 为观察到的真实磁畴组织。磁畴壁是相邻磁畴的界限，主要有 180° 和 90° 两种。磁畴

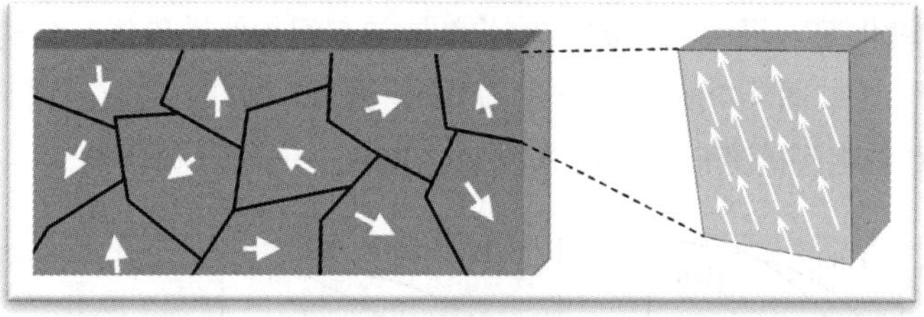

图 4-9 **磁畴示意图**

图 4-10 **真实磁畴组织**

壁实质上是具有一定厚度的过渡区，在过渡区中，原子磁矩的方向由相邻的一个磁畴的方向逐渐转向另一个磁畴的磁化方向。如果在整个过渡区中原子磁矩都平行于畴壁平面，这种壁叫作布洛赫壁（Bloch wall）。铁中这种壁厚大约为300个点阵常数。

4.4.2　外斯磁场理论

为解释铁磁性的本质，1907年外斯提出了铁磁体的自发极化理论，其称为外斯的分子场理论。需要注意的是，外斯的分子场理论并没有说明分子场的本质，是一种唯象理论。外斯的分子场理论是建立在以下三个基本假定基础上的：a. 铁磁体内部存在强大的分子场，铁磁体内的原子磁矩沿分子场方向平行排列，形成自发磁化；b. 分子场的强度正比于磁化强度，为 $\lambda\boldsymbol{M}$；c. 自发磁化在铁磁体内部形成磁畴，每个磁畴内部自发磁化是饱和的。在无外磁场的条件下，磁畴之间没有固定取向，磁体在宏观上表现不出剩余磁性。按外斯的分子场理论，磁畴内部的有效磁感应强度为

$$\boldsymbol{B}_{\text{eff}} = \boldsymbol{B}_0 + \lambda\boldsymbol{M} \tag{4-49}$$

式中　B_0—— 外加磁感应强度。

按照顺磁性理论，则有

$$M = ng\mu_0 JB_J(y) \tag{4-50}$$

$$y = \frac{g\mu_{\text{B}}J(B_0 + \lambda M)}{k_{\text{B}}T} \tag{4-51}$$

式中　n—— 单位体积内磁性原子数；

$B_J(y)$—— 布里渊函数。

另 B_0=0 可得无外场时铁磁体的自发磁化强度 M_{s}。

$$M_{\text{s}} = ng\mu_{\text{B}}JB_J(\alpha) \tag{4-52}$$

$$B_J(\alpha) = \frac{2J+1}{2J}\coth(\frac{2J+1}{2J}\alpha) - \frac{1}{2J}\coth\frac{\alpha}{2J} \tag{4-53}$$

$$\alpha = \frac{g\mu_{\text{B}}J\lambda M_{\text{s}}}{k_{\text{B}}T} \tag{4-54}$$

根据上述方程可以求解 M_{s} 的表达式，但是由于计算的复杂性，一般是利用作图法求解。当 T=0K 时，α 趋近无穷大，$B_J(\alpha)$趋近 1，得到

$$M_{\text{s}} = ng\mu_{\text{B}}J \tag{4-55}$$

随温升高，热运动对磁矩的平行有序排列的破坏程度增加；存在一个临界温度，超过这一温度，热运动的无序作用完全破坏了分子场引起的磁矩有序排列，则铁磁体转变为顺磁性。这一温度就是居里温度。利用外斯分子场理论，可以求得

$$T_{\text{C}} = \frac{ng^2\mu_{\text{B}}^2J(J+1)\lambda}{3k_{\text{B}}} \tag{4-56}$$

由式（4-56）可知，居里温度与表征分子场强弱的参数 λ 有关，分子场越强，热运动破坏磁矩有序排列越困难，居里温度越高。

4.4.3　海森堡电子交换理论

（1）直接电子交换理论

外斯的唯象分子场理论在阐述固体磁性能方面取得巨大的成功，但是并没有从实质上

说明分子场的来源和自发磁化的物理本质。在量子力学建立后，海森堡基于量子力学建立了交换作用理论才解决了这个问题。

由于轨道磁矩淬灭效应，铁族金属及其合金的铁磁性主要源于铁族原子未满壳层电子的自旋磁矩。海森堡等提出了交换作用模型。电子交换理论假定每个原子都只有一个未满壳层 d 电子，电子的自旋分别为 $\boldsymbol{S}_1$ 和 $\boldsymbol{S}_2$。两个电子和两个离子共同组成一个“分子”体系。假定 d 电子是局域的，其状态可用相应的原子波函数来描述。所形成的分子体系具有下述特点：a. 由于泡利不相容原理的限制，“分子”体系的波函数必须是反对称的，“分子”体系的反对称波函数由原子波函数乘积的组合来描述；b. 在经典力学中，将两个分别属于两个原子的 d 电子相互交换，体系能量不发生变化，但在量子力学中，由于泡利不相容原理的限制，交换电子会改变体系的能量，称这种能量为交换能；c. 交换能来源于泡利不相容原理，所以与电子自旋的取向有关。海森堡证明交换能可以写成如下形式：

$$E_{\text{ex}} = -2J_{12}\boldsymbol{S}_1 \cdot \boldsymbol{S}_2 \tag{4-57}$$

式中 $\boldsymbol{S}_1$、$\boldsymbol{S}_2$ —— 以$\hbar$为单位的自旋角动量；

J_{12}—— 交换积分。

$$J_{12} = \iint \varphi_a^*(\boldsymbol{r}_1)\varphi_b^*(\boldsymbol{r}_2)\frac{e^2}{4\pi\varepsilon_0 r_{12}}\varphi_a(\boldsymbol{r}_2)\varphi_b(\boldsymbol{r}_1)\mathrm{d}\boldsymbol{r}_1\mathrm{d}\boldsymbol{r}_2 \tag{4-58}$$

式中 r_{12}—— 两个电子之间的距离。

交换能是与自旋相关的量子效应，其起源于泡利不相容原理，没有经典的物理量与之对应。

以上理论也可以推广到多电子体系。假定铁族晶体中只有一个 d 电子，则总交换能为

$$E_{\text{ex}} = -\sum_{i \neq j}^{N} J_{ij}\boldsymbol{S}_i \bullet \boldsymbol{S}_j \tag{4-59}$$

以上模型中，交换积分来自相邻原子 d 电子的直接交换，故称这种交换作用为直接交换作用，其阐明了外斯分子场的物理本质。如果交换积分 J_{ij} 大于 0，则$\boldsymbol{S}_i \bullet \boldsymbol{S}_j>0$，电子自旋平行，固体表现出铁磁性；如果积分 J_{ij} 小于 0，$\boldsymbol{S}_i \bullet \boldsymbol{S}_j<0$，电子自旋反平行取向，固体变现出反铁磁性。可见，d 电子自旋取向是由交换积分的性质决定的。分子场的来源是电子之间的交换作用。直接交换作用在定性处理 Fe、Co 和 Ni 等的铁磁性方面取得了成功，但在定量方面存在较大问题。

（2）**自发磁化的能带模型**

由于轨道角动量的猝灭，磁矩全部由 d 电子自旋贡献，则在绝对零度下，每个原子对铁磁性有贡献的磁矩应当是玻尔磁子的整数倍，然而实验结果却并非如此，如 T = 0K 时，Fe 为 $2.22\mu_B$，Co 为 $1.72\mu_B$，Ni 为 $0.606\mu_B$。这种现象称为“玻尔磁子亏损”。为了克服海森堡模型的困难，解决玻尔磁子数亏损之谜，Stoner 等提出，虽然 d 电子是巡游的，但它们之间仍存在交换作用，使 d 能带分裂成两个子带，一个自旋磁矩向上，一个自旋磁矩向下。如图 4-11 所示，设 z 轴为正方向，将 d 电子能带分为自旋向上和自旋向下的两个子带。当不存在交换作用时，自旋向上和自旋向下的两个子带的态密度完全相同，故不显示磁性，两个子带的费米能级相同。考虑到电子之间的相互作用，自旋磁矩为正的子能带能量较低，自旋磁矩为负的子带能量升高。能量升高的子带上电子向能量降低的子带中转移，直至二

者的费米能级相同。其结果为总自旋磁矩不为 0［如式（4-60)］所示，形成自发磁化。

$$M = \mu_B(N_e^{\downarrow} - N_e^{\uparrow}) \tag{4-60}$$

式中 N_e—— 电子数，上角表示自旋方向。

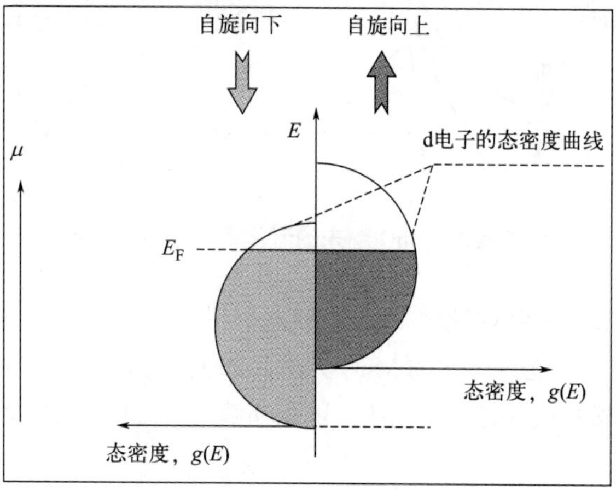

图 4-11 交换作用使 d 能带分裂成两个子能带

由能带模型可以看出，自旋向上与自旋向下的电子数目不仅取决于态密度，而且取决于交换作用的大小。直接交换模型和能带模型均有缺陷。目前，人们关心的焦点变成了 3d 电子局域性和巡游性的程度。

（3）间接交换作用

稀土金属中对磁性有贡献的 4f 电子是局域化的，相邻原子的 4f 电子云不重叠，不存在直接交换作用，所以电子直接交换作用对 4f 电子并不适用。针对此问题，人们提出 RKKY 间接交换作用模型。其中心思想是：在稀土金属中 4f 电子是局域的，6s 电子是游动的，f 电子和 s 电子发生交换作用，使 s 电子极化（自旋有确定取向），极化的 s 电子的自旋对 f 电子自旋取向有影响，结果形成了以游动的 s 电子为媒介，使磁性离子的 4f 电子自旋与相邻离子的 4f 电子自旋存在间接交换作用，从而产生自旋极化。

4.5 反铁磁性及亚铁磁性

4.5.1 反铁磁性

反铁磁性是一种弱磁性。本节介绍反铁磁性的唯象理论和引起反铁磁性的超交换模型。关于反铁磁性，存在如下实验规律。

① 存在一临界温度，即奈尔温度（Néel temperature）T_N，当 $T > T_N$ 时，磁化率与温度的关系满足式（4-61）；当 $T = T_N$ 时，χ达到最大值，图 4-12 为 MnO 粉末的磁化率与温度的关系。

$$\chi = \mu_0 \frac{C}{T+\theta} \tag{4-61}$$

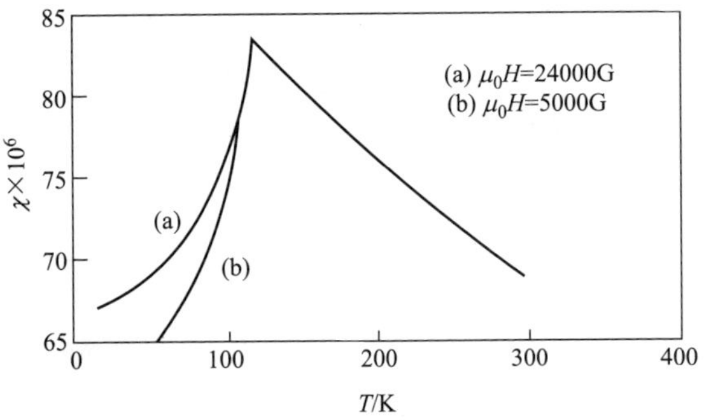

图 4-12 MnO 粉末的磁化率与温度的关系

② 中子衍射证明，在奈尔温度以下，反铁磁材料中的磁矩是有序排列的。在奈尔温度以上，磁矩是无序的。以立方结构的 MnO 为例，如图 4-13 所示，在奈尔温度以下，每个（111）面上锰的自旋磁矩取向都是相同的，但相邻两个（111）面的自旋取向则是相反的。

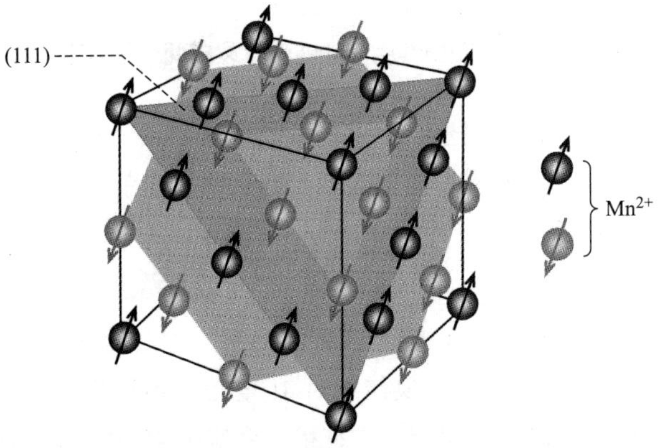

图 4-13 MnO 中 Mn^{2+} 磁矩的有序结构（$T < T_N$）

4.5.2 反铁磁性的唯象理论

奈尔在外斯分子场理论的基础上，提出了反铁磁性的唯象理论，即定域分子场理论。现以立方晶格为例，阐明奈尔的定域分子场理论。假定在反铁磁性的晶体中，磁性离子可以分为磁性子晶格中 A 和 B。不同的磁性子晶格中电子的自旋方向相反。奈尔进一步假定存在两种分子场，使同一子晶格内的自旋平行取向，相邻的子晶格的自旋方向反平行排列。

作用在 A、B 两个子晶格的有效磁感应强度为

$$\boldsymbol{B}_{\mathrm{A}} = \boldsymbol{B}_0 - \lambda_{\mathrm{AB}}\boldsymbol{M}_{\mathrm{B}} - \lambda_{ii}\boldsymbol{M}_{\mathrm{A}} \tag{4-62}$$

$$\boldsymbol{B}_{\mathrm{B}} = \boldsymbol{B}_0 - \lambda_{\mathrm{AB}}\boldsymbol{M}_{\mathrm{A}} - \lambda_{ii}\boldsymbol{M}_{\mathrm{B}} \tag{4-63}$$

式中 $\boldsymbol{B}_0$——外加磁感应强度；

λ_{AB}、λ_{ii}——最近邻磁矩相反原子之间和次近邻磁矩相同原子之间的分子场系数。

其中，最近邻磁性离子的磁矩是反平行的，所以 $\lambda_{\mathrm{AB}}>0$，λ_{ii} 随物质的不同可正可负。

根据磁性半经典理论，有

$$M_{\mathrm{A}} = N_{\mathrm{A}} g \mu_{\mathrm{B}} J B_J(y_{\mathrm{A}}) \tag{4-64}$$

$$M_B = N_A g \mu_B J B_J(y_B) \tag{4-65}$$

式中　N_A、N_B—— 分别是两个子晶格中对磁矩有贡献的离子的浓度；

B_J—— 布里渊函数。

$$y_A = \frac{g\mu_B J B_A}{k_B T} \tag{4-66}$$

$$y_B = \frac{g\mu_B J B_B}{k_B T} \tag{4-67}$$

进一步利用布里渊函数的性质，可以讨论反铁磁体的奈尔温度、高温磁化率和低温磁化率。

4.5.3　反铁磁性交换作用

奈尔的定域分子场理论虽然能够说明反铁磁体的特征，但并没有说明分子场的物质本质。下面基于交换模型讨论分子场的起源。

某些过渡族金属和合金液呈现反铁磁性，可用直接交换作用机制解释。基于海森堡的直接交换模型，如果相邻原子之间 d 电子的交换积分为负，自旋磁矩反平行，交换能为负值，体系能量降低，物质表现出反铁磁性。Cr、Pt 和 Mn 都属于这种情况。

化合物反铁磁体如 MnO、NiO 和 FeF_2，具有固有磁极的是阳离子。阳离子之间的距离较远，波函数交叠很少或者没有交叠。直接交换作用模型显然不适用，1934 年科拉莫斯和安德森提出了间接交换作用模型（超交换作用模型）。下面以 MnO 为例，说明间接交换作用的物理图像。

图 4-14 为 MnO 中 Mn^{2+}-O^{2-}-Mn^{2+} 间接交换作用模型示意图。Mn 失去两个 4s 电子成为 Mn^{2+}，Mn^{2+} 的基态最外层电子是 $3d^5$。按洪德法则，5 个 3d 电子的自旋平行排列，以保证总的自旋角动量为最大值，此时总的轨道角动量为零。设想 O^{2-} 的 p_x 轨道上的两个自旋相反的电子分别位于哑铃型轨道的两侧，这两个 p 电子与 Mn^{2+} 的 d 电子发生与海森堡交换作用类似的交换作用。两个 p 电子的自旋取向相反，导致与之发生交换作用的两个 Mn^{2+} 的 d 电子磁矩相反，从而引起反铁磁性。

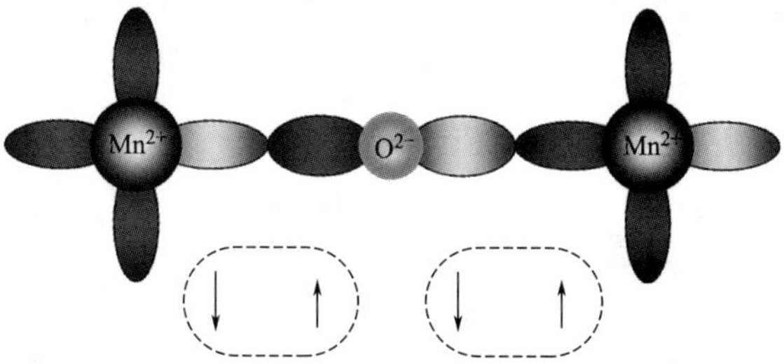

图 4-14　MnO 中 Mn^{2+}-O^{2-}-Mn^{2+} 间接交换作用模型示意图

4.5.4　亚铁磁性

亚铁磁性材料也是一类重要的强磁性材料，应用非常广泛。典型的亚铁磁性材料就是磁铁矿。亚铁磁性材料具有以下基本实验规律。

① 存在居里温度 T_C。当温度低于居里温度时，亚铁磁体内存在自发磁化，由于两种次晶格的磁矩不能全部抵消，因此存在由自发磁化引起的磁畴。同铁磁体一样，其磁化过程是不可逆的，因此存在磁滞现象。

② 当 $T>T_C$ 时，亚铁磁体内部磁畴因剧烈的热运动而被破坏，从而表现出顺磁性。当温度高于居里温度时，顺磁磁化率与温度的关系满足式（4-68）。

$$\chi = \mu_0 \frac{C}{T+\theta} \tag{4-68}$$

③ 在亚铁磁材料中，一般存在两种磁性亚晶格，两种亚晶格的磁矩取向相反，但并未全部抵消，总磁矩不为零，所以表现出强磁性。

亚铁磁体晶体结构比较复杂，尖晶石结构是其中重要的一类。下面以尖晶石型铁氧体为例说明。尖晶石典型的分子式为 $MgAl_2O_4$，具有尖晶石结构的铁氧体分子式可以写为 $Me^{2+}Fe_2^{3+}O_4$，其中，Me 代表 Mg、Mn、Fe、Co、Ni、Cu、Zn 等二价金属。尖晶石型铁氧体磁有序的磁结构如下：铁氧体的晶体结构分为两种磁晶格，即铁氧体中的金属离子占据不同的晶体学位置（*A* 位和 *B* 位），*A* 位的金属离子被最近的氧离子构成的四面体所包围，*B* 位的离子被最近的氧离子构成的八面体所包围，形成两种亚晶格。在每种磁晶格中，磁性离子的磁矩在空间的取向，各自形成长程有序的规律。晶体总磁矩的大小由两种磁晶格的磁性离子的磁矩之和决定。图 4-15 给出了（001）原子面的原子投影图。

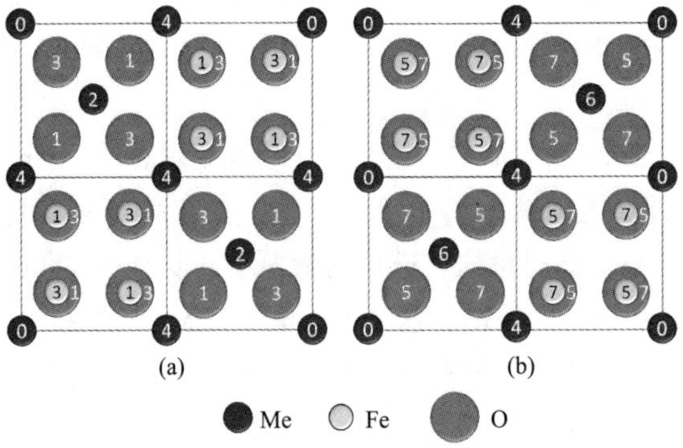

图 4-15 **尖晶石结构原子在（001）面的投影图中的数字为原子的高度（以 $c/8$ 为单位）**

（a）上半部晶胞；（b）下半部晶胞

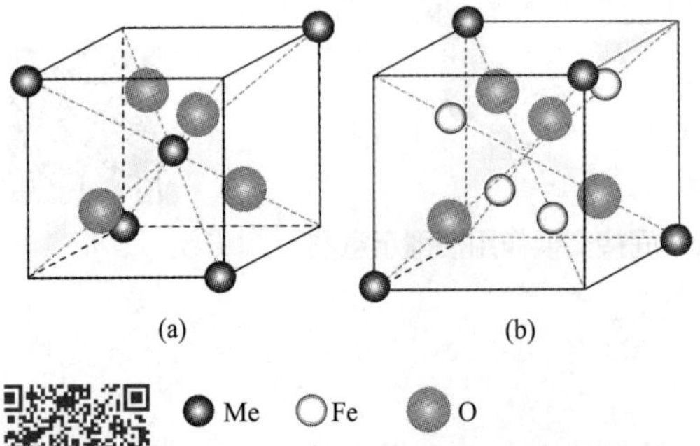

图 4-16 **尖晶石晶体结构中的 A 型（a）和 B 型（b）两种亚晶格**

尖晶石结构是复杂的面心立方结构，每个晶胞共有 32 个 O^{2+}、16 个 Fe^{3+} 和 8 个 Me^{2+}，结构式可以写为 $8Me^{2+}16Fe^{3+}32O^{2-}$。氧离子密排堆积形成面心立方结构。晶胞可以分为 8 个单元，其中，A 型立方体单元（A 型亚晶格）中二价金属离子处在氧离子形成的四面体中心，该位置记为 *A*，如图 4-16（a）所示，这样的单元共 4 个；B 型小立方单元也有 4 个，这时三价金属离子处在对角线上与氧离子对称的位置上，如图 4-16（b）所示。

如果处在 A 位置上的 8 个二价金属同处在 B 位置的 8 个三价金属离子交换位置，则形成了反尖晶石结构。

$T < T_C$ 时，每个亚晶格的磁性离子的磁矩都是平行排列的，而 A 和 B 两个亚晶格的磁矩排列方向则是反平行的。以 Fe_3O_4 为例，Fe_3O_4 可以看作是 $FeFe_2O_4$ 尖晶石结构。A 位和 B 位铁离子的离子磁矩示于图 4-17 中，可以估算 Fe_3O_4 分子的磁矩。Fe^{2+} 有 6 个 3d 电子，轨道角动量淬灭后，其磁矩全部由 d 电子自旋磁矩贡献。按照洪德法则，Fe^{2+} 总的自旋数 S=2；Fe^{3+} 有 5 个 3d 电子，总的自旋量子数 S=5/2，g 取 2。

$$\mu_{单胞} = g\mu_B(2\times 8 + \frac{5}{2}\times 8 - \frac{5}{2}\times 8) = 32\mu_B \tag{4-69}$$

一个单胞相当于含有 8 个 $FeFe_2O_4$ 分子，所以一个分子的剩余磁矩为

$$\mu_{分子} = \frac{1}{8}\mu_{单胞} = 4\mu_B \tag{4-70}$$

可见，计算值与实验值相符。

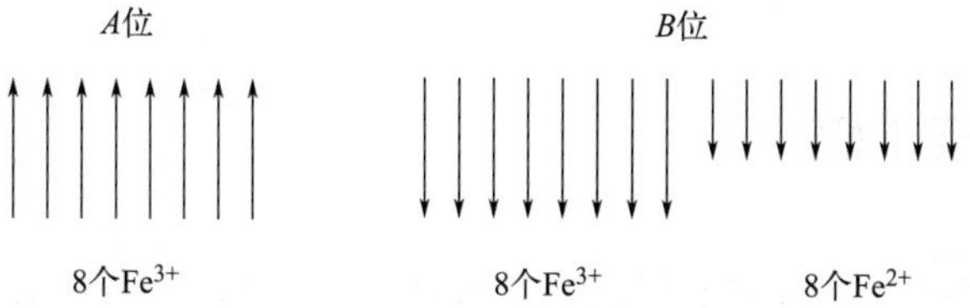

图 4-17　Fe_3O_4 中的铁离子磁矩

亚铁磁性实际是反铁磁性的一种特例。所有由 MnO 所得的间接交换作用模型可以用来定性分析亚铁磁体中的间接交换作用机制。无论是反铁磁性还是亚铁磁性均来自磁性金属离子借助 O^{2-} 的间接交换。由尖晶石结构可知，存在 A-O-A、A-O-B、B-O-B 三种耦合方式，三种耦合方式由于键角的不同又可以分为如下 5 种情况。在 5 种间接交换作用（图 4-18）中，A-O-B 间接交换作用最强，要求 A 和 B 是自旋反平行排列的，起主导作用。A 位和 B 位的磁性离子是反平行的。A 位和 B 位子晶格内的磁矩只能各自平行排列。A 位和 B 位各自形成一个子晶格，相互穿插互为近邻。A 位和 B 位子晶格的总磁矩不等，出现亚铁磁性。

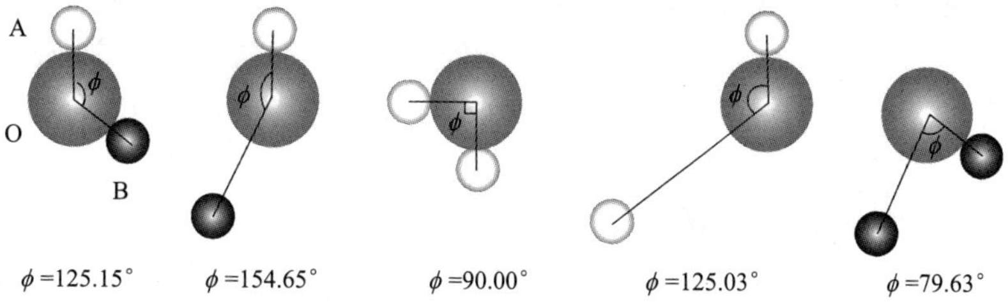

图 4-18　尖晶石结构铁氧体中五种间接交换作用方式

可见磁性材料内部存在磁矩，磁矩之间有相互作用。不同材料磁矩之间相互作用不同，导致磁矩的排列方式不同，形成顺磁、铁磁、亚铁磁和反铁磁材料。五种材料内部的磁矩排列情况如图 4-19 所示。顺磁性材料如图 4-19（a）所示，磁矩无序排列；而铁磁、反铁磁和亚铁磁材料内部磁矩定向平行或反平行排列。

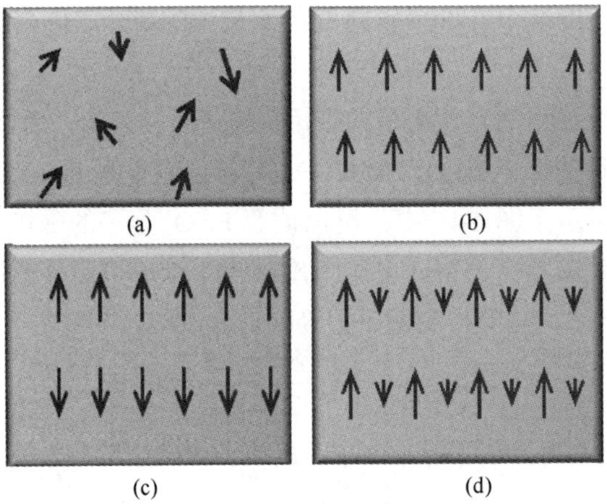

图 4-19 **不同磁性材料内部磁矩排列方式**

(a) 顺磁性；(b) 铁磁性；(c) 反铁磁性；(d) 亚铁磁性

4.6 磁畴与技术磁化

强磁材料一般指铁磁和亚铁磁材料，在居里温度以下，二者均发生自发磁化，并在材料内部产生磁畴。强磁材料在工程中具有重要的应用，特别是具有不同形状磁滞回线的材料因其性能各异，能适应不同领域的应用需求。真正应用的磁性材料一般经过技术磁化，而技术磁化和磁畴的行为密切相关。

4.6.1 磁畴的形成

铁磁体内部分为很多小区域，区域内部磁偶极矩方向一致；不同区域之间磁矩方向不一致，这样的区域为磁畴。材料内部的自发磁化使原子磁矩定向排列。这一过程使原子间磁矩的相互作用能降低。但是这个过程不可能使整块晶体变为一个磁畴，因为磁畴要在空间产生磁场，进而产生静磁能。这样就会形成多个反平行的磁畴以抵消它们各自在空间所产生的磁场，降低静磁能。那么是不是磁畴无限分割下去，能量会越来越小呢? 答案是否定的。因为磁畴界面的过渡区域（磁畴壁）是一个高能区，畴壁的体积分数会随磁畴的变小而增加，导致能量增加。上述能量作用的结果就会形成一定的磁畴结构。有时会在晶体的上、下表面形成三角棱体磁畴使磁力线封闭。图 4-20 为磁畴形成的示意图。

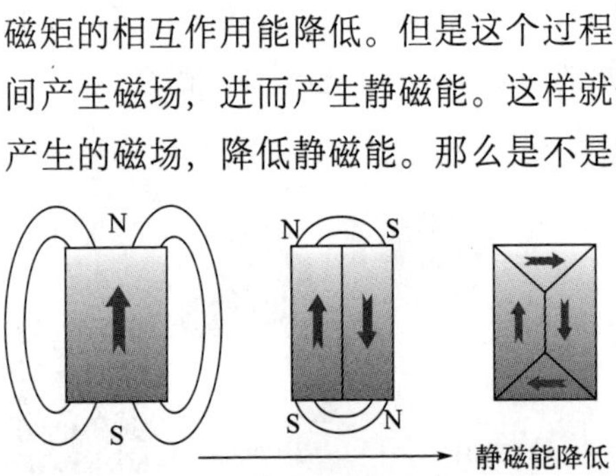

图 4-20 **磁畴形成的示意图**

4.6.2 磁晶各向异性能

强磁材料具有明显的各向异性，存在易磁化方向和难磁化方向。如 Co 晶体（六方结构）的易磁化方向为 [001]，α-Fe 的易磁化方向为 [100]；FCC 结构 Ni 易磁化方向为 [111]。磁晶各向异性导致不同方向的磁化能量不同，这种性质称为磁晶各向异性。磁晶各向异性使得强磁材料的磁畴结构变得比较复杂。磁晶各向异性能指在某个方向上磁化时相对于在易磁化方向上磁化时能量的增量。对于立方晶系，设 α、β、γ 分别为磁化强度 M 与三个晶轴方向的余弦，有

$$E_k = K_0 + K_1(\alpha^2\beta^2 + \beta^2\gamma^2 + \gamma^2\alpha^2) + K_2\alpha^2\beta^2\gamma^2 \tag{4-71}$$

式中 E_k——磁晶各向异性能；

K_1 和 K_2——磁晶各向异性常数。

K_0 代表主晶轴方向的磁化能量，是与方向无关的常数。

在常温下，三种晶体的各向异性常数（K_1 和 K_2）如表 4-2 所示。

表 4-2 室温下 α-Fe、Ni 和 Co 的 K_1 和 K_2 值

晶体	K_1/(J/m^3)	K_2/(J/m^3)
α-Fe	4.2×10^4	1.5×10^4
Ni	-4.5×10^3	-2.34×10^3
Co	41×10^4	10×10^4

4.6.3 技术磁化

技术磁化是外加磁场对磁畴的作用过程，即外加磁场将各个磁畴的磁矩方向转到外磁场方向的过程。技术磁化是通过磁畴壁的迁移和磁畴的旋转两种方式实现的。磁化曲线和磁滞回线是技术磁化的结果。

磁化过程分为三个区，如图 4-21 所示。其中，Ⅰ区对应磁畴壁可逆移动区，Ⅱ区为磁畴壁不可逆移动区，Ⅲ区为单畴形成和转动区。一般技术磁化过程遵循图中的这些规律。在技术磁化过程中，磁化曲线的斜率由小变大，达到最大值，再变小，最后形成一条近似水平的直线。每一阶段磁化所采取的过程是以磁畴迁移为主还是以磁畴壁旋转为主，或者二者兼具，视具体的材料而定。

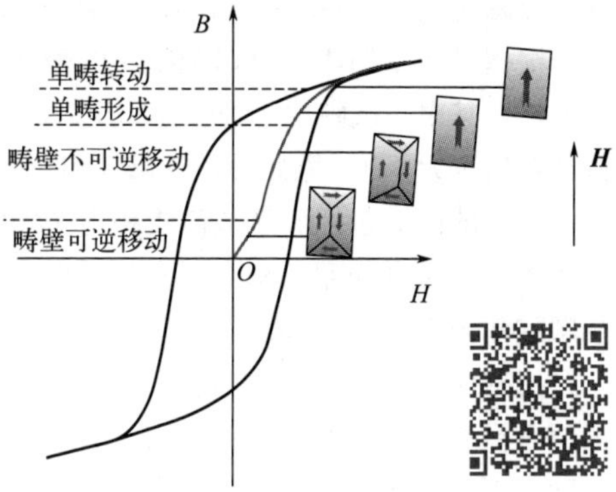

图 4-21 磁化曲线分区的示意图

技术磁化过程中磁畴壁的迁移如图 4-22 所示。未加磁场时，形成两个磁畴，磁畴壁通过夹杂相；外磁场增加，磁畴壁移动，形成几段圆弧，这个过程也是内部原子磁矩逐渐转向的过程，这时取消磁场，磁畴壁又会回到原位，对应可逆迁移阶段。这一阶段一个磁畴的面积增加，另一磁畴的面积减小，但变化都不大。这时虽然外加磁场增加，但材料的磁化强度增加不多，磁化曲线比较平坦。外磁场继续增加，磁畴壁会脱离夹杂物，到达虚线的位置，并自动迁移到另一夹杂物，达到另一个稳定状态。这时即使外加磁场取消，磁畴壁也不会自动回到原位。因此这一阶段为不可逆迁移，也叫巴克豪森跳跃。在这一阶段中，材料的磁化强度会有一个较大的跳跃，磁导率较高。对应磁化曲线比较陡峭的部分。如果这时再增加磁场，整个磁畴的磁矩方向转向外磁场，为磁畴的旋转过程，宏观磁性达到最大值。旋转的结果使磁畴的磁化强度方向转

向与外磁场方向平行的方向。此时，材料的宏观磁性最大，达到了饱和。以后再增加外磁场，材料的磁化强度也不会再增加，因为磁畴的磁矩方向已经与外加磁场的方向平行。

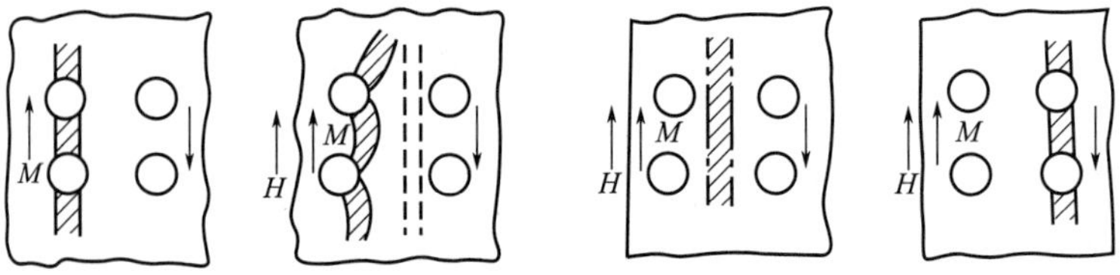

图 4-22 **磁畴壁迁移过程**

本章小结

磁场对放入其中的运动电荷、载流导体或永久磁体有磁力作用，磁场强弱可以用磁场强度 H 描述。材料在磁场强度为 H 的外加磁场作用下，会在材料内部产生一定的磁通量密度，又称为磁感应强度 B。在单位磁场强度的外加磁场作用下，材料内部的磁通量密度称为磁导率，磁导率是材料的本征参数。磁矩是磁铁的一种物理性质。处于外磁场的磁铁，会感受到力矩，促使磁矩与外磁场的磁场线平行排列。磁矩是表征磁性物体磁性大小的物理量。磁矩愈大，磁性越强，物体在磁场中所受的力越大。

物质在磁场中由于受到磁场作用而表现一定的磁性，称为磁化。为衡量物质磁性的强弱和描述磁化状态，定义单位体积的总磁矩为磁化强度。当温度一定时，在磁化强度 - 磁场强度曲线上，磁化强度与磁场强度的比值为磁化率。

根据磁化率的不同可以把物质的磁性分为五类：抗磁性、顺磁性、反铁磁性、铁磁性、亚铁磁性。其中，抗磁性、顺磁性、反铁磁性，其 χ 的绝对值远小于 1，铁磁性和亚铁磁性，其 χ 的绝对值远大于 1；顺磁性、铁磁性和亚铁磁性、反铁磁性 χ 大于 0，抗磁性 χ 小于 0。

原子的磁矩包括原子核磁矩和电子磁矩两部分，但原子核磁矩远小于电子磁矩，一般认为电子磁矩起主导作用。每个电子都看作一个小磁体，其具有永久轨道磁矩和自旋磁矩，这是产生顺磁性和铁磁性的基础。

抗磁体内部磁场 M 与外部磁场 H 的方向相反，它们在磁场中受微弱的斥力。一般组成物质的原子具有完全填满的电子壳层，具有抗磁性。只要原子具有轨道角动量，就一定存在拉莫尔进动引起的抗磁性，金属自由电子则产生朗道抗磁性。顺磁体磁化率为正值，顺磁体在磁场中受到微弱的引力。物质中的原子具有不为零的固有磁矩，而且这些磁矩之间又不存在明显的相互作用，物质就可以表现出顺磁特性，过渡族顺磁晶体存在轨道磁矩猝灭。

铁磁性指有些物质放入磁场中感生出和磁场强度方向相同的磁化强度，这些物质的磁化曲线 M-H 是非线性的复杂函数，磁化率远大于 0，这种性质称为铁磁性。为解释铁磁性的本质，1907 年，外斯提出了铁磁体的自发极化理论，其称为外斯的分子场理论，是一种唯象的理论。在量子力学建立后，海森堡基于量子力学等建立交换作用理论解释了铁磁性，交换作用理论包括直接电子交换、间接交换作用理论和自发磁化的能带模型。

奈尔的定域分子场理论说明了反铁磁体的特征，但分子场的物质本质则基于交换模型来进一步说明。在亚铁磁材料中一般存在两种磁性亚晶格，两种亚晶格的磁矩取向相反，但并未全部抵消，总磁矩不为零，所以表现出强磁性。

强磁材料一般指铁磁和亚铁磁材料。在居里温度以下，二者均发生自发磁化，并在材料内部产生磁畴。技术磁化是外加磁场对磁畴的作用过程，即外加磁场将各个磁畴的磁矩方向转到外磁场方向的过程。技术磁化是通过磁畴壁的迁移和磁畴的旋转两种方式实现的。磁化曲线和磁滞回线是技术磁化的结果。

思考题

1. 分子场的本质是什么？为什么引入分子场就使铁磁体内部出现自发磁化？
2. 为什么含有未填满电子壳层的原子组成的物质只有一部分具有铁磁性？
3. 解释亚铁磁材料是强磁性物质的原因。
4. 试用能量的观点，说明铁磁体内部形成磁畴的原因。
5. 试说明铁磁性和亚铁磁性相同和不同之处。
6. 试说明尖晶石型铁氧体中相邻金属离子的超交换作用。
7. 简述铁磁体技术磁化的过程。

第 5 章

导电物理

本章提要

本章首先介绍了载流子与迁移率的概念；基于量子力学和固体物理理论讲述金属导电理论，分析金属电导率和温度的关系；重点讲述了半导体电导，介绍了本征半导体能带结构、本征光吸收、有效质量和空穴的概念；讲述了杂质（掺杂）半导体能带结构，给出了热平衡载流子的统计分布，分析半导体的电导率，介绍了 p–n 结结构和工作原理；在材料的离子电导部分，讲述了离子导电理论，分析离子电导与扩散关系，阐述了离子导电的影响因素。

材料的导电性能和人类生活息息相关。小到电子元器件，大到电网，其工作原理都依赖于材料的导电性能。电性能指材料对外部电场的响应。我们打开一个 CD 播放器，会发现各种各样的电子元件，如半导体、电容器（陶瓷）等。现在我们已经进入电气化时代，发电机、变压器、电网输送、微电子线路、集成电路、超导等和我们的生活息息相关。本章将具体讲述金属、半导体和离子晶体的导电物理。

5.1 载流子及其迁移

一个长 L、横截面积 S 的均匀导电体，两端加电压 U，则有电流 I 通过（如图 5-1 所示），这称为电导。根据欧姆定律，有

$$I=\frac{U}{R} \tag{5-1}$$

$$R=\rho\frac{L}{S} \tag{5-2}$$

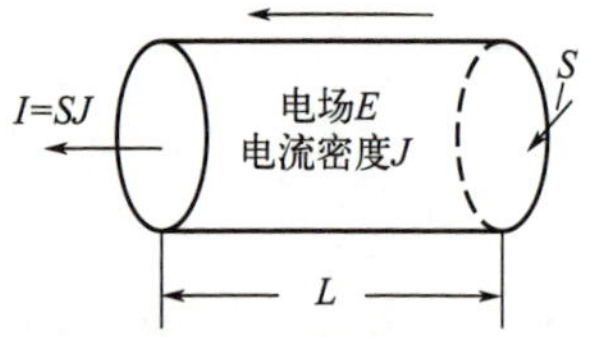

图 5–1　欧姆定律示意图

式中　R——电阻，Ω；

ρ——电阻率，Ω · m。

可见 R 不仅与材料的性质有关，还与材料的长度 L 及横截面积 S 有关。其中，电阻率 ρ 表征了材料自身的性质，即材料的导电性。根据电阻率的不同，可以把材料划分为导体、绝缘体和半导体。其中，导体的电阻率 ρ 小于 10^{-3}Ω · m，半导体的电阻率为 10^{-3}～10^{9}Ω · m，绝缘体的电阻率大于 10^{9}Ω · m。

欧姆定律的另一种形式为

$$J = \sigma E \tag{5-3}$$

式中 J——电流密度；

σ——电导率（单位为 $\Omega^{-1} \cdot m^{-1}$），是表征材料导电的另一种参量，与电阻率的关系为

$$\sigma = 1/\rho \tag{5-4}$$

电导率的单位也可以写为西门子每米（S/m），有时也用相对电导率（IACS，%）进行表示。将国际标准纯软铜在20℃时的电导率作为100%IACS，其他导体材料的电导率与国际标准纯软铜在20℃时电导率相比的百分数即为该导体材料的相对电导率，Fe为17%，Al为65%。

电流是电荷的定向运动，有电流就必须有电荷输运过程，电荷的载体为载流子。物体的导电现象，其微观本质是载流子在电场作用下的定向迁移。载流子包括电子、空穴、正离子、负离子。载流子为电子的电导称为电子电导，载流子为离子的电导称为离子电导。在同一种材料中载流子可能是一种，也可能是几种。当同时存在几种载流子时，在总体导电性中起主导作用的载流子称为主要载流子。

表征材料导电载流子种类对导电贡献的参数为迁移数（也称输运数，transference number）。迁移数 t_x 定义为

$$t_x = \frac{\sigma_x}{\sigma_T} \tag{5-5}$$

式中 σ_T——各种载流子输运电荷形成的总电导率；

σ_x——某种载流子输运电荷产生的电导率；

t_x——某一种载流子输运电荷所产生的电导率占全部电导率的比例。

通常，t_i^+、t_i^-、t_e^-、t_h^+分别表示正离子、负离子、电子、空穴的迁移数，如NaCl在400℃时t_i^+为1.00，t_i^-为0；KCl在600℃时t_i^+为0.88，t_i^-为0.12。

物体的导电现象本质是载流子在电场作用下的定向迁移。在单位体积（$1cm^3$）内载流子数为 n（即体积密度），每一载流子的荷电量为 q，则单位体积内参加导电的自由电荷为 nq。如果介质处在外电场中，则作用于每一个载流子的力等于 qE。在这个力的作用下，每一载流子在 E 方向发生漂移，平均速度为 v（cm/s）。根据电流密度定义：

$$J=nqv \tag{5-6}$$

则根据欧姆定律，有

$$\sigma = J / E = nqv / E \tag{5-7}$$

令 $\mu=v/E$，并定义 μ 为载流子的迁移率。迁移率为载流子在单位电场作用下的迁移速度，表示载流子在电场中迁移的难易程度。根据式（5-6）、式（5-7），有

$$\sigma=nq\mu \tag{5-8}$$

如果材料中包含多种不同的载流子参与导电，则电导率的一般表达式为

$$\sigma = \sum_i n_i q_i \mu_i \tag{5-9}$$

式中，求和是对所有种类的载流子进行的。可见，材料的导电性能由载流子的性质决定，具体影响因素包括单位体积中可移动的带电粒子数量 n、每个载流子的电荷量 q 和载

流子的迁移率 μ。

5.2 金属导电

5.2.1 金属导电理论

金属主要以自由电子导电，因此本节主要介绍金属的导电性能。

(1) 经典自由电子理论

金属导电的载流子为自由电子。经典的自由电子理论认为，在金属晶体中，离子构成了晶体点阵，并形成一个均匀的电场，价电子是完全自由的，可以在整个金属中自由运动，就像气体分子的运动一样，因此可以把价电子看作是“电子气”，其运动遵循经典力学气体分子的运动规律。在没有电场作用时，金属中的电子沿各方向运动的概率相同，因此不产生电流。当存在外加电场时，自由电子将沿电场的反方向运动，从而形成电流。在自由电子做定向运动的过程中，会不断与正离子发生碰撞，这些碰撞阻碍电子继续加速，从而产生电阻，基于上述理论，所有自由电子都对导电作出贡献。金属的电导率可以写为

$$\sigma = \frac{ne^2 l}{m\bar{v}} \tag{5-10}$$

式中 e——电子电量；

l——电子的平均自由程；

n——电子的密度；

$\bar{v}$——电子的平均速度；

m——电子的质量。

根据上述理论，自由电子数量越多，导电性越好。二价、三价金属的价电子比一价金属的多，导电性应该好于一价金属。但事实并非如此，如一价 Cu 的导电性能远高于二价 Mg。因此经典理论预测结果和实际相差很大。经典自由电子理论的问题根源在于忽略了电子之间的排斥作用和正离子点阵周期场的作用，而仅仅立足于牛顿力学的宏观运动。现代科学表明，微观粒子的运动问题，需要利用量子力学进行解决。

(2) 量子自由电子理论

量子自由电子理论认为金属中正离子形成的电场是均匀的，价电子与离子间没有相互作用，而且价电子为整个金属所有，可以在整个金属中自由运动；金属中每个原子的内层电子基本保持着单个原子时的能量状态，而所有价电子遵从量子化规律具有不同的能量状态，即具有不同的能级。

电子具有波粒二象性。运动的电子作为物质波，频率和波长的关系与电子运动速率或动量之间的关系为

$$\lambda = \frac{h}{mv} = \frac{h}{p} \tag{5-11}$$

$$\frac{2\pi}{\lambda} = \frac{2\pi mv}{h} = \frac{2\pi p}{h} \tag{5-12}$$

式中 m——电子质量；

v——电子的运动速率；

λ——波长；

p——电子的动量；

h——普朗克常数。

自由电子的动能为

$$E=\frac{1}{2}mv^2 \tag{5-13}$$

根据量子力学理论，得到自由电子的动能和波数之间的关系：

$$E=\frac{h^2}{8\pi^2 m}k^2 \tag{5-14}$$

式（5-14）表明，E-k 呈抛物线关系，图 5-2 给出了相应的示意图，图中“+”和“−”表明自由电子的运动方向。从粒子观点看，曲线表示了自由电子能量与运动速率（动量）之间的关系；从波动观点看，E-k 曲线表明了电子能量与波数之间的关系。电子波数越大，则能量越高。金属中的价电子具有不同的能量状态，有的处于低能态，有的处于高能态。根据泡利不相容原理，每一能态只能存在自旋状态相反的一对电子。自由电子从低能态一直排到高能态。在 0K 时电子具有的最高能态为费米能。不同金属的费米能不同，同种金属的费米能近似为一定值。

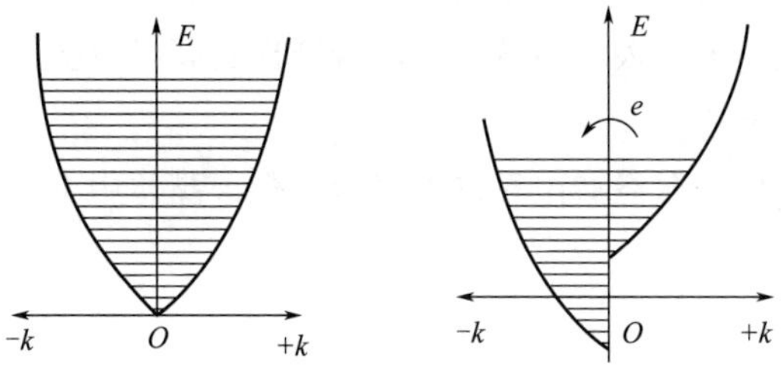

(a) 不存在电场　　(b) 存在外加电场

图 5-2　**电场对自由电子 E-k 曲线的影响**

不存在电场时，E-k 曲线对称分布，沿正、反方向运动的电子数量相同，没有电流产生。设在外加电场的作用下，外电场使正向运动的电子能量降低，反向运动的电子能量升高，如图 5-2（b）所示。由于能量的变化，部分能量较高的电子转向电场正向运动的能级，使得正、反向运动的电子数不等，金属便产生导电现象。可见，在金属中并非所有自由电子都参与导电，而是只有处于较高能态的费米面附近的自由电子才参与导电。根据上述理论，量子力学证明，当电子波在绝对零度下通过一个理想的点阵时，不会受到散射而会无阻碍传播，这时材料是理想的导体。只有在晶体点阵离子的热振动以及晶体中的异类原子、位错和点缺陷等使晶体点阵受到周期性破坏时，电子波受到散射，其传播受到了阻碍，才降低了导电性，产生了电阻。

量子自由电子理论下的电导率为

$$\sigma=\frac{ne^2 l_{\mathrm{f}}}{m^* v_{\mathrm{f}}} \tag{5-15}$$

5

式中　l_f——费米面自由电子的平均自由程；

v_f——费米面自由电子速度；

m^*——电子的有效质量。

与经典电子理论比较，式（5-15）有两点基本改进：导电载流子为费米面附近的自由电子；m^*为电子的有效质量，电子有效质量是考虑了晶体点阵对电场作用的结果。

（3）能带理论

量子自由电子理论较好地解释了金属导电的本质，但它假定金属离子产生的势场是均匀的，不能很好地解释半导体、绝缘体和金属导体导电性能的差异。在量子自由电子理论的基础上，考虑离子造成的周期性势场的存在，形成了能带理论。根据能带理论，能带中存在满带、价带和导带。满带是各能级都被电子填满的能带；而在未被激发的情况下，没有电子排布的能带为空带。价带是由价电子能级分裂而形成的能带，通常情况下价带为有电子占据的能量最高的能带。若价带被电子填满，称为满带；也可能未被电子填满，是不满带。由于某种原因，一些被充满的价带顶部的电子受到激发进入空带，此时价带和空带均表现为不满带，在外加电场作用下形成电流，对于这样的固体，价带上面能量最低的空带称为导带。对于未被填满的价带，在未被激发时，价电子处于价带的底部，受激发后电子会跃迁到价带的顶部，在外部电场作用下形成电流，对于这样的固体，不满的价带顶部也称为导带。对于前一种情况，在价带和空带之间存在一段能量间隔，在这个区域内不能存在电子，这个区域称为禁带。若价带内的能级未被填满，价带和导带之间没有禁带，或者价带和导带相互重叠，电子很容易从一个能级跃迁到高能级上，从而在外电场作用下定向移动产生电流，形成导电。

下面讨论电阻率。根据布洛赫电子的准经典近似，晶体中 k 状态的电子，平均运动速度为

$$v=\frac{1}{\hbar}\times\frac{\partial E}{\partial k} \tag{5-16}$$

式（5-16）说明，完美的晶体结构，对应一定 k 状态的电子运动，速度是一定的，即意味着电阻率为 0。只有完美周期性晶体结构遭到破坏，电子受到散射，才会产生电阻。

电子受到的散射来源于晶格振动和杂质。对于晶格振动，温度越高，离子振幅越大，电子愈易受到散射，电阻率越大，研究表明电阻率与温度成正比关系；而杂质的存在，使金属正常晶体结构和电子结构发生变化，引起额外的散射，也会提高了电阻率。

金属的电阻率可以用马西森定律进行描述：

$$\rho=\rho'+\rho(T) \tag{5-17}$$

由式（5-17）可见，电阻率可以分为与温度无关的ρ'和与温度有关的 $\rho(T)$ 两部分。在高温下，$\rho(T)$ 起主导作用；而在低温下，ρ'起主导作用。

5.2.2　金属电导率和温度的关系

金属电阻取决于自由电子的散射过程，即碰撞过程，具体有两种情况：一是电子同声子的碰撞，即电子同晶格的碰撞，这时产生本征电阻；二是电子同缺陷（如杂质、点缺陷等）的碰撞，这时产生的电阻为杂质电阻。若仅考虑电子与声子的碰撞，电子和声子的碰

撞过程同两个实物粒子间的碰撞一样，要满足动量守恒条件。当声子与电子碰撞使电子的动量方向（k）有改变时，就会引起电阻。

温度很高时，声子动量和能量均较大，电子与声子碰撞会吸收或发射一个声子，这时电子的动量改变很大，对金属的电阻有很大的影响。可以近似认为，本征电阻与声子数成正比。而平均声子数与温度的关系满足玻色 - 爱因斯坦分布，在高温下与温度成正比。因此可以近似认为，高温下本征电阻与温度成正比。

当温度很低（即$T \ll \theta_D$）时，只有动量和能量较小的声子才能被激发，可以近似认为碰撞过程中电子动量只有方向的改变，从而产生本征电阻。详细的推导可以得到低温本征电阻对温度的依赖关系

$$\rho_L \propto T^2 \times T^3 = T^5 \tag{5-18}$$

式中 ρ_L——与晶格振动有关的电阻率，即式（5-17）中的 $\rho(T)$。

图 5-3 给出了部分金属电阻率和温度的关系，结果与上述理论分析吻合非常好。

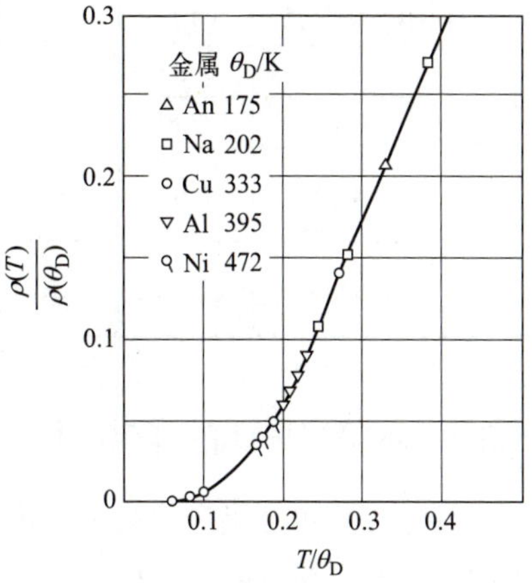

图 5-3 部分金属电阻率和温度的关系

5.3 半导体的电导

硅和锗是典型的本征半导体，是制造电子器件的基础。这些半导体的导电性很容易控制，通过适当的组合，可以得到各种开关和放大器。纯硅和锗仅靠基体自身的能带结构导电，不依赖于掺杂。能带特征为价带全满，导带全空，禁带 E_g 很小。具有足够热能的电子能够越过禁带，从价带被激发到导带。被激发的电子原来占据的能级上则留下一个空穴。空穴可以携带一个正电荷，空穴移动也会产生电流。因此本征半导体具有电子和空穴两种载流子，且二者数量相等。在本征半导体中，可以通过温度来控制载流子的数量，进而对导电性进行调控。温度升高时电子占据导带能级的可能性增加，半导体的导电性增加。如果半导体导电是因为掺杂产生的，则称为杂质半导体（非本征半导体）。下面具体讲述本征半导体和杂质半导体的一般理论。部分半导体的性质如表 5-1 所示。

表 5-1 重要的半导体的性质

半导体		禁带宽度 E_g/eV		迁移率 μ(300K) /(m²/V·s)		有效质量		相对介电常数 ε
		300 K	0 K	电子	空穴	电子(m_e/m_0)	空穴(m_h/m_0)	
Ⅳ	C(金刚石)	5.47	5.51	0.18	0.16	0.2	0.25	5.5
Ⅳ	Ge	0.67	0.74	0.38	0.18	m_{el}/m_0=1.6 m_{cl}/m_0=0.082	m_{hl}/m_0=0.043 m_{hh}/m_0=0.32	16.3
Ⅳ	Si	1.11	1.16	0.145	0.05	m_{el}/m_0=0.92 m_{cl}/m_0=0.19	m_{hl}/m_0=0.15 m_{hl}/m_0=0.5	11.8
Ⅳ	α-Sn	−0.413	0.20	0.10		0.024	0.26	

续表

半导体		禁带宽度E_g/eV		迁移率μ(300K) /(m^2/V·s)		有效质量		相对介电常数ε
		300 K	0 K	电子	空穴	电子(m_e/m_0)	空穴(m_h/m_0)	
Ⅳ - Ⅳ	α-SiC	3	3.1	0.04	5×10^{-3}	0.6	1.0	10
Ⅲ - Ⅴ	AlSb	1.63	1.75	0.09	0.042	0.39	0.4	10.3
	BN(闪锌矿)	7.5						
	BP	2			0.03			6.9
	GaN	3.5		0.015		0.19	0.6	
	GaSb	0.67	0.81	0.4	0.14	0.047	m_{hl}/m_0=0.05 m_{hh}/m_0=0.31	11.7
	GaAs	1.35	1.53	0.85	0.04	0.067	m_{hl}/m_0=0.12 m_{hh}/m_0=0.71	12.9

5.3.1 本征半导体的能带结构

通常，将本征半导体能带结构看作是理想结构。导带的极小值假定在布里渊区中心 k=(0,0,0)。在导带底附近，$E-E_c$较小时，有

$$E-E_c \propto k^2 \tag{5-19}$$

理想结构的导带E_c附近的等能面是以布里渊区为球心的球面，所以有效质量是标量。

同样，对于半导体理想结构，在价带顶附近，E_v-E较小时，有

$$E_v-E \propto k^2 \tag{5-20}$$

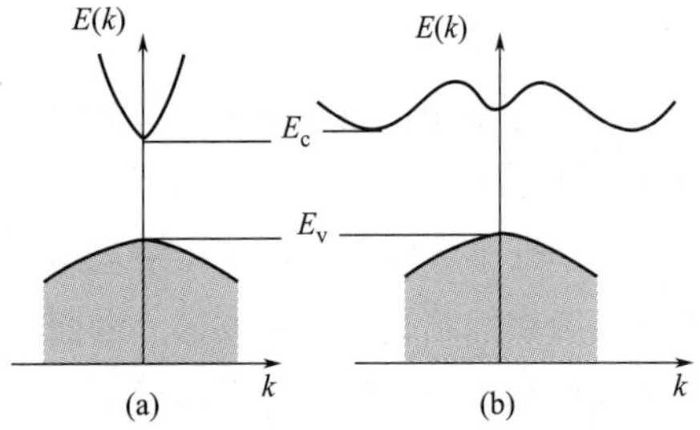

图 5-4 直接带隙半导体能带结构（a）与间接带隙半导体的能带结构（b）

这时，价带E_v附近的等能面同样是以布里渊区中心为球心的球面，有效质量为标量。

按照半导体能带结构的特点，可以将半导体分为直接带隙半导体和间接带隙半导体。如图 5-4（a）所示，直接带隙半导体是指导带底与价带顶在 k 空间中直接相对，导带底和价带顶具有相同的 k 值；如图 5-4（b）所示，间接带隙半导体是指导带底与价带顶在 k 空间中不直接相对，导带底和价带顶具有不同的 k 值。Si 和 Ge 是典型的间接带隙半导体。实际半导体都比较复杂。但是，当分析半导体的性质时，采用理想能带模型非常方便，而且通过理想能带结构模型给出的概念和物理规律具有普适意义。在理想能带结构的基础上考虑复杂能带结构的细节就能用于复杂能带半导体的分析。

5.3.2 典型半导体的能带结构

应用最为广泛的是金刚石结构和闪锌矿结构的半导体。如 Ge、Si 具有金刚石结构；GaAs、InSb、CdS、ZnS 则是闪锌矿结构。实际半导体的能带结构很复杂。下面结合几种常见的半导体材料讲述其能带结构。

图 5-5 给出了 CdS 和 GaAs 的能带结构。由图 5-5（a）可见，CdS 导带是理想结构，因此有效质量是各向同性的标量；CdS 有 3 个价带，且能量较高，价带各向异性严重，有

效质量也具有各向异性。由图 5-5（b）可见，GaAs 一个导带底在简约布里渊区中心，在布里渊区边界处有两个较低点；而三个价带顶部在简约布里渊区中心，可以看作各向同性，其中，两个子带比较接近，在带顶处是简并的，第三条能带较低，对性能基本没影响。

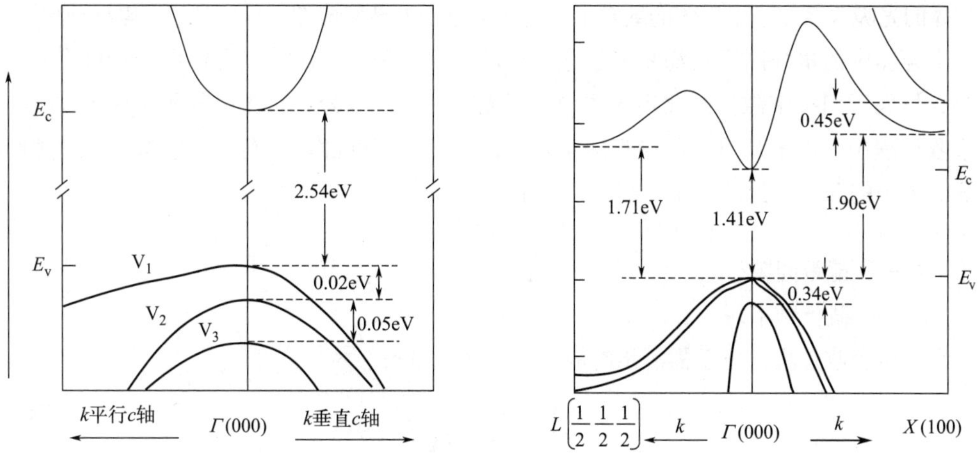

(a)　　(b)

图5-5　CdS（a）和 GaAs（b）的能带结构

下面考察元素半导体。图 5-6 给出了 Si 和 Ge 的能带结构。由图 5-6 可见，Si 和 Ge 具有三个靠得很近的价带，形状接近，三个靠得很近的价带在带顶均可以看作是各向同性的，有效质量可以认为是标量。就价带看，其价带数目不止一个，且整体形状复杂，各向异性很大，有效质量也具有各向异性。由图 5-6（b）可见，Ge 导带最低点位于 k =（1/2 1/2 1/2）处；而 Si 导带最低点出现在 k =（3/4 0 0）处，二者差异比较大。

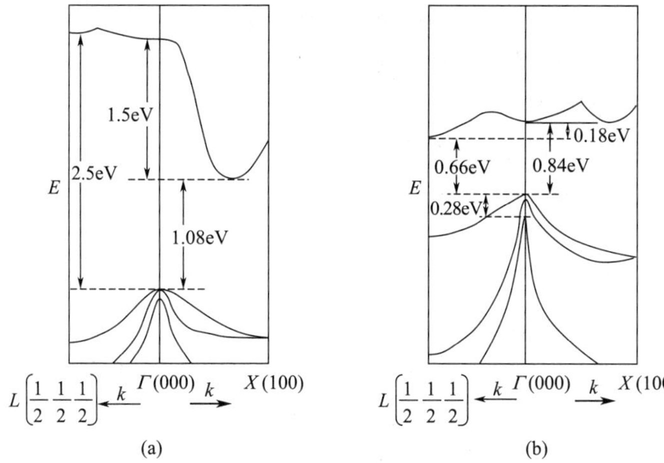

(a)　　(b)

图5-6　Si（a）和 Ge（b）的能带结构

可见，半导体的电子行为是非常复杂的。基于简单的理想结构分析具体半导体时，必须考虑实际的半导体能带结构。

5.3.3 半导体的本征光吸收

本征半导体价带顶部的电子可以通过热激发或光辐照的方式获得能量从而跃迁到导带。电子从价带向导带跃迁一般称为本征跃迁。当辐照光子的能量大于半导体间隙时，价带顶部的电子会吸收光子跃迁到导带。这种借助本征跃迁而发生的光吸收称为半导体的本征吸收。半导体的光吸收增加了半导体的载流子，引起半导体电导率增加，导致产生光电导现象。

半导体中的本征跃迁要满足能量守恒和动量守恒条件。部分半导体属于直接带隙，部分半导体属于间接带隙，因此半导体的本征光吸收也可以分为直接吸收和间接吸收。在直接吸收过程中，电子从价带到导带能量差的最小值为带间隙。只有光子能量大于带隙时才会导致电子的跃迁，因此一定存在一个截止频率 ω_0，有

$$\hbar\omega_0 \geqslant E_g \tag{5-21}$$

式中 E_g——能带间隙；

ω_0——截止频率。

在直接吸收过程，电子需满足的能量和动量守恒条件为

$$\left.\begin{aligned} E_f - E_i &= \hbar\omega \\ \hbar\boldsymbol{k}_f - \hbar\boldsymbol{k}_i &= \hbar\boldsymbol{Q} \end{aligned}\right\} \tag{5-22}$$

式中 E_i、E_f——分别是电子跃迁初态、终态的能量；

ω——光子的频率；

$\boldsymbol{k}_i$、$\boldsymbol{k}_f$——电子跃迁初态、终态的波矢；

$\boldsymbol{Q}$——光子的波矢。

对于间接带隙吸收，电子从价带向导带底跃迁，布洛赫电子的波矢发生变化。在这个过程中，电子初态和终态的动量差别很大，需要借助声子才能实现，需满足的能量和动量守恒条件为

$$\left.\begin{aligned} E_f - E_i &= \hbar\omega \pm \hbar\omega_p \\ \hbar\boldsymbol{k}_f - \hbar\boldsymbol{k}_i &= \hbar\boldsymbol{Q} \pm \hbar\boldsymbol{q} \end{aligned}\right\} \tag{5-23}$$

式中 E_i、E_f——分别是电子跃迁初态、终态的能量；

ω——光子的频率；

$\boldsymbol{k}_i$、$\boldsymbol{k}_f$——电子跃迁初态、终态的波矢；

$\boldsymbol{Q}$——光子的波矢；

ω_p——声子的频率；

$\boldsymbol{q}$——声子的波矢。

式中，加减号对应产生或湮灭一个声子。

需要指出的是，如果用连续的光照射半导体，电子初态和终态能量发生变化，因此得到连续的光谱。连续光谱的截止频率由能带间隙 E_g 决定。而吸收光谱法是研究能带结构的重要方法。

5.3.4 电子的有效质量和空穴

根据固体物理知识，在电子运动的准经典近似条件下，在外场中运动的布洛赫电子是具有有效质量的准经典粒子。对于半导体而言，导带和价带上电子有效质量差别明显。而且要

讨论本征半导体的载流子，价带上空穴的概念也非常重要。下面介绍电子有效质量和空穴。

一般情况下，电子有效质量为张量，可以写为式（5-24）的形式。

$$\frac{1}{m^*}=\frac{1}{\hbar^2}\begin{pmatrix}\dfrac{\partial^2 E}{\partial k_x^2} & \dfrac{\partial^2 E}{\partial k_x \partial k_y} & \dfrac{\partial^2 E}{\partial k_x \partial k_z} \\ \dfrac{\partial^2 E}{\partial k_x \partial k_y} & \dfrac{\partial^2 E}{\partial k_y^2} & \dfrac{\partial^2 E}{\partial k_y \partial k_z} \\ \dfrac{\partial^2 E}{\partial k_x \partial k_z} & \dfrac{\partial^2 E}{\partial k_y \partial k_z} & \dfrac{\partial^2 E}{\partial k_z^2}\end{pmatrix} \tag{5-24}$$

如果选取 k 空间的主轴坐标系，则电子有效质量为如下形式的对角张量。

$$\frac{1}{m^*}=\frac{1}{\hbar^2}\begin{pmatrix} m_1^* & 0 & 0 \\ 0 & m_2^* & 0 \\ 0 & 0 & m_3^* \end{pmatrix} \tag{5-25}$$

如果半导体能带在 k 空间是各向同性的，如理想半导体的能带结构，则布洛赫电子的有效质量就为标量，如式（5-26）所示。

$$m^*=\frac{\hbar^2}{\mathrm{d}^2 E/\mathrm{d}k^2} \tag{5-26}$$

根据理想半导体能带结构可以知道，在导带底附近，$\mathrm{d}^2E/\mathrm{d}k^2>0$，电子的有效质量大于零；在价带顶附近，$\mathrm{d}^2E/\mathrm{d}k^2<0$，电子的有效质量为负值。

空穴概念的引入不仅可以克服有效质量理解上的困难，而且非常方便处理输运问题。半导体空穴的概念源于价带顶端少量电子向导带的跃迁。这时价带是未满带，可以导电；但是价带还是近满带，大部分状态被电子占据，只有价带顶附近少量是空的。为了方便解释这种情况下的导电现象，人们引入空穴的概念。空穴是假想的粒子，人们用这种假想的粒子代替价带顶部少量的空状态。

设填满的价带中有 N_v 个电子，其速度分别为 v_1、v_2……当价带被电子充满时，具有速度为 v 和 $-v$ 的电子数目必然相等，所以总电流为零，即

$$-e\sum_m v_m=0 \tag{5-27}$$

式中 e——电子的电荷，取正值。

现在假定价带顶附近的第 l 个电子已经跃迁至导带，则价带上电子的电流密度可以写为

$$J=-e\sum_{m\neq l} v_m \tag{5-28}$$

由于满带不导电，所以

$$-e\sum_{m\neq l} v_m+(-ev_l)=0 \tag{5-29}$$

综合式（5-28）和式（5-29），有

$$J=-e\sum_{m\neq l} v_m=ev_l \tag{5-30}$$

可见，具有一个空电子态所产生的电流可以看成是一个具有电荷为 e 的正电荷以与处于该态的电子一样的速度运动而产生的，这个假想的粒子就是空穴。

5

根据电子有效质量的概念和空穴具有正电荷的特性，对于空穴，则有

$$\frac{\mathrm{d}v_{\mathrm{h}}}{\mathrm{d}t}=\frac{1}{\hbar^2}(-\nabla_k\nabla_k E)(eE_{\mathrm{e}}) \tag{5-31}$$

式中 E——电子能量；

v_{h}——空穴的速度；

E_{e}——外加电场。

根据式（5-31）得到空穴的有效质量m_{h}^*为

$$m_{\mathrm{h}}^*=-\left(\frac{1}{\hbar^2}\nabla_k\nabla_k E\right)^{-1} \tag{5-32}$$

对于理想能带结构，在价带顶附近

$$m_{\mathrm{h}}^*=-\left(\frac{1}{\hbar^2}\times\frac{\mathrm{d}^2E}{\mathrm{d}k^2}\right)^{-1}=-m_{\mathrm{e}}^*>0 \tag{5-33}$$

可见，在价带顶部，空穴的有效质量大于零，在数值上与它对应的电子相同。含有一个未填充状态的价带的导电行为，如一个空穴，空穴电量为 e，有效质量与价带顶附近电子有效质量大小相等，但为正值。显然，对于本征半导体，空穴可以作为价带导电的载流子；而电子可以作为导带导电的载流子。

这样，半导体总的电导率可以写为

$$\sigma=\sigma_{\mathrm{e}}+\sigma_{\mathrm{h}} \tag{5-34}$$

式中 σ_{e}——电子导电引起的电导率；

σ_{h}——空穴导电引起的电导率。

5.3.5 杂质（掺杂）半导体

当本征半导体掺入少量杂质时，半导体的导电性质会发生改变，这时的半导体称为杂质半导体。在不同的本征半导体中掺入不同的杂质，可以显著改变载流子的数量和种类。半导体的掺杂技术对于半导体元件的制备具有重要的意义。

（1）n 型半导体

以典型的Ⅳ族半导体 Si 和 Ge 为例。向这些四价元素半导体掺入五价杂质时，五价原子的四个价电子与相邻原子成键，并将价带填满，多余的一个电子必然填充在价带以外的态上，成为主要的载流子。称主要靠电子导电的载流子为 n 型半导体，提供电子的杂质原子称为施主。

考虑 P 掺杂 Si，P 以置换原子的方式取代一个 Si 原子，其中四个价电子与相邻 Si 原子成键，并将价带填满，多余的一个电子必然填充在价带以外的态上，姑且称为额外电子。额外电子受其他价电子作用相对较小，稳定性差。+5 价的 P 原子正电荷没有因为与周围原子形成四对共价键而得到中和，因此可将这种与四个相邻的 Si 原子成键的 P 原子看作正一价的离子，记为 P^+。额外电子受 P^+ 的吸引，绕 P^+ 旋转，形成局域束缚态。

从能带看，额外电子填充在导带底部，其能级能量低于导带底部的能量，位于导带下方。由于掺杂而在半导体禁带中引入的局域能级称为杂质能级。因为 P 为施主，P^+ 与额外电子束缚能级称为施主能级。局域束缚态的电子绕 P^+ 运动可采用类氢原子模型描述。Si

中的施主及类氢原子模型和施主能级如图 5-7 所示。

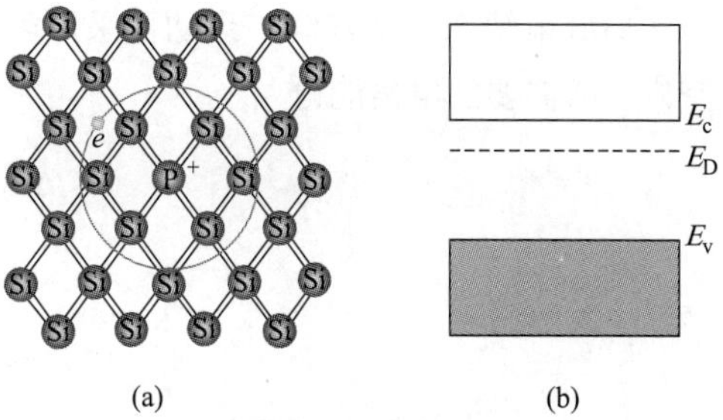

图 5-7 Si 中的施主及类氢原子模型（a）和施主能级（b）

处于局域束缚态的电子，其局域电子态的薛定谔方程为

$$\left(-\frac{\hbar^2}{2m_e^*}\nabla^2-\frac{e^2}{4\pi\varepsilon_0\varepsilon_r r}\right)\varphi=E_I\varphi \qquad (5\text{-}35)$$

式中 m_e^*——电子的有效质量；

ε_r——半导体的相对介电常数；

E_I——类氢原子能级；

r——空间位置矢量；

φ——波函数。

解上述薛定谔方程，得到相应的能级为

$$E_I=\frac{-m_e^*e^4}{2\left(4\pi\varepsilon_0\hbar\right)^2\varepsilon_r^2n^2}=-\frac{1}{n^2}\left(\frac{m_e^*}{m\varepsilon_r^2}\right)E_H \qquad (5\text{-}36)$$

式中，n=1,2,3,⋯；m 是电子的质量；氢原子的基态能量 $E_H\approx13.6\text{eV}$。

考虑基态，n=1，要使这个电子脱离杂质原子（施主）的束缚而成为导带上的布洛赫电子所需的能量为

$$\Delta E_I=\frac{m_e^*}{m\varepsilon_r^2}E_H \qquad (5\text{-}37)$$

即额外电子脱离类氢原子的束缚进入导带底部，则有

$$E_c-E_D=\frac{m_e^*}{m\varepsilon_r^2}E_H \qquad (5\text{-}38)$$

式中 E_c——导带底的能量；

E_D——施主能级。

（2）p 型半导体

以典型的Ⅳ族半导体 Si 和 Ge 为例，向这些四价元素半导体掺入三价杂质时，三价原子倾向于提供空穴。半导体的主要载流子变为空穴。称主要靠空穴导电的载流子为 p 型半导体，提供空穴的杂质原子称为受主。

考虑 Si 掺杂 B，B 以置换原子的方式取代一个 Si 原子。由于 B 是 +3 价，当 B 原子从固体中获得一个电子而与最近邻的四个 Si 原子形成共价键时，就等效于在晶体中留下空穴。而 B 原子本身也因获得一个电子而成为一个负电中心。

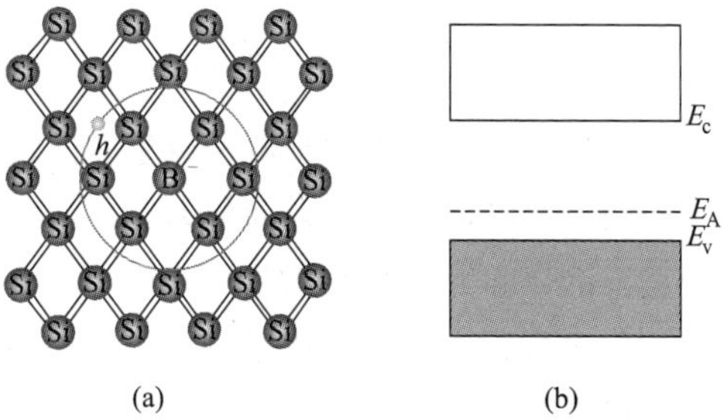

图 5-8 Si 中的受主及类氢原子模型（a）和受主能级（b）

从能带看，空穴受到来自 B（负电中心）的库仑吸引作用，形成束缚态。这个束缚态能级称为受主能级。由于负电中心和空穴库仑作用受到了其他离子和电子的屏蔽，束缚作用很弱。因此空穴很容易激发后进入价带顶部成为“自由空穴”。从能量看，受主能级应在价带的上方，如图 5-8 所示。

局域束缚态的空穴绕B^-运动可采用类氢原子模型。束缚态空穴变成价带顶部的“自由空穴”所需要的电离能为

$$\Delta E_{\mathrm{I}} = \frac{m_{\mathrm{h}}^{*}}{m\varepsilon_{\mathrm{r}}^{2}} E_{\mathrm{H}} \tag{5-39}$$

则

$$E_{\mathrm{A}} - E_{\mathrm{v}} = 13.6\frac{m_{\mathrm{h}}^{*}}{m\varepsilon_{\mathrm{r}}^{2}} \tag{5-40}$$

式中 m_{h}^{*}——空穴的有效质量；

E_{v}——价带顶的能量；

E_{A}——受主能级的能量。

表 5-2 给出了硅、锗中的杂质能级。

表 5-2 硅、锗中的杂质能级 /eV

杂质元素	施主($E_{\mathrm{I}} = E_{\mathrm{c}} - E_{\mathrm{D}}$)			受主($E_{\mathrm{I}} = E_{\mathrm{A}} - E_{\mathrm{v}}$)			
	磷	砷	锑	硼	铝	镓	铟
锗	0.012	0.013	0.010	0.010	0.010	0.011	0.011
硅	0.045	0.049	0.039	0.045	0.057	0.065	0.160

(3) 杂质半导体几种基本电子过程

半导体基本离子过程包括杂质电离（施主电离和受主电离）、载流子复合和激子吸收三个过程，如图 5-9 所示。杂质电离包括施主电离和受主电离。施主能级位于导带底之下，由于施主的束缚态较弱，施主杂质所束缚的电子很容易在外部激发（热激发、光吸收等）下跃迁至导带底部，这一过程称为施主电离；与此相似，受主杂质所束缚的空穴也容易电离而进入价带顶部。载流子复合指施主电离与受主电离复合。激子吸收指在某些情况下，由于空穴带正电，而导带底部的电子带负电，二者相互吸引，形成一个相对稳定的束缚态，电子和空穴所形成的束缚态称为激子。在光子作用下，价带顶的电子可以跃迁到束缚态能级。

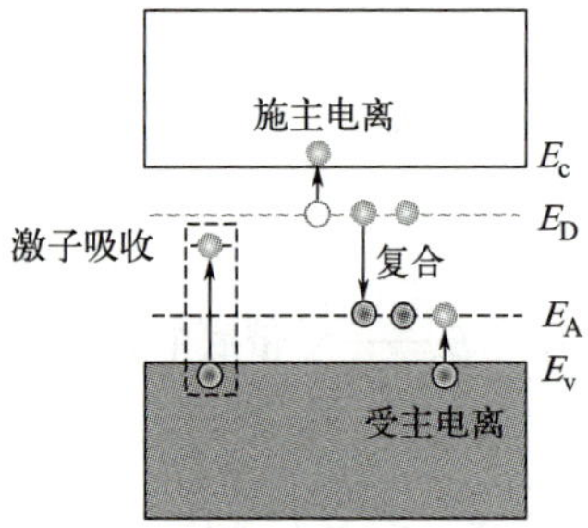

图 5-9 半导体中的几种电子过程

5.3.6 本征半导体热平衡载流子的统计分布

半导体的导电性源于电子或空穴的激发，因此研究热平衡状态下半导体载流子的统计分布具有重要的意义。为简化起见，本节讨论非简并状态。在半导体领域中一般定义一定温度下的化学势为费米能级。这一点和前文金属费米能级的定义是不同的。

首先分析本征半导体导带上电子的统计分布规律。基于费米 - 狄拉克分布，得到导带上的电子数为

$$N(T) = \int_{E_{\mathrm{c}}}^{E_{\mathrm{ct}}} f(E,T) g_{\mathrm{c}}(E) \mathrm{d}E \tag{5-41}$$

式中 E_{ct}——导带顶部的能量；

$f(E,T)$——费米 - 狄拉克分布函数；

$g_c(E)$——导带上的能态密度。

在常规温度下，只有导带底附近的电子是主要的，积分上限近似为∞。在理想能带条件下，导带底部附近的电子能量为

$$(E-E_c)=\frac{\hbar^2k^2}{2m_e^*} \tag{5-42}$$

式中 m_e^*——导带底附近的电子有效质量。

由式（5-42）知，导带底附近的等能面与自由电子相同，均为球面。而状态密度只与等能面的形状有关。由自由电子能态密度的表达式可以得到导带底的电子态密度：

$$g_c(E)=\frac{V}{2\pi^2}\left(\frac{2m_e^*}{\hbar^2}\right)^{3/2}(E-E_c)^{1/2} \tag{5-43}$$

结合费米 - 狄拉克分布，得到

$$N(T)=\int_0^{\infty}f(E-E_c,T)g_c(E-E_c)\mathrm{d}E \tag{5-44}$$

进而得到导带中的电子数为

$$N(T)=N_cV\frac{2}{\sqrt{\pi}}F_n\left(\frac{E_F-E_c}{k_BT}\right) \tag{5-45}$$

式中 V——体积；

N_c——电子有效密度；

F_n——费米函数。

$$N_c\equiv 2\left(\frac{m_e^*k_BT}{2\pi\hbar^2}\right)^{3/2} \tag{5-46}$$

N_c为导带上的电子有效密度，意义为假设激发到导带的电子都集中到导带底的状态数。费米函数F_n为

5

$$F_n(x)=\int_0^{\infty}\frac{\sqrt{x}}{1+e^{x-x_F}}\mathrm{d}x \tag{5-47}$$

式中

$$x_F=\frac{E_F-E_c}{k_BT} \tag{5-48}$$

$$x=\frac{E-E_c}{k_BT} \tag{5-49}$$

$F_n(x_F)$称为费米积分。

最终得到导带电子密度：

$$n=\frac{N(T)}{V}=\frac{2N_c}{\sqrt{\pi}}F_n(x_F)=\frac{2N_c}{\sqrt{\pi}}F_n\left(\frac{E_F-E_c}{k_BT}\right) \tag{5-50}$$

当温度较低时，$E_c-E_F\gg k_BT$，则

$$n=N_ce^{-(E_c-E_F)/(k_BT)} \tag{5-51}$$

可见导带电子密度与禁带宽度大小和温度有关。

利用同样的方法处理价带顶部附近空穴载流子的统计分布。空穴对应一个未被电子占据的状态。由费米 - 狄拉克分布函数可以得到空穴的统计分布函数$f_h(E)$：

$$f_{h}(E,T)=1-f(E,T) \tag{5-52}$$

则价带顶部空穴的数目为

$$P(T)=\int_{-\infty}^{E_{v}}[1-f(E,T)]g_{v}(E)\mathrm{d}E \tag{5-53}$$

式中　$g_v(E)$——价带顶部附近空穴的态密度。在理想能带结构的情况下，价带附近空穴的能级可以定为

$$E_{v}-E=\frac{\hbar^{2}k^{2}}{2m_{h}^{*}} \tag{5-54}$$

考虑理想能带结构，价带顶部的能态密度可以写为

$$g_{v}(E)=\frac{V}{2\pi^{2}}\left(\frac{2m_{h}^{*}}{\hbar^{2}}\right)^{3/2}\left(E_{v}-E\right)^{1/2} \tag{5-55}$$

进而得到空穴的密度 p 的表达式:

$$p=N_{v}\frac{2}{\sqrt{\pi}}F_{n}\left(\frac{E_{v}-E_{F}}{k_{B}T}\right) \tag{5-56}$$

$$N_{v}=2\left(\frac{m_{h}^{*}k_{B}T}{2\pi\hbar^{2}}\right)^{3/2} \tag{5-57}$$

定义N_v为空穴载流子的有效密度，意义为假设空穴都集中到价带顶的状态数。

温度较低的情况下，则式（5-56）可以简化为

$$p=N_{v}\mathrm{e}^{-(E_{F}-E_{v})/(k_{B}T)} \tag{5-58}$$

可见空穴密度与禁带宽度大小和温度有关。

联合导带电子载流子和价带空穴密度，结合导带上电子载流子的统计分布，得到质量作用定律:

$$np=N_{c}N_{v}\mathrm{e}^{-(E_{c}-E_{v})/(k_{B}T)}=N_{c}N_{v}\mathrm{e}^{-E_{g}/(k_{B}T)} \tag{5-59}$$

式（5-59）表明，对于一给定的半导体，在一定温度下，np 为常数。值得注意的是，上述处理过程不但对本征半导体成立，对杂质半导体也是成立的。

对于本征半导体，导带上的电子全部来自价带上电子的本征跃迁，因此价带中的空穴数量必定等于导带中的电子数，有

$$n=p=n_{i} \tag{5-60}$$

由质量作用定律，得到

$$n_{i}=(N_{c}N_{v})^{1/2}\mathrm{e}^{-\frac{E_{g}}{2k_{B}T}} \tag{5-61}$$

进而得到，半导体费米能级为

$$E_{F}=\frac{E_{c}+E_{v}}{2}+\frac{3}{4}k_{B}T\ln\left(\frac{m_{h}^{*}}{m_{e}^{*}}\right) \tag{5-62}$$

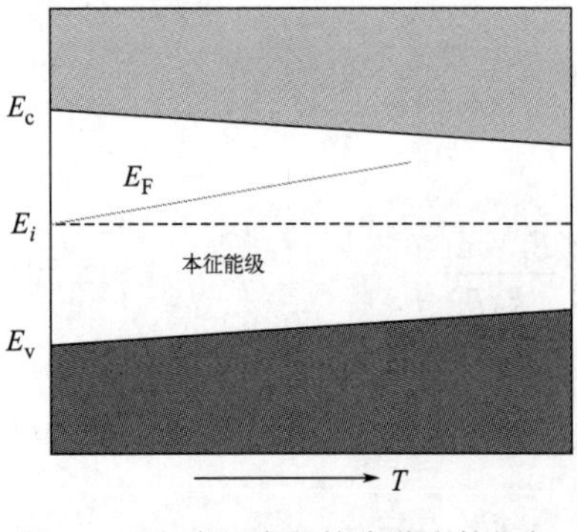

图 5-10　本征半导体中费米能级与温度关系的示意图

根据式（5-62），图 5-10 为本征半导体中费米能级与温度关系的示意图。可见，一般情况下，E_F 是温度的函数；电子和空穴有效质量相等时，与温度无关，否则 E_F 就是温度的函数。空穴有效质量大于电子时，费米能随温度升高而升高。

当 T=0K 时，费米能为

$$E_F = \frac{1}{2}(E_c + E_v) \tag{5-63}$$

0K 下，费米能级位于禁带中央，$E_i = (E_c + E_v)/2$常被称为本征能级。

5.3.7 杂质半导体的热平衡载流子

下面考虑杂质半导体的载流子浓度。考虑均匀掺杂的半导体，设 N_D 和 N_A 分别是施主和受主的浓度，施主能级和受主能级分别为 E_D 和 E_A。电离的施主和受主浓度分别记为N_D^+和N_A^-。施主电离意味着施主能级上的电子跃迁至导带，受主电离意味着价带上的电子跃迁至受主空能级。根据电中性条件，则有

$$p - N_A^- = n - N_D^+ \tag{5-64}$$

$$p - n + N_D^+ - N_A^- = 0 \tag{5-65}$$

对于 n 型半导体，设N_A^-=0，得到电中性条件:

$$n = N_D^+ + p \tag{5-66}$$

N_D^+等于施主浓度N_D减去被电子占据的施主浓度，有

$$N_D^+ = N_D \left[1 - \frac{1}{1 + \frac{1}{\beta} e^{(E_D - E_F)/(k_B T)}} \right] \tag{5-67}$$

注意，式中费米 - 狄拉克分布函数中引入因子β是由于施主能级不同于一般的电子能级，一般施主能级只放一个电子，否则电子之间的排斥作用使束缚态变得不稳定。一般取$\beta = 2$，则

$$N_D^+ = \frac{N_D}{1 + 2e^{(E_F - E_D)/(k_B T)}} \tag{5-68}$$

温度不太高时，有$n = N_D^+ + p$、$n = N_c e^{-(E_c - E_F)/(k_B T)}$和$p = N_v e^{-(E_F - E_v)/(k_B T)}$，得到

$$n = N_c e^{(E_F - E_c)/(k_B T)} = \frac{N_D}{1 + 2e^{(E_F - E_D)/(k_B T)}} + N_v e^{-(E_F - E_v)/(k_B T)} \tag{5-69}$$

当温度较低时，费米能级靠近导带底部，上式中含N_v项可以略去，得到

$$E_F = \frac{1}{2}(E_c + E_D) + \frac{1}{2} k_B T \ln\left(\frac{N_D}{2N_c}\right) \tag{5-70}$$

根据式（5-70），得到 E_F，就可以求解只含施主的N型半导体的载流子浓度。图 5-11 给出了半导体 Si 费米能级和温度的关系。可以看到，费米能随温度发生改变，这意味着随温度升高，费米能必须自我调整。一般情况下 $N_D < N_c$，所以对于n型半导体，E_F 随温度增加而降低。

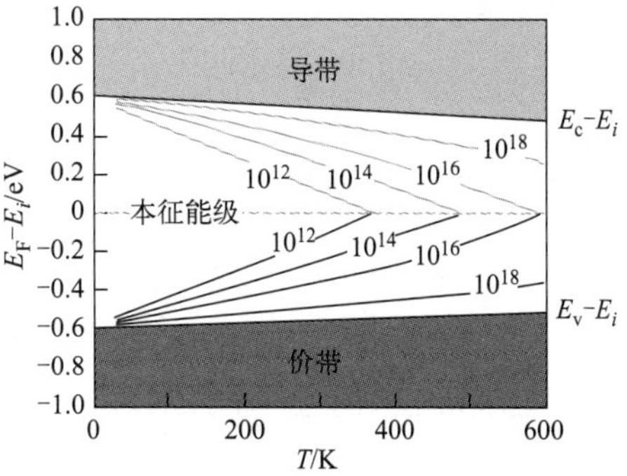

图 5-11　本征半导体中费米能级与温度关系的示意图

对于 p 型半导体，也采用上述方法处理。对于只有受主的 p 型半导体，根据电中性条件，有

$$p = N_A^+ + n \tag{5-71}$$

经推导，p 型半导体的载流子数量

$$p = N_{\mathrm{v}}\mathrm{e}^{(E_{\mathrm{v}}-E_{\mathrm{F}})/(k_{\mathrm{B}}T)} = \frac{N_{\mathrm{A}}}{1+2\mathrm{e}^{(E_{\mathrm{A}}-E_{\mathrm{F}})/(k_{\mathrm{B}}T)}} + N_{\mathrm{c}}\mathrm{e}^{-(E_{\mathrm{c}}-E_{\mathrm{F}})/(k_{\mathrm{B}}T)} \tag{5-72}$$

在温度较低时，p 型半导体的费米能为

$$E_{\mathrm{F}} = \frac{E_{\mathrm{v}}+E_{\mathrm{A}}}{2} - \frac{1}{2}k_{\mathrm{B}}T\ln\left(\frac{N_{\mathrm{A}}}{2N_{\mathrm{v}}}\right) \tag{5-73}$$

一般情况下，$N_{\mathrm{A}} < N_{\mathrm{v}}$，所以 p 型半导体的费米能随温度升高而升高；当温度较低时，p 型半导体的费米能级显著低于 n 型半导体的费米能级。

5.3.8 温度对载流子浓度的影响

温度对半导体载流子浓度具有重要的影响。图 5-12 给出了 n 型半导体的电子载流子浓度与温度的关系，可见关系曲线分为三个区域：低温区载流子浓度随温度增加而增加；在中温区，载流子浓度几乎不随温度发生变化；在高温区，载流子又随温度增加而增加。在低温区，电子从价带到导带的跃迁很困难，导带上的电子载流子主要源于施主的电离，电子浓度由N_{D}^{+}决定。温度高，杂质电离剧烈，N_{D}^{+}越大，所以在低温区载流子浓度随温度增加而增加，这一区域又称为非本征区；当温度升高到一定程度时，施主全部电离，而本征激发不明显，半导体载流子浓度主要由 N_{D} 决定，这时几乎不变，此区域称为饱和区；温度继续增加时，本征激发发挥主导作用，温度越高则本征激发越剧烈，载流子浓度随温度增加迅速增加，这一区域称为本征区。

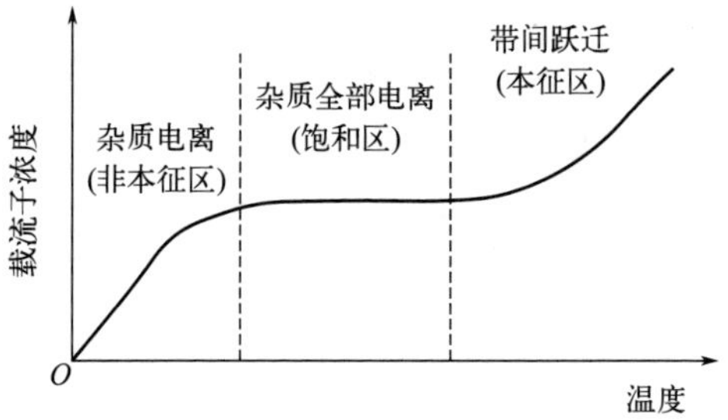

图 5-12　n 型半导体的电子载流子浓度与温度的关系

5.3.9 半导体的电导率

与金属自由电子类似，可以利用半导体载流子的有效质量、弛豫时间描述半导体的电导率。考虑外场不太大、没有过热载流子产生的情况，由于半导体存在电子和空穴两种载流子，电子电导率记为 σ_{e}，空穴电导率记为 σ_{h}，则

$$\sigma_{\mathrm{e}} = \frac{ne^2}{m_{\mathrm{e}}^{*}}\tau_{\mathrm{e}} = ne\mu_{\mathrm{e}} \tag{5-74}$$

$$\sigma_{\mathrm{h}} = \frac{pe^2}{m_{\mathrm{h}}^{*}}\tau_{\mathrm{h}} = pe\mu_{\mathrm{h}} \tag{5-75}$$

式中　τ_{e}、τ_{h}——分别是电子、空穴的平均弛豫时间；

m_{e}^{*}、m_{h}^{*}——分别是电子、空穴的有效质量。

电子和空穴的迁移率分别为

$$\mu_{\mathrm{e}} = \frac{e\tau_{\mathrm{e}}}{m_{\mathrm{e}}^{*}} \tag{5-76}$$

$$\mu_h = \frac{e\tau_h}{m_h^*} \tag{5-77}$$

当半导体中既存在电子导电，也存在空穴导电时，半导体的电导率可表示为

$$\sigma = \sigma_e + \sigma_h = e(n\mu_e + p\mu_h) \tag{5-78}$$

对于本征半导体，电子载流子数量和空穴载流子数量相等，$n=p=n_i$，有

$$\sigma = n_i e(\mu_e + \mu_h) = (N_c N_v)^{1/2}(\mu_e + \mu_h)e^{-E_g/(2k_BT)} \tag{5-79}$$

半导体的电导率不仅取决于载流子浓度，而且与迁移率密切相关。而迁移率大小主要取决于碰撞过程。载流子的碰撞过程可以认为是散射过程。若载流子受到多种散射过程，每种散射的概率为 P_i，那么，总散射概率为

$$P = \sum_i P_i \tag{5-80}$$

总弛豫时间 τ:

$$\frac{1}{\tau} = \sum_i \frac{1}{\tau_i} \tag{5-81}$$

式中 τ_i——第 i 种散射的弛豫时间。

总迁移率为

$$\frac{1}{\mu} = \sum_i \frac{1}{\mu_i} \tag{5-82}$$

式中 μ_i——第 i 种散射机制所决定的迁移率。

半导体中的散射机制有两种：晶格热振动对载流子的散射和电离杂质对载流子的散射。晶格散射导致的迁移率记为 μ_L，如式（5-83）所示，温度升高，晶格热振动剧烈，碰撞剧烈，μ_L 降低；电离杂质散射导致的迁移率记为 μ_I，如式（5-84）所示，温度升高，电离杂质对载流子散射减弱，μ_I 升高。

$$\mu_L = \alpha_L T^{-3/2} \tag{5-83}$$

$$\mu_I = \alpha_I T^{3/2} \tag{5-84}$$

总迁移率与温度关系可表示为式（5-85）。

$$\frac{1}{\mu} = \frac{1}{\alpha_L} T^{3/2} + \frac{1}{\alpha_I} T^{-3/2} \tag{5-85}$$

综合半导体载流子数量和迁移率与温度的关系，可以讨论导电性和温度的关系。图 5-13 给出了半导体迁移率的倒数、载流子数量的倒数及电阻率与温度的关系。

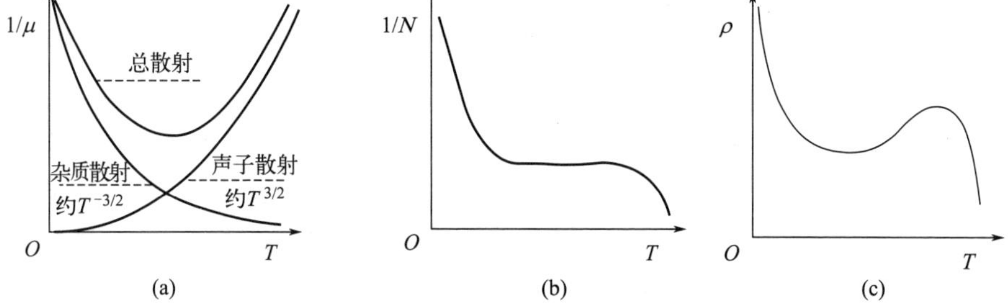

图 5-13 半导体的迁移率倒数（a）、载流子数量的倒数（b）和电阻率（c）与温度的关系

5

在低温区，声子数目比较少。声子对电子散射较弱，对电阻起主要作用的是电离杂质对载流子的散射。此时，载流子浓度随温度增加，因此电阻率随温度增加而逐渐降低。当温度升高进入饱和区，这时施主全部电离，但本征激发还不明显，载流子浓度随温度变化不发生变化，但是声子对电子的散射随温度增加越来越强，所以这时半导体的电阻率随温度增加而增加。当温度进一步升高，本征激发占主导作用，载流子的浓度随温度增加而逐渐增加，电导率随温度增加再次呈现下降趋势。

5.4 p-n 结

利用半导体的性质可以制备各种电子器件，其中最重要的是p-n结。将由同种本征半导体制备的p型和n型半导体接触，就构成了p-n结。p-n结是众多半导体器件的核心，在技术上具有重要的意义。二极管（如图5-14所示）便是基于p-n结工作的。

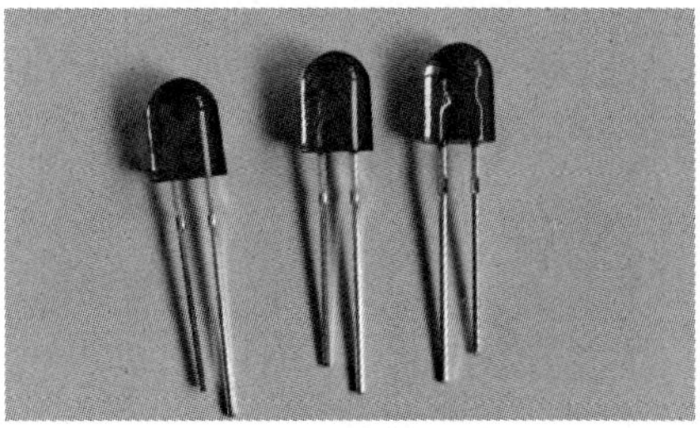

图 5-14 **二极管**

5.4.1 p-n 结的平衡势垒

半导体的费米能级就是半导体电子的化学势。具有不同费米能的半导体接触时便会形成电子的扩散现象，电子由费米能高的半导体向费米能低的半导体运动，直到二者费米能级相等为止。

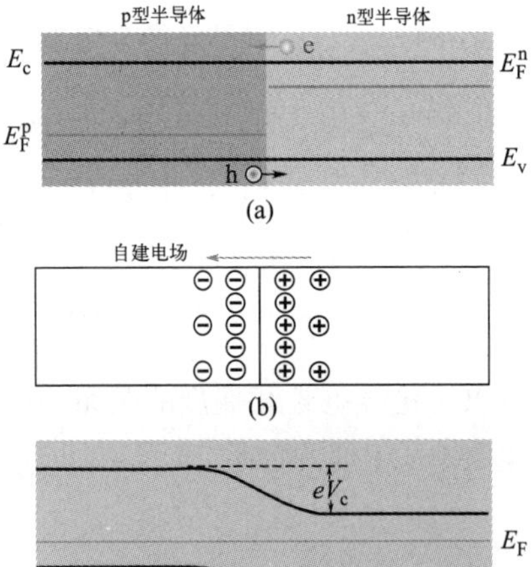

图 5-15 **p-n 结平衡势垒的建立过程**

（a）p型和n型半导体刚刚接触；
（b）自建电场的形成；
（c）平衡能带结构

设p型半导体和n型半导体接触，由于n型半导体的费米能高于p型半导体，必然有电子由n型半导体向p型半导体扩散，空穴则由p型半导体向n型半导体扩散，如图5-15（a）所示。此过程会导致在界面区自建电场的产生。n区由于电子扩散到p区，导致近界面区大量的施主电离，产生裸露的带正电的施主；p区由于空穴向n区扩散，导致界面区大量受主电离，形成裸露的带负电受主，如图5-15（b）所示。这样在p型和n型半导体之间的界面区建立了一个自建电场，自建电场从n指向p。自建电场会导致电子和空穴做漂移运动。导带上的电子由p向n漂移，价带上的空穴自n向p漂移。显然，电子和空穴的漂移运动和扩散运动方向相反，将阻碍扩散运动的进行。自建电场的产生和载流子浓度的变化将导致界面区能带发生弯曲，最终n型和p型半导体费米能级逐渐趋于一致，载流子扩散和漂移达到平衡，在界面附近建立一个平衡的势垒，如图5-15（c）所示。

总结上述过程，费米能级差驱动载流子扩散运动，电子由n向p运动，空穴由p向n运动；同时电离杂质构筑界面区自建电场，自建电场驱动载流子漂移运动，电子由 p 向 n 运动，空穴由 n 向 p 运动；最后达到扩散运动和漂移运动平衡，并在界面附近产生平衡势垒。

p-n 结的平衡势垒就是两个半导体接触前费米能的差值，即

$$eV_c = E_F^n - E_F^p \tag{5-86}$$

式中　V_c——p-n 结两端的电位差；

E_F^n、E_F^p——接触前 n 型半导体和 p 型半导体的费米能级。

下面分析平衡势垒的大小。假如在耗尽层的载流子完全进行了互扩散，将两个载流子密度表达式相乘，可得相互扩散的载流子浓度之积：

$$np = N_c N_v e^{-E_g/(k_B T)} e^{eV_c/(k_B T)} = n_i^2 e^{eV_c/(k_B T)} \tag{5-87}$$

式中　n、p——接触前 n 型半导体电子、p 型半导体空穴的浓度。

当施主和受主全部电离时，$n=N_D$，$p=N_A$，上式简化为

$$N_D N_A = n_i^2 e^{eV_c/(k_B T)} \tag{5-88}$$

即

$$eV_c = k_B T \ln \frac{N_D N_A}{n_i^2} \tag{5-89}$$

$$n_i^2 = N_c N_v e^{-E_g/(k_B T)} \tag{5-90}$$

将n_i^2代入式（5-89），得到

$$eV_c = E_g + k_B T \ln \frac{N_D N_A}{N_c N_v} \tag{5-91}$$

可见，平衡势垒与禁带宽度 E_g 与半导体掺杂浓度有关。禁带宽度大、n 型或 p 型半导体掺杂浓度高均可以提高 p-n 结的势垒。

5.4.2　p-n 结的整流特性和应用

设 p 区接电池正极，处在高电位，n 区接电池负极，处在低电位，这种电压称为正向偏压，反之称为反向偏压。p-n 结是否导通取决于多数载流子是否可以跨越势垒区。而 n 区的多数载流子是电子，p 区的多数载流子是空穴。基于以上两点可以分析 p-n 结在正向偏压和反向偏压下的导通情况。

未加偏压时，载流子的扩散运动和载流子的漂移运动达到动态平衡。施加正向偏压后，如图 5-16 所示，上述平衡被打破，这时 p-n 结的势垒高度下降为

$$\Phi_c = C e^{-e(V_c - V)/(k_B T)} \tag{5-92}$$

式中　C——系数；

V——施加的正向偏压。

由于势垒降低，载流子的扩散运动被加剧，而漂移运动被抑制。n 区的多数电子载流子从 n 区向 p 区扩散，p 区的多数载流子向 n 区扩散，形成扩散电流。同时，从 n 区扩散至 p 区的电子中的一部分在到达 p 区之前在耗尽层与从 p 区扩散来的空穴复合，由于电源可以源源不断地补充复合的载流子，所以形成复合电流。所以施加正向偏压时，通过 p-n 结的电流由扩散电流和复合电流组成，p-n 结处于导通状态。进一步的分析说明，p-n 结的正向

电流可以表达为

$$J = J_0(e^{eV/(k_BT)} - 1) \tag{5-93}$$

式中　J_0——与电子和空位扩散性质有关的常数；

J——电流密度。

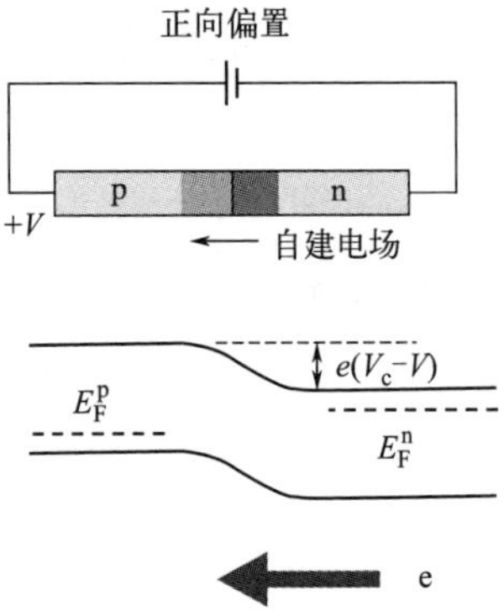

图 5-16　p-n 结势垒与正向偏压的关系

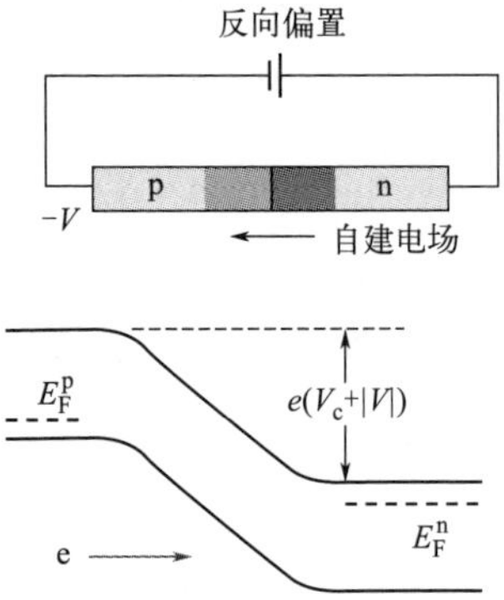

图 5-17　p-n 结势垒与反向偏压的关系

当在 p-n 结两端施加反向电压时，如图 5-17 所示，p-n 结的势垒升高，变为

$$\Phi_r = e(V_c - V) \tag{5-94}$$

式中，反向偏压 V 小于 0，由 n 指向 p。这样自建电场与外加电场相叠加，使得 p-n 结势垒增加，载流子的扩散运动被抑制，而漂移运动被加强。p 区的少数电子载流子向 n 区漂移，n 区的少数空穴载流子向 p 区漂移，而形成反向电流。由于电子是 p 区的少数载流子，空穴是 n 区的少数载流子，上述反向电流很小，一般称 p-n 结的反向截止。进一步的分析说明，p-n 结的反向电流为

$$J = J_0(e^{eV/(k_BT)} - 1) \tag{5-95}$$

注意，式中的偏压 $V<0$，反向电流随 V 绝对值增加迅速衰减至稳定值 J_0。

5.4.3　p-n 结的光生伏特效应

当光子能量大于半导体带隙时，被照射区就会因光吸收而发生本征跃迁，产生电子和空穴载流子，这时的载流子是非热平衡载流子。

图 5-18　太阳能电池

前文已指出，p-n 结中的自建电场从 n 指向 p。这样，由光吸收而产生的电子载流子就会被自建电场扫向 n 区，空穴载流子就会被扫向 p 区。这样就相当于 n 区为负电位，p 区为正电位，从而使 p-n 结处于正向偏压状态，在开路状态下就会形成光致电压。若在 p-n 结两端加上负载，则会在负载上有功率输出。这就是 p-n 结的光生伏特效应。利用 p-n 结的光生伏特效应可以制作太阳能电池（图 5-18）。

5.4.4　p-n 结的光发射

正向电压将电子从 n 区注入到 p 区导带上时，这些电子是少数载流子，并不稳定；同样，p 区注入到 n 区的空穴也是 n 区的少数载流子，同样是不稳定的。一段时间以后，少数载流子就会发生复合。这种复合过程相当于少数载流子从导带底部跃迁至价带顶部，因此其能量变化为 E_g。那么，当电子和空穴复合时，这部分多余的能量 E_g，就可能产生两种物理现象：一种是光辐射，一种是激发声子。具有直接带隙的半导体产生光辐射的概率远高于间接带隙半导体。一般半导体的禁带宽度 E_g=1～2.5eV。所对应的光辐射波长为 500～1200nm，对应近红外和可见光波段。p-n 结的发光特性提供了一种有效的电能转化为光的途径。其典型的应用实例是发光二极管（图 5-19）。

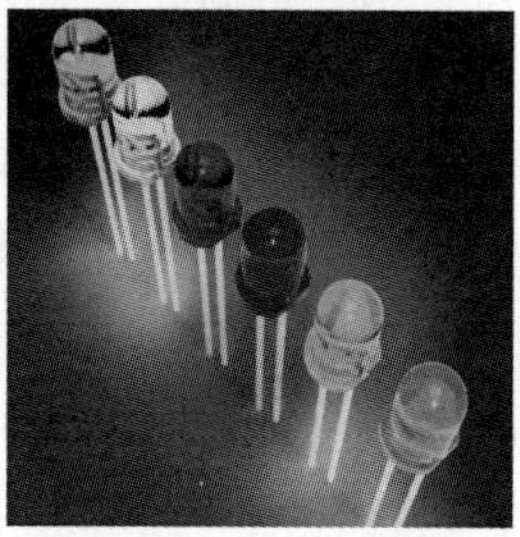

图 5-19　发光二极管

5.5　材料的离子电导

离子类载流子在现代工业和生活中扮演了重要的角色。例如，部分燃料电池是利用离子类载流子导电进行工作的。再如，氧探头在现代渗碳热处理行业中得到重要的应用，氧探头的工作原理是基于离子类载流子导电形成浓差电池。离子电导实际上是带电荷的离子载流子在电场作用下的定向运动，可以分为本征导电和杂质导电。本征导电指晶体点阵的基本离子由于热振动离开晶格，形成热缺陷导致导电；杂质导电则是指参加导电的载流子主要是杂质载流子。

5.5.1　离子导电理论

离子导电是通过离子在电场作用下长距离迁移而实现的。离子迁移的能量变化如图 5-20 所示，其中位垒 V 代表陶瓷或玻璃中离子迁移阻力最小路径上的最大势垒。

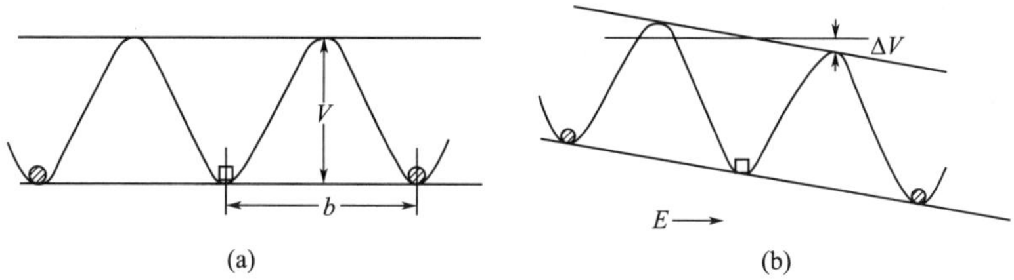

图 5-20　离子迁移的能量变化

（a）无电场；（b）有电场

考虑某一间隙离子由于热运动，越过势垒跃迁到邻近间隙位置的情况。根据玻尔兹曼统计规律，单位时间沿某一方向跃迁的次数为

$$P = \alpha \frac{kT}{h} \exp\left(-\frac{V}{kT}\right) \tag{5-96}$$

式中　α——与不可逆跳跃相关的适应系数；

kT/h——离子在势阱中的振动频率；

h——普朗克常数；

k——玻尔兹曼常数；

T——温度。

无外加电场时，间隙离子在晶体中各方向的迁移频率都相同，宏观上无电荷定向运动，故介质中无电导现象。有外加电场时，由于电场力的作用，晶体中间隙离子的势垒不再对称，如图5-20（b）所示，对于离子价为z的正离子，受电场力作用，$F=qE$，F与E同方向，因此正离子顺电场方向容易迁移，沿反电场方向迁移困难。设电场E在$b/2$（b为相邻半稳定位置间的距离）处造成的势能差为

$$\Delta V = F \times b/2 = qE \times b/2 = zEb/2 \tag{5-97}$$

则顺电场方向间隙离子单位时间内跃迁的次数为

$$P^{+} = \frac{1}{2}\alpha\frac{kT}{h}\exp\left[-\frac{V-(Fb/2)}{kT}\right] \tag{5-98}$$

$$P^{+} = \frac{1}{2}P\exp\left(\frac{Fb}{2kT}\right) \tag{5-99}$$

逆电场方向间隙离子单位时间内跃迁的次数为

$$P^{-} = \frac{1}{2}P\exp\left(\frac{-Fb}{2kT}\right) \tag{5-100}$$

每跃迁一次的距离为b，所以载流子沿电场方向的迁移速度为

$$\bar{v} = b(P^{+}-P^{-}) = \frac{1}{2}bP\left[\exp\left(\frac{Fb}{2kT}\right)-\exp\left(\frac{-Fb}{2kT}\right)\right] \tag{5-101}$$

当电场强度较低时，有

$$\bar{v} = \frac{PFb^2}{2kT} \tag{5-102}$$

当电场强度足够强大（大于10v/cm）时，有

$$\bar{v} = A\exp\left(\frac{Fb}{2kT}\right) \tag{5-103}$$

式中 A——常数。

电流密度J为

$$J = nze\bar{v} \tag{5-104}$$

式中 n——单位体积的离子数。

一般情况下，离子导电符合第一种情况，根据（5-102），有

$$J = \frac{nzeb^2PF}{2kT} = \frac{nz^2e^2b^2PE}{2kT} \tag{5-105}$$

将P代入并且令

$$V = \frac{\Delta G_{dc}}{N_0} \tag{5-106}$$

得

$$J = \frac{n\alpha z^2e^2b^2E}{2h}\exp\left(-\frac{\Delta G_{dc}}{RT}\right) \tag{5-107}$$

式中 ΔG_{dc}——直流条件下的自由能变化；

N_0——阿伏伽德罗常数；

R——普适气体常数。

则有

$$\rho = \frac{E}{J} = \frac{2h}{n\alpha z^2 e^2 b^2}\exp(\frac{\Delta G_{dc}}{RT}) \quad (5\text{-}108)$$

式（5-108）可以写为

$$\lg\rho = C + \frac{D}{T} \quad (5\text{-}109)$$

$$\lg\sigma = A - \frac{B}{T} \quad (5\text{-}110)$$

如果材料存在多种载流子，总的电导率为

$$\sigma = \sum_i A_i \exp\left(-\frac{B_i}{T}\right) \quad (5\text{-}111)$$

图 5-21 给出了离子玻璃的电阻率与温度的关系，验证了式（5-109）的正确性。

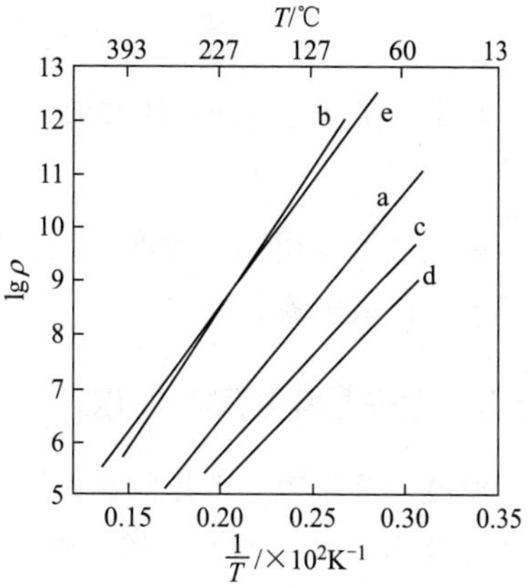

a—$18Na_2O \cdot 10CaO \cdot 72SiO_2$；
b—$10Na_2O \cdot 20CaO \cdot 70SiO_2$；
c—$12Na_2O \cdot 88SiO_2$；d-$24Na_2O \cdot 76SiO_2$；
e—硼硅酸玻璃（Pyrex）

图 5-21 离子玻璃的电阻率与温度的关系

5.5.2 离子电导与扩散

离子的尺寸和质量都大于电子，因此离子导电可以看作是离子在电场作用下的扩散现象。由载流子离子浓度梯度所形成的电流密度为

$$J_1 = -Dq\frac{\partial n}{\partial x} \quad (5\text{-}112)$$

式中 n——单位体积浓度；

x——扩散方向；

q——离子电荷量；

D——扩散系数。

当存在电场时，有

$$n = n_0 \exp\left[-qV/(k_B T)\right] \quad (5\text{-}113)$$

V 是 x 的函数，上式对 x 求导得

$$\frac{\partial n}{\partial x} = -\frac{qn}{k_B T} \times \frac{\partial V}{\partial x} \quad (5\text{-}114)$$

存在电场时，电场产生的电流密度为

$$J_2 = \sigma E = \sigma\frac{\partial V}{\partial x} \quad (5\text{-}115)$$

二者作用下总的电流为

$$J_i = -Dq\frac{\partial n}{\partial x} - \sigma\frac{\partial V}{\partial x} \quad (5\text{-}116)$$

达到平衡时，有

$$J_i = 0 = \frac{nDq^2}{k_B T} \times \frac{\partial V}{\partial x} - \sigma \times \frac{\partial V}{\partial x} \quad (5\text{-}117)$$

$$\sigma = D \times \frac{nq^2}{k_B T} \quad (5\text{-}118)$$

由式（5-118）可知，离子电导率和扩散系数之间存在关系。

又有

$$\sigma = nq\mu \tag{5-119}$$

则得到

$$D = \frac{\mu}{q}k_{\mathrm{B}}T = Bk_{\mathrm{B}}T \tag{5-120}$$

其中，B 定义为绝对迁移率

$$B = \frac{\mu}{q} \tag{5-121}$$

由上述分析可知，温度一定，扩散系数与离子迁移率成正比。离子导电是离子在电场作用下的扩散现象。

5.5.3 离子导电的影响因素

温度对离子电导的影响，如图 5-22 所示。温度以指数规律影响电导率，温度增加，电导率升高；一般在高温区属于本征导电，在低温区属于杂质导电。

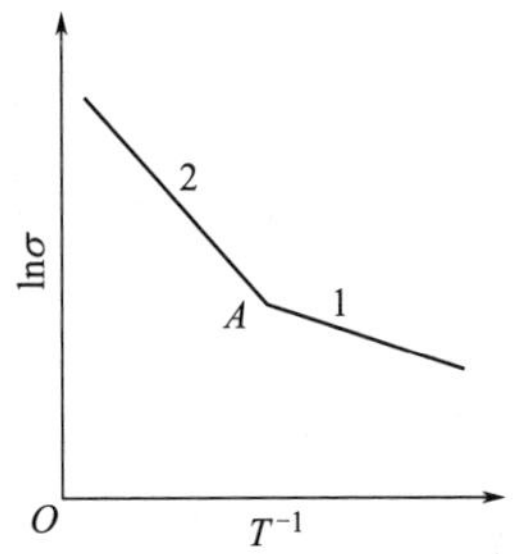

图 5-22 温度对离子电导的影响

离子性质和晶体结构可以通过改变导电激活能影响电导率。熔点高的离子晶体，离子间的结合力大，则导电激活能高，电导率下降。同样，如果晶体有较大间隙，则导电离子易于移动，导电激活能降低，电导率得以升高。一价正离子尺寸小、电荷少，导电激活能低；高价正离子价键强，导电激活能高，迁移率低，电导率也低。以碱卤化物为例，负离子半径增大导致正离子激活能降低，使得电导率升高。NaF 的导电激活能为 216kJ/mol，NaCl 的导电激活能为 169kJ/mol，而 NaI 的导电激活能为 118kJ/mol。

一般情况下，离子晶体的点缺陷可以增加离子的扩散性，提高离子的电导率，如通过热激活产生肖特基和弗仑克尔空位、通过不等价掺杂和改变环境气氛使正负离子化学计量比发生变化都可以提高离子的电导率。根据电中性原则，产生点缺陷的同时，也会产生电子型缺陷，显著影响电导率。

5.6 快离子导体

5.6.1 快离子导体简介

快离子导体是指具有异常高离子电导率（通常 $>10^{-2}$ S/cm）的固态材料，是固体电解质的一种。这类材料离子迁移激活能低于 0.4eV，电导率比正常离子化合物的电导率高几个数量级。快离子导体的载流子包括阳离子导体（Ag^+、Li^+、Na^+）、阴离子导体（O^{2-}、F^-）和混合导体。快离子导体可以分为以下几类：a. 银和铜的卤族和硫族化合物：金属原子在这些化合物中的占位相对随意；b. 具有 β-Al_2O_3 结构的单价阳离子氧化物：β-Al_2O_3 结构的代表化学式为 $AM_{11}O_7$，A 为 1 价阳离子，具有很高的迁移率，可以是 Na^+、K^+、Ag^+、

Li^+ 等，是快离子导电的主要载流子；c. 具有氟化钙结构的高浓度缺陷氧化物：典型如 $CaO \cdot ZrO_2$ 和 $Y_2O_3 \cdot ZrO_2$ 等。其中用 CaO 稳定的 ZrO_2 导电的载流子主要是阴离子 O^{2-}。从结构看上述材料具有以下几个特征：晶体结构的主体是由一类占有特定位置的离子构成的；具有高浓度空位，显著提高离子的扩散速率；存在多个亚晶格，不同亚晶格具有相近的能量和低的扩散激活能。一些快离子导体在低温下为有序结构，在较高温度下亚晶格变为无序，离子迁移率显著提高。表 5-3 给出了几种快离子导体电导率和激活能。

表 5-3 几种快离子导体电导率和激活能

材料	电导率 $\sigma/(\Omega^{-1}\cdot cm^{-1})$	导电激活能 ΔG_{dc}/eV
α-AgI(146-555℃)	1(150℃)	0.05
AgS(>170℃)	3.8(200℃)	0.05
CuS(>91℃)	0.2(400℃)	0.25
$AgAl_{11}O_{17}$	0.1(500℃)	0.18
β-Al_2O_3	0.35(300℃)	0.17
$ZrO_2\cdot$10%Sc_2O_3	0.25(1000℃)	0.65
$Bi_2O_2\cdot$25%Y_2O_3	0.16(700℃)	0.60

快离子导体的研究可以追溯到 1834 年，当时法拉第首次观察到 AgS 中的离子传输现象。在 20 世纪 60 年代中期，科学家们发现了以碘化银为基的三元化合物银离子导体和 β-氧化铝族钠离子导体具有快离子导电现象，这些发现推动了快离子导体研究的进一步发展。迄今为止，人们发现了大量的快离子导体并在多个领域中有广泛应用，如燃料电池、固态电池、电化学传感器、反应器、金属提纯、电致变色和电积分器等。快离子导体在化学电源中有着重要应用，例如，快离子导体可以用作固体电解质，构建具有高安全性的准固态电池。已有研究表明，用聚合物盐、离子液体和富电子添加剂的组合，成功制备了一种快速的钠离子导电聚合物电解质，用于准固态金属电池，表现出高离子电导率和良好的循环稳定性。快离子导体在能量存储和转换设备中表现出色，有望替代传统的液体电解质，提高设备的稳定性和安全性。快离子导体还可以用于电化学传感器中，利用其高的离子电导率和低的离子电导激活能特性，实现对特定物质的快速检测和响应。在反应器中，快离子导体可以加速化学反应的进行，提高反应效率和产物的纯度。快离子导体在金属提纯过程中，可以通过控制离子的传输速率和方向，实现高效、精确的金属分离和提纯。此外，快离子导体在电致变色和电积分器中也有应用，利用其类液态的导电特性，实现材料的颜色变化和电能存储功能。

5.6.2 立方稳定氧化锆

立方 ZrO_2 具有萤石结构，是 ZrO_2 高温稳定相，如图 5-23 所示。Zr^{2+} 位于立方面心的结点位置上，配位数为 8。O^{2-} 位于立方体内 8 个小立方体的中心，配位数是 4，排成简单立方结构。通过加入低价阳离子可以把立方晶体结构稳定到室温。稳定氧化锆的合金元素有 La、Sc、Ir、Mg、

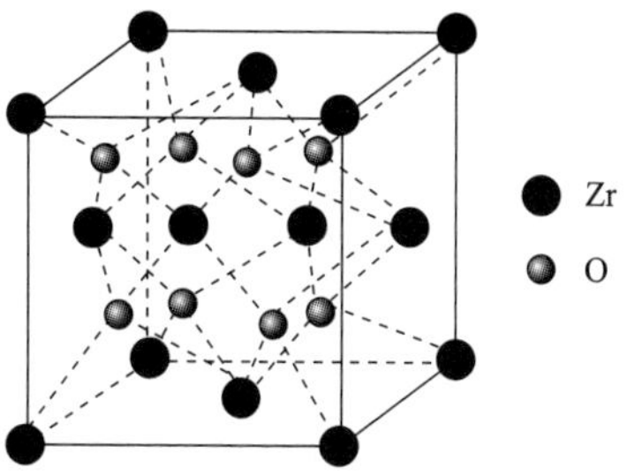

图 5-23 稳定立方 ZrO_2 的结构

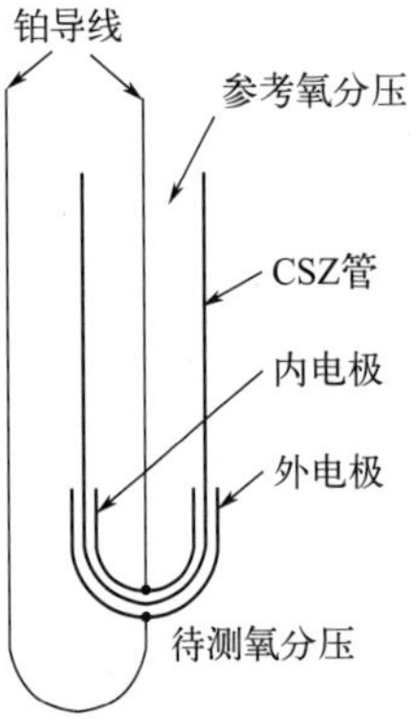

图 5-24 测量气体氧含量的探测器

Ca 和 Mn 等。低价阳离子置换至 Zr^{4+} 的位置，则会使 O^{2-} 空位形成。空位形成稳定的结构，会显著提高氧在亚晶格中的迁移率。其中 Sc 使材料具有最高的电导率，特别是在较低温度下具有更高的价值。

稳定立方 ZrO_2 的最重要应用是在测量气体或者熔融金属中的氧含量。基于电压测量气体氧含量的固体电介质氧探头结构如图 5-24 所示。其中 Pt 电极烧结在稳定立方氧化锆的表面，并外接高阻伏特计。这一结构相当于一固体电池，产生的电动势为

$$E = \frac{RT}{4F}\ln\left(\frac{p_1}{p_2}\right) \tag{5-122}$$

式中 R——普适气体常数；

T——绝对温度；

F——法拉第常数；

p_1——外电极所处的待测氧分压；

p_2——内电极所处的参考氧分压。

稳定立方氧化锆氧敏元件可用于汽车的排气成分监控，有助于保证最佳的燃空比，减轻汽车驾驶过程中的废气污染并提高发动机效率。

本章小结

电流是电荷的定向运动，电荷的载体为载流子。物体的导电现象，其微观本质是载流子在电场作用下的定向迁移。迁移率为载流子在单位电场作用下的迁移速度，表示载流子在电场中迁移的难易程度。金属主要以自由电子导电，载流子是费米面附近的自由电子。只有完美周期性晶体结构遭到破坏，电子受到散射，才会产生电阻。近似认为，高温下，本征电阻与温度成正比，低温下，本征电阻与温度的五次方成正比关系。

本征半导体能带特征为价带全满，导带全空，禁带 E_g 很小，具有足够热能的电子能够越过禁带。理想结构的导带 E_c 附近的等能面是以布里渊区为球心的球面，价带 E_v 附近的等能面也是以布里渊区中心为球心的球面。半导体中的本征跃迁要满足能量守恒和动量守恒条件，对于间接带隙吸收，电子从价带向导带底跃迁，布洛赫电子的波矢发生变化，电子初态和终态的动量差别很大，需要借助声子才能实现。在电子运动的准经典近似条件下，在外场中运动的布洛赫电子是具有电子有效质量的准经典粒子。对于半导体而言，导带和价带上电子有效质量有明显差别。

本征半导体通过掺杂形成杂质半导体，在禁带中引入施主和受主能级。局域束缚态的电子或空穴可采用类氢原子模型进行分析。半导体基本离子过程包括杂质电离、载流子复合和激子吸收三个过程。

在半导体领域中，一般定义一定温度下的化学势为费米能级，基于费米 - 狄拉克分布进行本征半导体热平衡载流子的统计分布分析，得到导带电子密度、空穴密度和禁带宽度与温度的

关系；联合导带电子载流子和价带空穴密度，结合导带上电子载流子的统计分布，得到质量作用定律。同样基于费米 - 狄拉克分布分析杂质半导体热平衡载流子的统计分布和费米能级。

杂质半导体载流子浓度和温度关系曲线分为三个区域：在低温区，载流子浓度随温度增加而增加；在中温区，载流子浓度几乎不随温度发生变化；在高温区，载流子又随温度增加而增加。综合考虑半导体载流子数量和迁移率及其与温度的关系，可以分析半导体的电导率。

将由同种本征半导体制备的 p 型和 n 型半导体接触，就构成了 p-n 结。p-n 结具有单向导通的特性，是众多半导体器件的核心。

离子导电可以看作是离子在电场作用下的扩散现象。温度一定时，扩散系数和离子迁移率成正比。温度以指数形式影响离子晶体电导率，温度增加，电导率升高。一般在高温区属于本征导电，在低温区属于杂质导电。离子性质和晶体结构可以通过改变导电激活能影响电导率。离子晶体的点缺陷可以增加离子的扩散性，提高离子的电导率。

思考题

1. 温度升高，金属、半导体和离子晶体电导率发生怎样的变化?

2. 试基于固体物理知识解释金属导电的微观机理。

3. 说出本征半导体、n 型半导体和 p 型半导体的能带结构。

4. 说出半导体中电子本征跃迁的条件。

5. 说出半导体质量作用定律。

6. 说出半导体载流子浓度随温度的变化趋势。

7. 分析半导体电导率随温度的变化趋势。

8. 说出 p-n 结特性和工作原理。

9. 离子晶体导电和扩散具有什么关系?

10 什么是快离子导电? 通过哪些措施可以提高离子晶体的导电性?

11. 分析半导体热平衡载流子的统计分布，并写出本征半导体、n 型半导体和 p 型半导体费米能级的分布。

第6章

电介质物理

本章提要

本章介绍电介质的基本理论。首先，讲述电介质在静电场中的介电行为，介绍电容和介电常数概念，阐述电介质极化机制、宏观极化强度与微观极化率的关系和克劳修斯－莫索提方程；其次，针对交变电场中电介质行为及介质损耗，介绍复介电常数与介质损耗，讲述电介质弛豫和频率响应，分析介电损耗和影响因素；最后，分析固体电介质的电导与击穿行为，介绍介电强度及其影响因素。

与导体、半导体相比，通常人们将电阻率大于 $10^9\Omega\cdot m$ 的一类材料称为绝缘体，并简单认为电介质材料就是绝缘体。严格讲，绝缘体是能够承受较强电场的电介质材料。除了绝缘特性以外，电介质是指电场作用下具有极化能力并在其中能够长期存在电场的物质。电介质对于电场的响应不同于金属导体。金属特点：存在自由电子，内部存在自由载流子，并以载流子传导的方式对外电场产生响应。但在电介质中只具有被束缚的电荷，在电场作用下不是以传导的方式而只能是感应的方式进行，正、负电荷受电场驱使形成正、负电荷中心不重合的电偶极子，通过这种方式感应方式来响应电场。本章将讲述电介质的极化行为及机制、交变电场下的极化损耗和介电强度理论。

6.1 静电场中的电介质行为

6.1.1 电容和介电常数

电容器作为存储电荷的元件，工作示意图如图6-1所示。电容是两个临近导体加上电压后存储电荷能力的量度，是表征电容器容纳电荷能力的物理量。

$$C=\frac{Q}{U} \tag{6-1}$$

式中　C——电容器的电容，F；

Q——电容器存储的电荷，C；

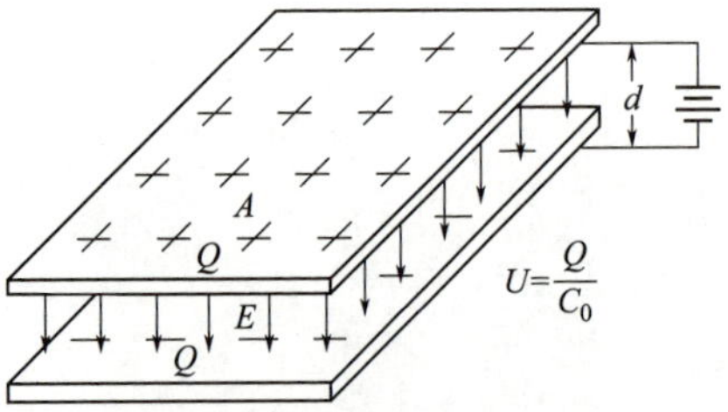

图6-1　电容器工作示意图

（C_0为电容器极板间为真空状态下的电容）

U——电压，V。

电容的单位是法拉，简称法，符号是 F。此外，还有毫法（mF）、微法（μF）、纳法（nF）和皮法（pF）。

电容器工作的核心指标是电容。电容可以写为

$$C=\frac{Q}{U}=\varepsilon\frac{A}{d} \tag{6-2}$$

式中 ε——与材料相关的常数，称为介电常数；

d——平板间的距离；

A——平板的面积。

可见，电容取决于两方面：材料因素和尺寸因素。

如极板间为真空状态，则

$$C_0=\frac{Q}{U}=\varepsilon_0 A/d \tag{6-3}$$

式中 ε_0——真空介电常数，$\varepsilon_0=8.85\times10^{-12}$F/m。

在平行板电容器间放置某些材料，会使电容器存储电荷的能力增加（如图 6-2 所示），即 $C>C_0$，这时有

$$C=\varepsilon_r C_0=\varepsilon_r\varepsilon_0 A/d \tag{6-4}$$

定义相对介电常数 ε_r

$$\varepsilon_r=\frac{C}{C_0}=\frac{\varepsilon}{\varepsilon_0} \tag{6-5}$$

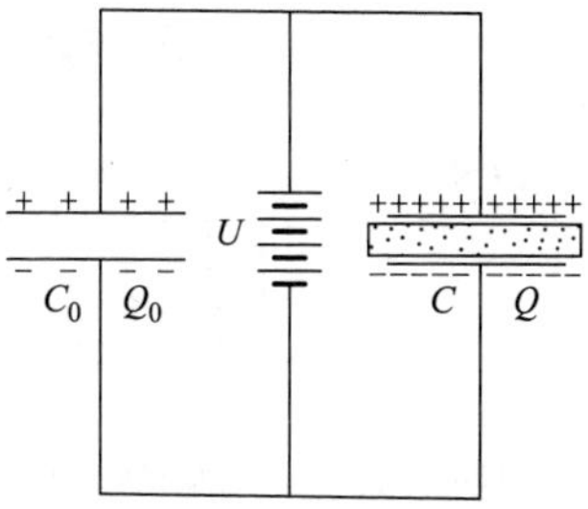

图 6-2 介电材料增加电容存储电荷的能力

介电常数 ε 又称为电容率（F/m）。

$$\varepsilon=\varepsilon_0\varepsilon_r \tag{6-6}$$

介电常数是描述某种材料放入电容器中增加电容器存储电荷能力的物理量。不同的材料具有不同的介电常数。表 6-1 给出了不同材料的相对介电常数。

表 6-1 不同材料的相对介电常数

材料	频率/Hz	相对介电常数
二氧化硅玻璃	$10^2\sim10^{10}$	3.78
金刚石	0	6.6
α-SiC	0	9.70
多晶 ZnS	0	8.7
聚乙烯	60	2.28
聚氯乙烯	60	3.0
聚甲基丙烯酸甲酯	60	3.5
钛酸钡	10^6	3000
刚玉	60	9

如上所述，极板间放入电介质的电容器的电荷 Q 和电容 C 会增大。增大的原因在于电介质产生极化现象。在真空平板电容器中，嵌入一块物质，加入外电场时，在正极板附近的介质表面会感应出负电荷，负极板附近的介质表面会感应出正电荷，因此这些电荷为感

6

应电荷，又因为其具有不可动性，又称为束缚电荷。极化现象为电介质在电场作用产生束缚电荷的现象。图 6-3 给出了电介质的极化过程。这些放在平板电容器中增加电容的电介质材料称为介电材料。很显然，介电材料属于电介质。

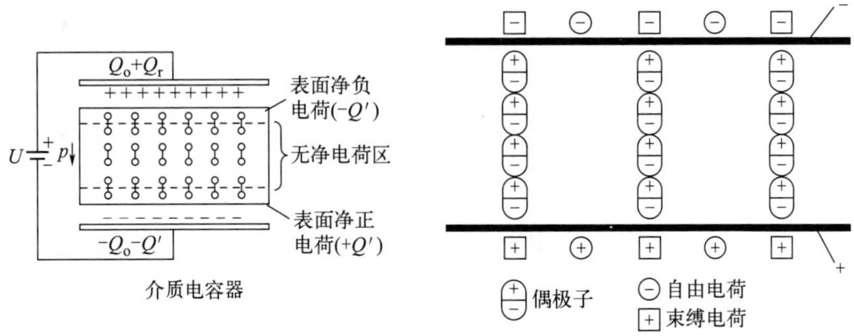

图 6-3 电介质的极化过程

Q_0—极板间没有介电材料时极板存储的电荷；p—极化强度

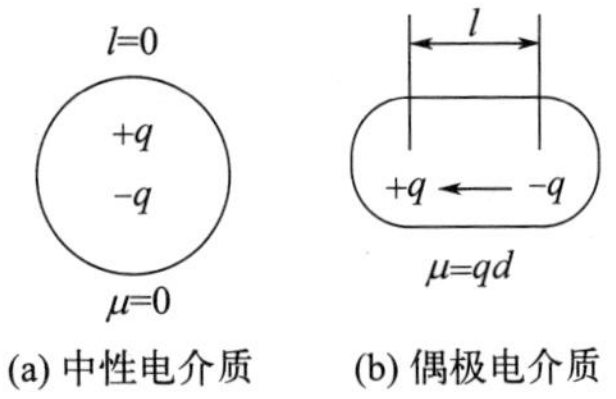

图 6-4 电偶极矩形成的示意

带有等量异号电荷并且相距一段距离的荷电质点，会产生电偶极矩，如式（6-7）所示。图 6-4 为电偶极矩形成的示意图。极性分子电介质，由于分子的正负电荷中心不重合，存在电偶极矩；非极性分子电介质，由于外界作用，正负电荷中心瞬时分离，也产生电偶极矩。

$$\mu=ql \tag{6-7}$$

式中 q——所含的电量；

l——正负电荷的距离。

电偶极子为具有一个正极和一个负极的分子或结构。与外电场相垂直的电介质表面分别出现的正负电荷，不能自由移动，也不能离开，总保持电中性。这样的电荷称为极化电荷。单位体积内的电偶极矩称为极化强度，如式（6-8）所示。极化强度是电介质极化程度的量度，数值上等于分子表面电荷密度 σ。

$$P=\frac{\sum\mu}{V} \tag{6-8}$$

式中 $\sum\mu$——电介质中所有电偶极矩的和；

V——体积；

P——极化强度，C/m^2。

极化强度和实际有效电场有关，实际电场包括外加电场和极化电荷自身的电场。

$$P=\chi_e\varepsilon_0 E \tag{6-9}$$

式中 E——实际的电场强度；

χ_e——极化率，不同材料具有不同的值。

可以证明

$$\chi_e=\varepsilon_r-1 \tag{6-10}$$

所以有

$$P=\varepsilon_0 E(\varepsilon_{\rm r}-1) \tag{6-11}$$

电位移 D 为

$$D=\varepsilon_0 E+P \tag{6-12}$$

代入（6-11）得

$$D=\varepsilon_0 E+P=\varepsilon_0 E+\varepsilon_0 E(\varepsilon_r-1)=\varepsilon_0 E\varepsilon_r=\varepsilon E \tag{6-13}$$

可见，在各向同性的电介质中，电位移等于场强的 ε 倍。

6.1.2 电介质极化机制

既然在外电场作用下电介质会产生极化行为，那么极化行为是如何产生的？这就需要了解电介质的极化机制。在外电场作用下产生电偶极矩或使已经产生的电偶极矩定向排列显示出宏观效果的过程为电介质的极化过程。电介质在外加电场作用下产生极化强度，实际上是电介质微观上各种极化机制作用的结果。电介质极化的机制包括电子极化、离子极化、电偶极子取向、空间电荷极化，分别对应电子、离子、分子和空间电荷情况。定义微观极化率为单位电场作用下，某种机制产生的电偶极矩的大小，如式（6-14）所示。

$$\alpha=\frac{\mu}{E_{\rm loc}} \tag{6-14}$$

式中 α——微观极化率；

μ——电偶极距；

$E_{\rm loc}$——局部电场。

6.1.2.1 位移极化

位移极化是由电子或离子位移产生电偶极矩而产生的极化，分为电子位移极化和离子位移极化。

（1）电子位移极化

一个原子，包括带正电的原子核和带负电的核外电子。在没有外加电场时，原子核和核外电子二者不但所带的电荷量相等，而且正负电荷的中心也重合。材料在外电场的作用下，原子中的电子云将偏离带正电的原子核这个中心，原子就成为一个暂时的感应的偶极子（如图 6-5 所示）。

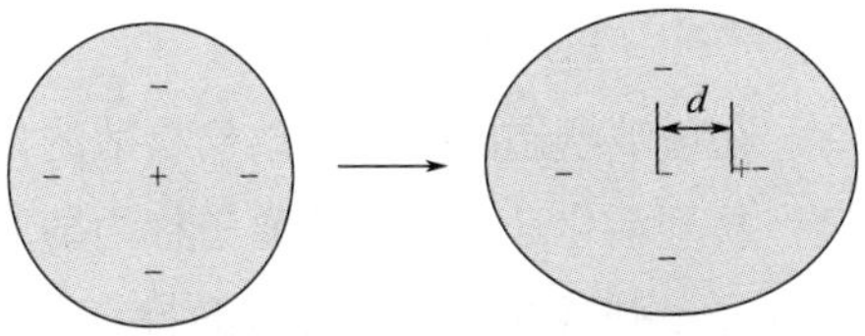

图 6-5 电子位移极化示意图

电子位移极化具有以下特点：可以在光频下进行，响应时间为 10^{-14}～10^{-10}s；具有可逆性，且在此过程中不消耗能量；与温度无关；产生于所有材料中。显然，电子极化率的大小与原子（离子）的半径有关，可由式（6-15）表达。

$$\alpha_{\rm e}=\frac{4}{3}\pi\varepsilon_0 R^3 \tag{6-15}$$

式中 $\alpha_{\rm e}$——电子位移极化微观极化率；

ε_0——真空介电常数；

R——原子半径。

（2）离子位移极化

如果晶体中存在正离子和负离子，在没有外加电场时，晶体中负离子和正离子所带的

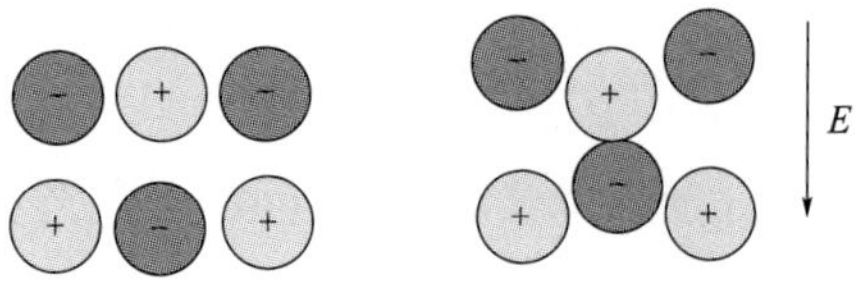

图 6-6　**离子位移极化示意图**

正负电荷的中心是重合的。如果施加电场作用，晶体中负离子和正离子相对于它们的正常位置发生位移，正负电荷的中心不再重合，因此形成一个感生偶极矩。这样的极化过程称为离子位移极化。图6-6为离子位移极化过程示意图。离子位移极化具有以下特点：可逆性；反应时间很短，为 10^{-13}～10^{-12}s；温度升高，极化增强；产生于离子结构电介质中。

离子位移微观极化率 α_{a} 可以写为

$$\alpha_{\mathrm{a}}=\frac{a^3}{n-1}4\pi\varepsilon_0 \tag{6-16}$$

式中　a——晶格常数；

n——电子层斥力指数，离子晶体 n 为 7～11。

6.1.2.2　弛豫极化

弛豫极化由外加电场作用于弱束缚荷电粒子造成，与带电质点的热运动密切相关。热运动使这些质点分布混乱，而电场使它们有序分布，平衡时建立了极化状态。弛豫极化为非可逆过程。类似于位移极化，弛豫极化也可以分为电子弛豫极化和离子弛豫极化。

（1）电子弛豫极化

晶格的热运动、晶格缺陷、杂质、化学成分局部改变等因素，使电子能态发生改变，导致位于禁带中的局部能级中出现弱束缚电子（如前文所述，一个负离子空位俘获一个电子形成的“F 心”等）。在热运动和电场作用下建立相应的极化状态。电子弛豫极化具有不可逆的特点，反应时间为 10^{-9}～10^{-2}s，电子弛豫机制多产生于以 Nb、Bi、Ti 为基的氧化物陶瓷中，这种机制产生的电偶极矩随温度提高先增加后减小，具有一极大值。

（2）离子弛豫极化

在玻璃状态的物质、结构松散的离子晶体中的杂质或缺陷区域，某些离子自身能量较高，易于活化迁移，这些离子称为弱联系离子。由弱联系离子在电场和热作用下建立的极化为离子弛豫极化。其具有的特点为：不可逆；反应时间为 10^{-5}～10^{-2}s；随温度变化有极大值。

离子弛豫极化的极化率 $\alpha_{\mathrm{T}}^{\mathrm{a}}$ 可以写为

$$\alpha_{\mathrm{T}}^{\mathrm{a}}=\frac{q^2\delta^2}{12k_{\mathrm{B}}T} \tag{6-17}$$

式中　q——离子荷电量；

δ——弱离子电场作用下的迁移距离。

6.1.2.3　取向极化

取向极化又叫分子极化（或偶极子极化），指在外电场作用下，沿外场方向的偶极子数大于与外场反向的偶极子数，这时电介质整体出现宏观偶极矩的现象。这种极化与永久偶极子的排列取向有关。取向极化的主体是极性分子。在没有电场的时候，永久偶极子的取向是杂乱无章的，其形成的宏观电矩为零。取向极化的过程是在外场作用下已经存在的电偶极子产生宏观极化效果的过程（如图 6-7 所示）。其中，热运动使电偶极子运动无序化，电场则使电偶极子运动有序化。二者在某一时刻达到平衡状态。取向极化的效果可以写为

$$\alpha_{\mathrm{d}} = \frac{<\mu_0^2>}{3k_{\mathrm{B}}T} \tag{6-18}$$

式中　$<\mu_0^2>$——无外电场时的均方偶极矩；

T——温度；

k_{B}——玻尔兹曼常数。

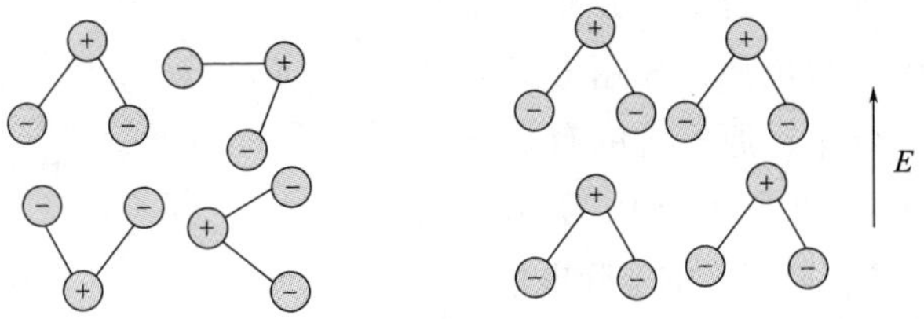

图 6-7　**取向极化示意图**

取向极化机制在包括硅酸盐在内的离子键化合物与极性聚合物中是普遍存在的。取向极化机制具有以下特点：响应时间 10^{-10}～10^{-2}s；这种极化在去除电场后能保存下来，因此涉及的偶极子是永久性的；随温度变化有极大值。

6.1.2.4　空间电荷极化

如果在电介质中存在可移动载流子和某些物理阻碍，那么可移动载流子受到电场作用会发生移动，并受阻于物理阻碍，这些携带电荷的载流子会在物理阻碍前聚集，形成电偶极矩而产生极化现象。物理阻碍包括晶界、相界、自由表面和缺陷。空间极化机制的特点：反应时间很长，几秒到数十分钟；随温度升高而减弱；存在于结构不均匀的陶瓷电介质中。图 6-8 为空间电荷极化过程的示意图。

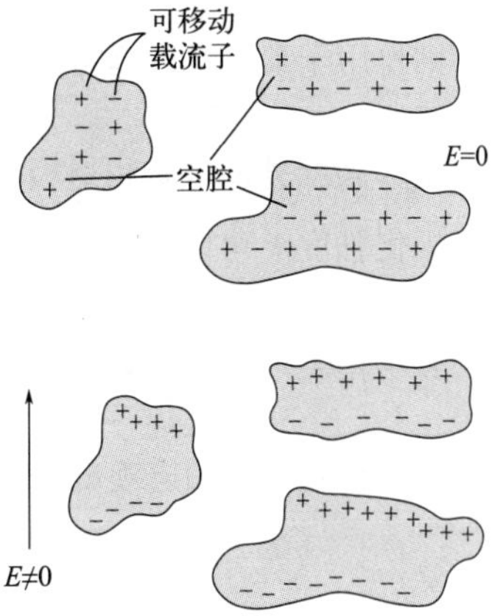

图 6-8　**空间电荷极化过程的示意图**

电介质的极化机制有多种。总的极化强度是上述各种机制作用的总和。显然，材料的组织结构显著影响了极化机制和极化效果，如离子极化、取向极化主要取决于原子种类和键合类型，空间电荷极化则受面缺陷影响。同时，外电场的频率也影响了具体的极化机制。如上所述，某种特定的极化机制是在一定的时间量级内发生的，只有在某个领域频率范围内才有显著的贡献。电子极化和离子极化不但对材料的介电性能有影响，也直接影响材料的光学性能。而取向极化和空间电荷极化主要影响材料的介电性能。图 6-9 给出了各种极化机制作用频段和对介电和光学性质的影响。

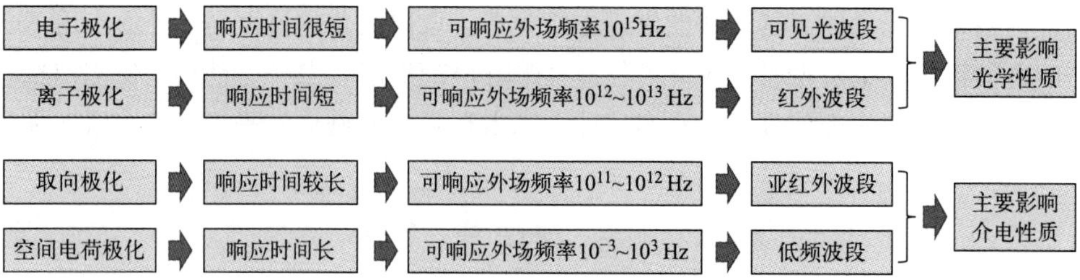

图 6-9 **极化机制与作用频段**

6.1.3 宏观极化强度和微观极化率的关系

前文所述，实际上作用于分子、原子上的有效电场除外加电场外，还包括电介质极化形成的退极化场和周围的荷电质点作用形成的局部电场。真正作用于分子、原子上的有效电场为上述电场作用之和，如式（6-19）所示。图6-10给出了作用于分子、原子上的实际电场。

$$E_{\text{loc}}=E_0+E_{\text{d}}+E_{\text{i}} \tag{6-19}$$

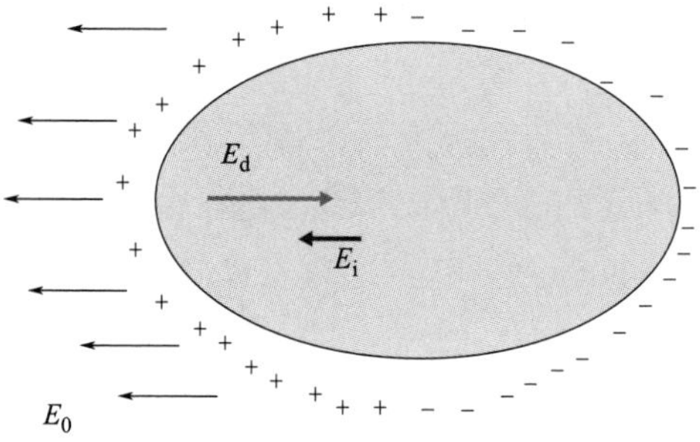

图 6-10 **作用于分子、原子上的实际电场**

式中 E_0——外加电场；

E_{d}——退极化场；

E_{i}——周围的荷电质点作用形成的局部电场。

计算表明，某点附近荷电质点作用形成的局部电场可以采用极化球形腔模型进行计算，其大小为

$$E_{\text{i}}=\frac{P}{3\varepsilon_0} \tag{6-20}$$

则作用于某点附近真实的电场为

$$E_{\text{loc}}=E_{\text{宏观}}+\text{P}/(3\varepsilon_0) \tag{6-21}$$

$E_{\text{宏观}}$ 包括外加电场和退极化场。

极化强度 P 可以写为单位体积电介质在实际电场作用下所有电偶极矩的总和，即

$$P=\sum N_i\bar{\mu}_i \tag{6-22}$$

对于每一种微观机制，有

$$\bar{\mu}_i=\alpha_i E_{\text{loc}} \tag{6-23}$$

根据极化强度和宏观电场的关系，有

$$P=\sum N_i\,\alpha_i E_{\text{loc}} \tag{6-24}$$

又

$$P=\varepsilon_0(E_0+E_{\text{d}})(\varepsilon_{\text{r}}-1) \tag{6-25}$$

综上，有

$$\frac{\varepsilon_{\text{r}}-1}{\varepsilon_{\text{r}}+2}=\frac{1}{3\varepsilon_0}\sum_i N_i\alpha_i \tag{6-26}$$

式中 N_i——单位体积第 i 种偶极子数目；

α_i——第 i 种偶极子电极化率。

引入前文所述的微观机制的极化率，将式（6-26）展开。这儿仅考虑电子位移极化、

离子位移极化、取向极化和空间电荷极化四种机制，则有

$$\frac{\varepsilon_r - 1}{\varepsilon_r + 2} = \frac{1}{3\varepsilon_0}\sum_i (N_1\alpha_1 + N_2\alpha_2 + N_3\alpha_3 + N_4\alpha_4) \tag{6-27}$$

式（6-26）为克劳修斯 - 莫索提方程。式（6-26）左侧对应宏观的极化效果，右侧对应微观极化机制。显然，克劳修斯 - 莫索提方程将宏观角度的介电常数和微观角度的极化机制及其微观极化率联系起来，这对于理解电介质的极化机制有重要的作用。

6.2 交变电场中电介质行为及介质损耗

前文我们讲述了电介质在静电场下的极化行为。事实上，电介质更多地在交变电场作用下工作，因此电介质的动态特性具有更重要的意义。在交变电场作用下，电介质实际工作中出现介质损耗，使得相关极化性质变得复杂。这一节将介绍交变电场中电介质行为及介质损耗。

6.2.1 复介电常数与介质损耗

理想情况下，对于平板式真空电容器有

$$C_0 = \varepsilon_0 A/d \tag{6-28}$$

施加角频率为$2f$的交流电压，即

$$U = U_0 e^{i\omega t} \tag{6-29}$$

则有

$$Q = C_0 U \tag{6-30}$$

其回路电流为

$$I_c = \frac{dQ}{dt} = \frac{d(C_0 U_0 e^{i\omega t})}{dt} = i\omega C_0 U_0 e^{i\omega t} = i\omega C_0 U \tag{6-31}$$

可见，电容电流I_c超前电压 U 相位 90°。

对于极板间为相对介电常数ε_r的介电材料，材料为理想介电质，有

$$C = \varepsilon_r C_0 \tag{6-32}$$

可得

$$I' = \varepsilon_r I'_c \tag{6-33}$$

由式（6-33）可见，理想情况下的电流相位仍超前电压 90°。

实际材料，存在漏电等因素，与理想情况下有所不同。在实际电容器中，除了电容电流I_c外，还有与电压同相位的电导分量 GU，在电压 U 作用下

$$I_R = GU = \frac{U}{R} = \frac{U}{\rho\frac{d}{A}} = \sigma\frac{A}{d}U \tag{6-34}$$

式中 G——电导，G=1/R，R 为电阻，R=$\rho d/A$。

则总电流应为这两部分的矢量和，即

$$I = i\omega CU + GU = (i\omega C + G)U \tag{6-35}$$

又有

$$G = \sigma A/d \tag{6-36}$$

$$C = \varepsilon_0 \varepsilon_r A/d \tag{6-37}$$

6

则有

$$I=(\mathrm{i}\omega\varepsilon_0\varepsilon_{\mathrm{r}}A/d+\sigma A/d)U=(\mathrm{i}\omega\varepsilon_0\varepsilon_{\mathrm{r}}+\sigma)\frac{A}{d}U \tag{6-38}$$

令$\sigma^*=\mathrm{i}\omega\varepsilon_0\varepsilon_{\mathrm{r}}+\sigma$为复电导率，式（6-38）两侧同除以$A$，并利用$J=I/A$，$E=v/d$，得到电流密度$J$为

$$J=\sigma^* E \tag{6-39}$$

真实的电介质平板电容器的总电流由理想电容充电所造成的电流I_{c}、电容器真实电介质极化建立的电流I_{ac}和电容器真实电介质漏电流I_{dc}组成。总电流超前电压（90°−δ），其中δ为损耗角。图 6-11 给出了非理想电介质充电、损耗和总电流矢量图。

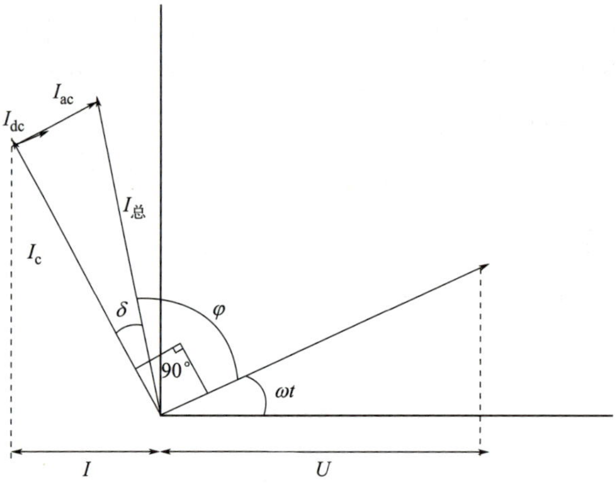

图 6-11　非理想电介质充电、损耗和总电流矢量图

下面从电容器充放电和复介电常数的角度重新考察电介质平板电容器的总电流。定义复介电常量ε^*和$\varepsilon_{\mathrm{r}}^*$，有

$$\varepsilon^*=\varepsilon'-i\varepsilon'' \tag{6-40}$$

$$\varepsilon_{\mathrm{r}}^*=\varepsilon_{\mathrm{r}}'-i\varepsilon_{\mathrm{r}}'' \tag{6-41}$$

分析前述总电流，则有

$$C=\varepsilon_{\mathrm{r}}^* C_0 \tag{6-42}$$

$$Q=CU=\varepsilon_{\mathrm{r}}^* C_0 U \tag{6-43}$$

并且

$$I=\frac{\mathrm{d}Q}{\mathrm{d}t}=C\frac{\mathrm{d}U}{\mathrm{d}t}=\varepsilon_{\mathrm{r}}^* C_0\mathrm{i}\omega U=(\varepsilon_{\mathrm{r}}'-\mathrm{i}\varepsilon_{\mathrm{r}}'')C_0\mathrm{i}\omega U \tag{6-44}$$

$$I=\mathrm{i}\omega\varepsilon_{\mathrm{r}}'C_0U+\omega\varepsilon_{\mathrm{r}}''C_0U \tag{6-45}$$

式（6-38）与式（6-45）是对应的。式（6-45）中，右侧第 1 项为电容充放电过程，第 2 项与电压同相位，对应能量损耗部分。$\varepsilon_{\mathrm{r}}''$为相对损耗因子，$\varepsilon''=\varepsilon_0\varepsilon_{\mathrm{r}}''$为介质损耗因子。

定义介质损耗因子为损耗角正切值，即

$$\tan\delta=\frac{损耗项}{电容项}=\frac{\varepsilon''}{\varepsilon'}=\frac{\varepsilon_{\mathrm{r}}''}{\varepsilon_{\mathrm{r}}'}=\frac{\sigma}{\omega\varepsilon'} \tag{6-46}$$

介质损耗因子是频率、温度及材料原子尺度结构的复杂函数，表示存储电荷消耗的能量大小。

定义电介质的品质因数：

$$Q=(\tan\delta)^{-1} \tag{6-47}$$

在高频绝缘条件下，Q 越大表示介电材料在交变电场作用下循环一个周次消耗的能量越少。表 6-2 给出了部分陶瓷的损耗角正切值。

表 6-2　部分陶瓷的损耗角正切值（f=10^6Hz，T=293K）

瓷料	金红石	钛酸钙	钛酸锶	钛酸镁	钛酸锆	锡酸钙
$\tan\delta/10^{-4}$	4～5	3～4	3	1.7～2.7	3～4	3～4

6.2.2　电介质弛豫和频率响应

在交变电场作用下，电介质建立极化状态需要一定的时间，发生弛豫现象。一个宏观系统可能由于周围环境的变化或经受了一个外界作用而变成非热平衡状态。对于这个非平衡态系统，经过一定时间由非热平衡状态过渡到新的热平衡状态的过程称为弛豫。从统计意义上说，系统的粒子是按某种能量分布规律来表征的，通常符合玻尔兹曼分布。弛豫过程是系统中微观粒子由于相互作用而交换能量，最后达到稳态分布的过程。因此弛豫过程的宏观规律取决于系统中微观粒子相互作用的性质。对于凝聚态电介质，电偶极矩之间存在很强的相互作用，介电弛豫现象显著。介质在交变电场中通常发生弛豫现象，在实际的介质样品上突然加上电场，所产生的极化过程不是瞬时的，而是渐渐达到稳定值。如图 6-12 所示，P_0 代表瞬时建立的极化（位移极化），P_1 代表松弛极化，松弛极化为时间的函数，松弛极化强度渐渐达到稳定值 $P_{1\infty}$。松弛极化一般由偶极子极化和空间电荷极化所致。这种在外电场施加或移除后系统逐渐达到平衡状态的过程称为介质弛豫。

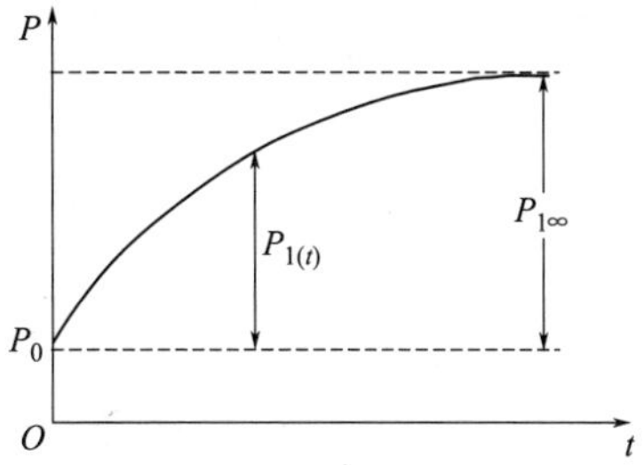

图 6-12　介质的弛豫过程

电介质完成极化所需要的时间为弛豫时间，一般用介电弛豫时间常数表示。

交变电场作用下，电介质的电容率与电场频率相关，具体的关系可以用德拜方程来描述：

$$\begin{aligned}\varepsilon_r' &= \varepsilon_{r\infty}+\frac{\varepsilon_{rs}-\varepsilon_{r\infty}}{1+\omega^2\tau^2}\\ \varepsilon_r'' &= (\varepsilon_{rs}-\varepsilon_{r\infty})\left(\frac{\omega\tau}{1+\omega^2\tau^2}\right)\\ \tan\delta &= \frac{(\varepsilon_{rs}-\varepsilon_{r\infty})\omega\tau}{\varepsilon_{rs}+\varepsilon_{r\infty}\omega^2\tau^2}\end{aligned} \tag{6-48}$$

式中　ε_{rs}——静态或低频下的相对介电常数；

$\varepsilon_{r\infty}$——光频下的相对介电常数。

德拜方程说明，相对介电常数（实部和虚部）随所加电场的频率而变化。在低频时，相对介电常数基本与频率无关；当 $\omega\tau$=1 时，ε'' 具有极大值；当 $\omega\tau=(\varepsilon_{r0}/\varepsilon_{r\infty})^{1/2}$时，$\tan\delta$ 有极大值。介电常数与温度有关，温度通过影响弛豫时间 τ 而影响介电常数。不同极化机制的弛豫时间不同，因此在交变电场频率极高时，弛豫时间长的极化机制来不及响应，对总的极化强度没有贡献。

图 6-13 给出了电介质极化强度和介电损耗与频率的关系。可见，在外电场高频阶段仅有电子位移极化产生；随外场频率降低，离子位移极化发生作用；外场频率再降低，偶极子极化机制发生作用；在外场频率很低时，空间电荷极化机制才起作用。从极化强度和介电常数看，极化强度和介电常数随着频率的降低而升高。同时可以观察到，在偶极子极化阶段、离子位移极化阶段、电子位移极化阶段均存在吸收峰。

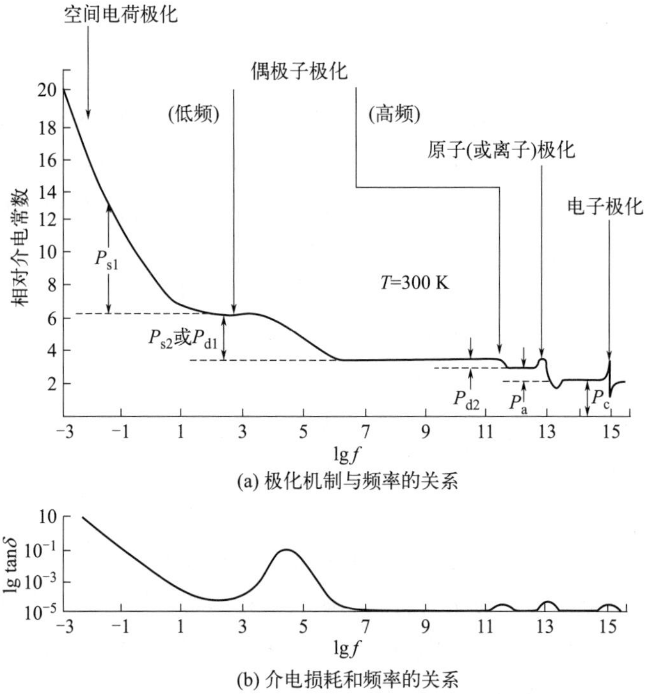

图 6-13　电介质极化机制和介电损耗与频率的关系

6.2.3　介电损耗分析

电介质在恒定电场作用下所损耗的能量与通过其内部的电流有关。由样品的几何电容的充电所产生的电流为电容电流，不损耗能量；由介质的电导产生的电流，与自由电荷有关，引起的损耗为电导损耗；由各种介质极化建立所产生的电流，与弛豫极化等有关，引起的损耗为极化损耗。一般情况下极化损耗占主导地位。极化损耗主要与极化的弛豫过程有关，是缓慢极化过程引起的能量损耗，在交变电场作用下，电偶极矩的取向跟不上电场变化，产生介质损耗。这种损耗与外加电场的频率和温度有关，在一定的频率和温度下介质损耗达到极大值。

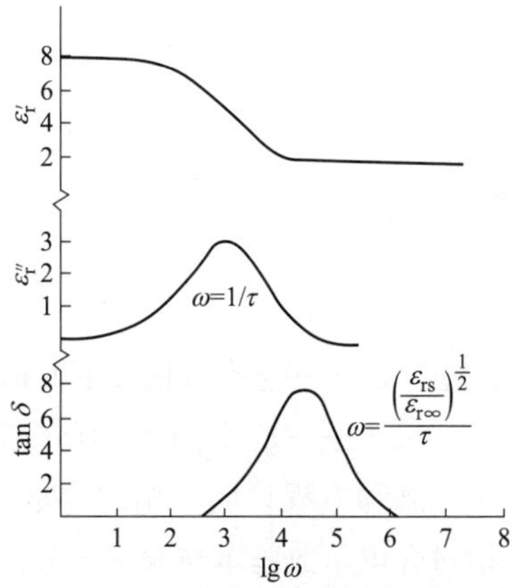

图 6-14　介电常数与频率的关系

通过分析德拜方程，可以得到极化损耗和频率的关系。图 6-14 给出了电介质介电常数与频率的关系。基本规律如下：a. ω 很小时，$\omega \to 0$，各种极化机制均跟上电场的变化，不存在极化损耗。介质损耗主要由电介质的漏电引起，与频率无关。b. 外加电场的频率增加至某一值时，弛豫极化跟不上电场变化，则随 ω 增加，ε_r 减小。因为 ω 很小，在这一范围内 $\tau\omega \ll 1$，随 ω 增加，ε'' 增加，$\tan\delta$ 增加。c. ω 很高时，ε_r 趋向 ε_∞，趋向最小值，由于此时 $\tau\omega \gg 1$，随 ω 增加，ε'' 减小，$\tan\delta$ 减小。d. 在 $\omega = 1/\tau$ 时，ε'' 减小有极大值，而 $\tan\delta$ 在 ω_m 时有极值。

$$\omega_m = \frac{1}{\tau}\sqrt{\frac{\varepsilon_{rs}}{\varepsilon_{r\infty}}} \tag{6-49}$$

式中 ω_m——$\tan\delta$ 取极值时的频率。

同样，通过德拜方程，也可以分析介电损耗和温度的关系。温度是通过影响弛豫时间影响介电损耗的。温度越高，弛豫时间越短。图 6-15 给出了电介质介电常数与温度的关系。基本规律有：a. 温度很低时，τ 较大，此时 $\omega^2\tau^2 \gg 1$，由德拜方程可以得到

$$\tan\delta \propto \frac{1}{\omega\tau}, \varepsilon_r' \propto \frac{1}{\omega^2\tau^2} \tag{6-50}$$

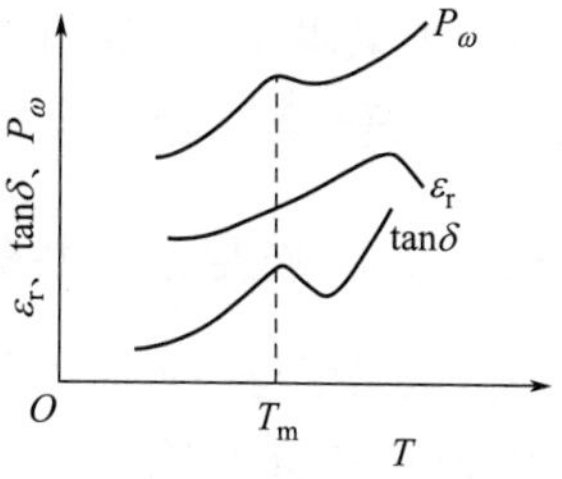

图 6-15 介电常数与温度的关系
（P_ω 为损耗的功率）

可见，温度升高，τ 减小，则 ε_r' 和 $\tan\delta$ 增加；b. 温度很高时，τ 较小，此时 $\omega^2\tau^2 \ll 1$，这时由式（6-48）可知，$\varepsilon_r \propto \omega\tau$，$\tan\delta \propto \omega\tau$，温度升高，$\tau$ 减小，则 ε_r 和 $\tan\delta$ 减小，P_ω 也减小；c. 结合前文可知，ε_r 和 $\tan\delta$ 随温度升高先增加又减小，一定存在极大值；d. 温度很高时，离子振动很大，离子迁移受热振动阻碍增大，极化减弱，ε_r 减小，电导急剧上升，故 $\tan\delta$ 也增大。

6.3 固体电介质的电导与击穿

6.3.1 介电强度

当电场强度超过某一临界值时，介质由介电状态变为导电状态。这种现象称介电强度的破坏，或叫介质的击穿。介质击穿时，相应的临界电场强度称为介电强度，或称为击穿电场强度。介电强度实际上是一种介电材料在不发生击穿或者放电的情况下承受的最大电场。

$$E_{max} = (U/d)_{max} \tag{6-51}$$

通常，凝聚态绝缘体的击穿电场范围为 $10^5 \sim 5\times10^6$V/cm。

介电强度依赖于材料的厚度，厚度减小，介电强度增加，其由测试区域中出现的临界裂纹的概率决定。介电强度还与环境温度和气氛、电极形状、材料表面状态、电场频率和波形、材料成分和孔隙、晶体各向异性、非晶态结构等因素有关。根据电介质绝缘性能的破坏，电介质的击穿分为四类，即电击穿、热击穿、局部放电和化学击穿。表 3-2 给出了一些电介质的介电强度。

表 6-3 一些电介质的介电强度 单位：10^6V/cm

电介质	介电强度	电介质	介电强度
Al_2O_3(0.03mm)	7.0	$BaTiO_3$(0.02cm，单晶)	0.04
Al_2O_3(0.6mm)	1.5	$BaTiO_3$(0.02cm，多晶)	0.12
Al_2O_3(0.63cm)	0.18	环氧树脂	160 ~ 200
云母(0.002cm)	10.1	聚苯乙烯	160
云母(0.006cm)	9.7	硅橡胶	220

电场强度高时会形成电流脉冲发生击穿，由此产生点坑、孔洞和通道来将电介质连通，称为电击穿。电击穿发生于材料的表面，表面水分或污染杂质增加了击穿的可能性。电击穿是一种集体现象，实质为能量通过其他粒子（如已经从电场中获得了足够能量的电子和离子）传送到被击穿的组分中的原子或分子上。

6.3.2 介电强度影响因素

介电强度与很多因素有关。其中，重点介绍介质不均匀性、气相、表面状态及边缘电场对介电强度的影响。

（1）介质不均匀

无机材料常为不均匀介质，存在晶相、玻璃相和气孔等。这使无机材料的击穿性质与均匀材料有很大的不同。不均匀介质最简单的情况是双层介质。设双层介质具有各不相同的电性质，ε_1、σ_1、d_1 和 ε_2、σ_2、d_2 分别代表第一层和第二层的介电常数、电导率、厚度。若在此系统上加直流电压 U，则各层内的电场强度 E_1、E_2 为

$$\begin{cases} E_1 = \dfrac{\sigma_2(d_1+d_2)}{\sigma_1 d_2+\sigma_2 d_1}\times E \\ E_2 = \dfrac{\sigma_1(d_1+d_2)}{\sigma_1 d_2+\sigma_2 d_1}\times E \end{cases} \tag{6-52}$$

上式表明，电导率小的介质承受场强高，电导率大的介质承受场强低。在交流电压下也有类似的关系。如果 σ_1 和 σ_2 相差甚大，则必然其中一层的电场强度将大于平均场强 E，这一层可能首先达到击穿强度而被击穿。这一层被击穿，就会增加另一层承受的电压，且电场也会发生畸变，结果另一层也随之击穿。由此可见，材料的不均匀性可能引起击穿场强的降低。陶瓷中的晶相和玻璃相的分布可看成多层介质的串联和并联，因此上述的分析方法同样适用。

（2）材料中气相的作用

材料中含有气相时，气相的 ε 及 σ 很小，因此加上电压后气泡承受的电场强度较高。而气泡本身的介电强度比固体介质要低得多（一般空气的介电强度 $E_b \approx$ 33kV/cm，而陶瓷的 $E_b \approx$ 80kV/cm)，所以首先气泡击穿，引起气体放电（电离），产生大量的热，容易引起整个介质击穿。由于在产生热量的同时，形成相当高的内应力，材料也易丧失机械强度而被破坏，这种击穿称为电 - 机械 - 热击穿。

（3）**材料表面状态及边缘电场**

固体介质的表面放电属于气体放电。固体介质常处于周围气体媒质中，击穿时，常发现介质本身并未击穿，但有火花掠过它的表面，这就是表面放电。固体介质材料不同，表面放电电压也不同。陶瓷介质由于介电常数大、表面吸湿等原因，引起离子式高压极化（空间电荷极化），使表面电场畸变，降低表面击穿电压。固体介质与电极接触不好，则表面击穿电压也会降低。电场频率不同，表面击穿电压也不同，频率升高，击穿电压降低。

电极边缘常发生电场集中，发生电场极变，使边缘局部电场强度升高，导致击穿电压下降。影响因素有电极周围媒质、电场的分布（电极的形状、相互位置）和材料的介电常数与电导率等。

本章小结

电容器是存储电荷的元件，电容是表征电容器容纳电荷能力的物理量，是两个邻近导体加上电压后存储电荷能力的量度。电容取决于两方面：材料因素和尺寸因素。材料因素ε是介电常数，代表介电材料在电场中被极化的能力；尺寸因素 d 和 A 分别为平板间的距离和平行板的面积。不同的材料具有不同的介电常数。

电介质材料在电场中发生极化现象，表面产生束缚电荷。单位体积内的电偶极矩称为极化强度，数值上等于表面束缚电荷的密度，极化强度和实际有效电场成正比，比例系数为电极化率。在外电场作用下产生电偶极矩或使已经产生的电偶极矩显示出宏观效果的过程为电介质的极化过程。电介质在外加电场作用下产生极化强度，实际上是电介质微观上各种极化机制作用的结果。电介质极化的机制包括电子极化、离子极化、电偶极子取向、空间电荷极化。克劳修斯-莫索提方程将宏观角度的介电常数和微观角度的极化机制及其微观极化率联系起来，这对于理解电介质的极化机制有重要的作用。

在交变电场作用下，电介质出现介质损耗，提出复介电常数和复电导率的概念，用损耗角正切值表示介质损耗因子。介质损耗因子是温度、材料原子尺度结构的复杂函数，表示交变电场下存储电荷消耗的能量大小。对于凝聚态电介质，电偶极矩之间存在很强的相互作用，介质在交变电场中通常发生弛豫现象。电介质完成极化所需要的时间为弛豫时间。交变电场作用下，电介质的电容率与电场频率相关，具体的关系可以用德拜方程来描述。电介质在恒定电场作用下所损耗的能量与通过其内部的电流有关。由介质电导产生的电流，与自由电荷有关，引起的损耗为电导损耗；由各种介质极化建立所产生的电流，与弛豫极化等有关，引起的损耗为极化损耗。一般情况下极化损耗占主导地位。极化损耗与外加电场的频率和温度有关，在一定的频率和温度下介质损耗达到极大值。

当电场强度超过某一临界值时，介质由介电状态变为导电状态。这种现象称介电强度的破坏，或叫介质的击穿。介质击穿时，相应的临界电场强度称为介电强度。介电强度依赖于材料的厚度，厚度减小，介电强度增加；介电强度还与环境温度和气氛、电极形状、材料表面状态、电场频率和波形、材料成分和孔隙、晶体各向异性、非晶态结构等因素有关。

思考题

1. 什么是电介质极化？电介质极化包括哪几种？受哪些因素影响？

2. 什么是固体电介质击穿？分为哪几类？

3. 固体电介质击穿受什么因素影响？

4. 如果A原子的原子半径为B原子的两倍，那么在其他条件都相同的情况下，A原子的电子位移极化率大约是B原子的多少倍？

5. 试通过德拜方程，分析介电常数和介电损耗与外场频率的关系。

6. 试通过德拜方程，分析外场频率一定时，介电常数和介电损耗与温度的关系。

7. 什么是极化强度？什么是电极化率？什么是介电常数？相对介电常数和电极化率有什么关系？

第 7 章 铁电物理

本章提要

本章主要介绍铁电物理的基本内容。首先，讲述压电性能，介绍压电效应与压电材料、论述压电效应产生机制和压电体结构条件、介绍常见的压电材料及应用；之后，讲解热释电性能，介绍热释电效应，讲述热释电效应产生机制和热释电体结构条件；最后，重点讲述了铁电性能，介绍铁电效应，讲述铁电相变与晶体的结构变化，阐明了铁电效应的微观机制，包括位移型铁电体和有序 - 无序型铁电体微观机制。

电介质作为材料，主要用于电子工程的绝缘材料、电容器材料和封装材料。但是，某些电介质材料除了具有电介质的共性，还可能具有压电性、热释电性和铁电性等特殊性质。这些具有特殊性质的材料可以用作传感器、驱动器，是传感、探测、自控技术的基础，同时，在光学、声学和红外探测领域也发挥独特的作用。这些电介质之所以具有特殊的性质，取决于自身的特殊结构。本章主要介绍与压电、热释电和铁电材料有关的物理基础。

7.1 压电性能

7.1.1 压电效应与压电材料

晶体受到机械作用力时，在一定方向的表面上会出现数量相等、符号相反的束缚电荷；作用力反向时，表面荷电性质亦相反，而且在一定范围内电荷密度与作用力成正比。这种由机械能转化为电能的过程，为正压电效应。反之，当晶体在外加电场作用下，晶体的某些方向上产生形变，其形变与电场强度成正比，这种效应称为逆压电效应。正压电效应与逆压电效应统称为压电效应。

下面以 α- 石英单晶为例，利用一假想的物理模拟实验说明压电效应。设在 α- 石英上施加应力，则在某些方向的表面上会产生束缚电荷。

在 x 方向上的两个晶体面上接电极，测定电荷密度，如图 7-1 所示。x 方向上受正应力 T_1（N/m^2）时，测得 x 方向电极面上产生的束缚电荷 Q，其表面电荷密度 σ（C/m^2）与作用力成正比。注意，在国际单位制中表面电荷密度等于电位移。

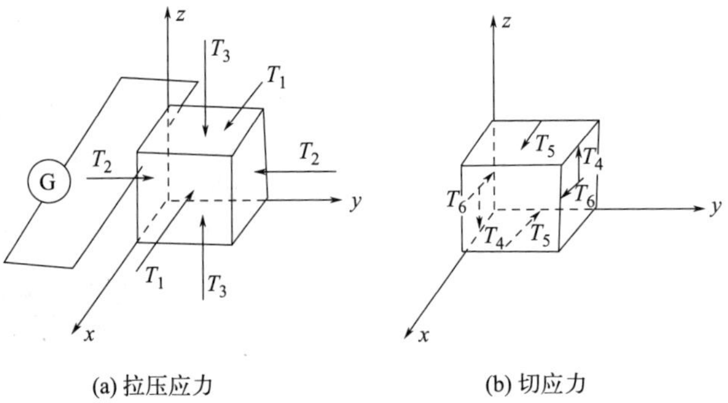

图 7-1　α- 石英压电效应实验

$$D_1=d_{11}T_1 \tag{7-1}$$

式中　T_1——沿法线方向正应力；

d_{11}——压电应变常量，其下标第一个 1 代表电学量，第二个 1 代表力学量。

在 y 方向上受正应力 T_2 时，在垂直于 x 方向的平面上测电荷密度：

$$D_1=d_{12}T_2 \tag{7-2}$$

在 z 方向上受正应力 T_3 时，测电流为 0，则

$$D_1=d_{13}T_3=0 \tag{7-3}$$

因为 T_3 不等于 0，则 $d_{13}=0$。

对于切应力 T_4（yz 或 zy 平面的切应力）、T_5（xz 或 zx 平面的切应力）、T_6（xy 或 yx 平面的切应力），在切应力作用下，x 方向上测电荷密度：

$$D_1=d_{14}T_4 \tag{7-4}$$

而 $d_{15}=d_{16}=0$

x 方向总电位移：

$$D_1=d_{11}T_1+d_{12}T_2+d_{14}T_4 \tag{7-5}$$

同样，在晶体 y 方向的平面上被覆电极，测 y 方向的电位移 D_2：

$$D_2=d_{25}T_5+d_{26}T_6 \tag{7-6}$$

同样，在晶体 z 方向的平面上被电极，测 z 方向的电位移 D_3：

$$D_3=0 \tag{7-7}$$

对于 α- 石英晶体，无论在哪个方向上施加应力，在垂直 z 方向的表面没有发现束缚电荷。以上正压电效应可以写成一般代数式的求和方式，即

$$D_m=\sum_{j=1}^{6}d_{mj}T_j \tag{7-8}$$

$m=1,2,3$，m 为电学量，j 为力学量

采用矩阵方式表示式（7-8）为

$$\begin{bmatrix} D_1 \\ D_2 \\ D_3 \end{bmatrix}=\begin{bmatrix} d_{11} & d_{12} & 0 & d_{14} & 0 & 0 \\ 0 & 0 & 0 & 0 & d_{25} & d_{26} \\ 0 & 0 & 0 & 0 & 0 & 0 \end{bmatrix}\begin{bmatrix} T_1 \\ T_2 \\ T_3 \\ T_4 \\ T_5 \\ T_6 \end{bmatrix} \tag{7-9}$$

压电应变常量是有方向的，而且具有张量性质。

另外一种表示方法为

$$D_m=e_{mi}S_i \tag{7-10}$$

式中，m=1，2，3；i=1，2，3，4，5，6；e_{mi}为压电应力常量；S_i为应变。

在外加电场作用下，晶体的某些方向上产生形变，其形变与电场强度成正比。这种由电能转变为机械能的过程称为逆压电效应。定量表示逆压电效应的一般式为

$$S_i=d_{mi}E_n \tag{7-11}$$

或

$$T_i=e_{nj}E_n \tag{7-12}$$

式中，n=1,2,3；i=1,2,3,4,5,6；j=1,2,3,4,5,6。

逆压电效应的压电常量矩阵是正压电效应压电常量矩阵的转置矩阵，分别表示为d^{T}、e^{T}，则逆压电效应短阵式可简化为

$$S=d^{\mathrm{T}}E \tag{7-13}$$

$$T=e^{\mathrm{T}}E \tag{7-14}$$

值得注意的是，电致伸缩效应也表现为在电场作用下电介质尺寸发生变化。但是，电致伸缩效应和逆压电效应完全不同。电介质在外电场作用下，会发生尺寸变化，产生电致伸缩效应。电致伸缩效应大小与所加电压平方成正比。对于一般电介质而言，电致伸缩效应所产生的应变实在太小，可以忽略。只有个别材料，电致伸缩应变较大，在工程上有使用价值，可以作为电致伸缩材料。例如，电致伸缩陶瓷 PZN（锌铌酸铅陶瓷），其应变水平与压电陶瓷应变水平相当。

7.1.2 压电效应产生机制

下面讲述压电效应产生的机制和条件，仍以α-石英为例讨论。α-石英晶体属于离子晶体三方晶系、无中心对称的 32 点群。三个硅离子和六个氧离子配置在晶胞的晶格上，如图 7-2 所示。

图 7-3 为沿 z 轴方向观察时得到的α-石英晶体示意图，其中大圆为硅原子，小圆为氧原子。硅离子按左螺旋线方向排列，3# 硅离子处于比 5# 硅离子较深（向纸内）的位置，而 1# 硅离子处于比 3# 硅离子较深的位置。

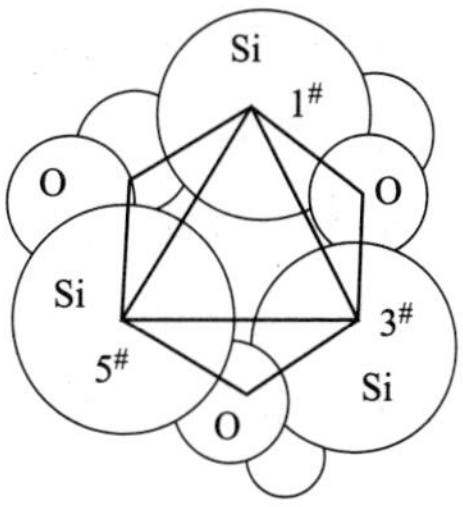

图 7-2 α-石英晶体结构

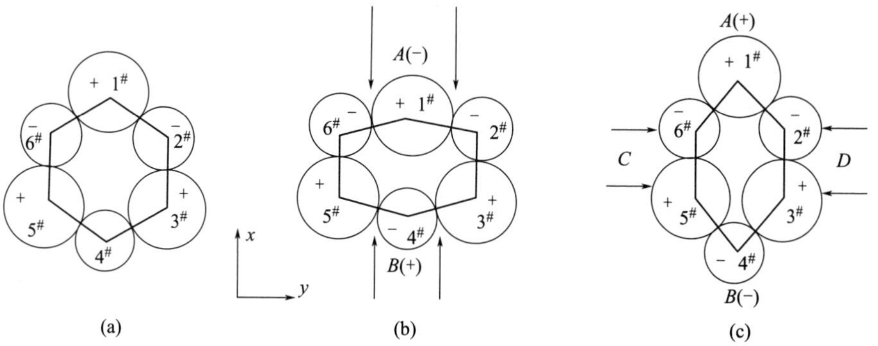

图 7-3 α-石英产生压电效应的原理

（a）无应力；（b）沿x方向施加应力；（c）沿y方向施加应力

如果对α-石英沿 x 方向施加应力，如图 7-3（b）所示，$1^{\#}Si^{4+}$ 进入到 $2^{\#}$、$6^{\#}O^{2-}$ 之间，$4^{\#}$ O^{2-} 进入到 $3^{\#}$、$5^{\#}Si^{4+}$ 之间。因硅离子带正电荷，氧离子带负电荷，导致晶体负电荷中心上移，正电荷中心下移，所以表面 A 出现负电荷，表面 B 为正电荷；如果沿 y 方向施加应力，$3^{\#}$ Si^{4+} 及 $2^{\#}O^{2-}$ 内移，$5^{\#}$ Si^{4+} 及 $6^{\#}O^{2-}$ 内移，那么 C、D 表面不出现电荷，但是这个移动导致 $1^{\#}Si^{4+}$ 上移，$4^{\#}$ O^{2-} 下移，使得表面 A 带正电荷、表面 B 带负电荷。可见，正压电效应的实质是一定方向的应力产生应变，产生原子相对位置的改变，从而产生静电偶极矩并产生束缚电荷。

压电效应与晶体的对称性有关。由前文讨论可知，压电效应的本质是对晶体施加应力时，改变了晶体内的电极化，这种电极化只有在不具有对称中心的晶体内才可能发生。只有结构上没有对称中心，才有可能产生压电效应。在 32 种宏观对称类型中，不具有对称中心的有 21 种，其中有一种（点群 43）压电常数为零，其余 20 种具有压电效应。除上述条件，具有压电性的物质必须是电介质（或至少具有半导体性质）；其结构必须有带正、负电荷的质点；对于离子晶体或离子团组成的分子晶体，要求有离子或离子团存在。常见的压电晶体有石英晶体、钛酸钡、钛酸铅和铋酸钼等。

7.1.3 常见的压电材料及应用

压电材料应用非常广泛。常见的压电材料可分为四类：压电单晶材料、压电陶瓷材料、压电薄膜、压电高分子材料。

（1）石英晶体

石英是一种具有良好压电特性的压电晶体，具有稳定的介电常数和压电温度系数，在常温范围内，这两个参数几乎不随温度变化而变化。在 20～200℃范围内，温度每升高 1℃，压电系数仅仅减少 0.016%。但是当温度升高到居里点 573℃时，便失去了压电特性。石英晶体性能非常稳定，机械强度高，绝缘性能好，但价格昂贵，而且压电系数比压电陶瓷低很多，因此一般仅用于标准仪器或要求较高的传感器中。因为石英是一种各向异性晶体，所以按不同方向切割的晶片，其物理性质差别大。在设计石英传感器时，需要根据不同使用要求正确地选择石英片的切型。

（2）压电陶瓷

钛酸钡是由碳酸钡和二氧化钛按照 1∶1 的比例在高温下合成的压电陶瓷。它具有很高的介电常数和较大的压电系数，约为石英晶体的 50 倍。不足之处是居里温度低，温度稳定性和机械强度不如石英晶体。

锆钛酸铅（PZT）是由 $PbTiO_3$ 和 $PbZrO_3$ 组成的固溶体 $Pb(Zr, Ti)O_3$。它与钛酸钡相比，压电系数更大，居里温度高，在 300℃以上，各项介电参数受温度影响小，时间稳定性好。此外，在锆钛酸中添加一种或者两种其他的微量元素（如铌、锑、锡、锰、钨等）还可以获得不同性能的 PZT 材料。因此，锆钛酸铅系压电陶瓷是目前压电式传感器中应用最广泛的压电材料。除上述材料外，其他的压电陶瓷还有铋层状化合物、焦绿石、钨青铜、钛铁矿等非钙钛矿类陶瓷。

（3）压电聚合物

压电聚合物一般是指某些合成高分子聚合物，经延展拉伸和电极化后具有压电性的高分子压电薄膜，如聚氟乙烯（PVF）等。另一类是指复合材料，即在高分子化合物中掺杂压电陶瓷锆钛酸铅或者钛酸钡粉末制成的高分子压电薄膜。聚二氟乙烯（PVF2）是目前发现的压电效应较强的聚合物薄膜。这种合成高分子薄膜就其对称性来看，不存在压电效应，但是它们具有“平面锯齿”结构，存在抵消不了的偶极子。经延展和拉伸后可以使分子链轴规则排列，并在与分子轴垂直方向上产生自发极化偶极子。当在膜厚方向加直流高压电场极化后，就可以成为具有压电性能的高分子薄膜。这种薄膜很容易制成大面积的压电元件，并有可挠性，耐冲击、不易破碎。

（4）压电半导体材料

压电半导体是指兼有压电性质的半导体材料，如ZnO、CdS、CdTe等。压电半导体兼有半导体和压电两种物理性能，因此，既可用它的压电性能研制压电式力敏传感器，又可以利用其半导体性能加工成电子器件。二者结合，可以研制出传感器与电子线路一体化的新型压电传感测试系统。

7.2 热释电性能

7.2.1 热释电效应

某些晶体由于温度的作用而使其电极化强度变化的性质称为热释电性。典型材料如电气石 $[(Na, Ca)(Mg, Fe)_3B_3Al_6Si_6(O, OH, F)_{31}]$。以电气石为例。在均匀加热电气石的同时，让一束硫黄粉和铅丹粉经过筛孔喷向这个晶体。人们会发现，晶体一端出现黄色，另一端变为红色，而这种现象在没有加热时是不会出现的。这就是坤特法显示的天然矿物晶体电气石的热释电性实验（图7-4）。

图7-4 电气石的热释电性

那么电气石加热后两端为什么能吸引硫黄粉和铅丹粉呢？事实上，电气石为3*m*点群，只有一个三次旋转轴，存在自发极化现象。没有加热时，自发极化导致在表面产生束缚电荷，但被吸收的空气中的电荷屏蔽；温度升高，改变了自发极化强度 P_s，这种平衡被破坏，则出现一端带正电，一端带负电的现象，从而吸引带正电或负电的物质。

常用热释电常量 p 描述热释电性。具有热释电性的材料为热释电材料。热释电材料具有自发极化强度 P_s。定义在恒定电场和应力条件下热释电常量 p:

$$p = \frac{\partial P_s}{\partial T} \tag{7-15}$$

定义综合热释电系数 P_g:

$$p_g = \frac{\partial D}{\partial T} \tag{7-16}$$

则有

$$p_g = p + \frac{\partial \varepsilon}{\partial T} \tag{7-17}$$

7.2.2 热释电效应产生机制

产生热释电的材料一定是具有自发极化的晶体，并且在结构上具有极轴。极轴是晶体唯一的轴，两端具有不同性质，且采用对称操作不能与其他方向重合。对于没有极轴的材料，因为温度作用下晶体向各个方向的膨胀是同时发生的，在对称方向上有相同的膨胀量，在这些方向上引起的正负电荷质点移动没有改变正负电荷中心，因此没有出现极化强度的改变，也就没有出现热释电现象，所以只有具有自发极化特性和极轴的晶体才会产生热释电效应。可见，有热释电效应一定有压电效应，反之不然。以α- 石英晶体为例，如图 7-5 所示。在温度作用下，在 x_1、x_2、x_3 方向等位移，正负电荷中心不变，没有热释电性。可见，热释电材料特性满足压电材料的结构要求，一定是压电材料；反之，压电材料不一定是热释电材料。

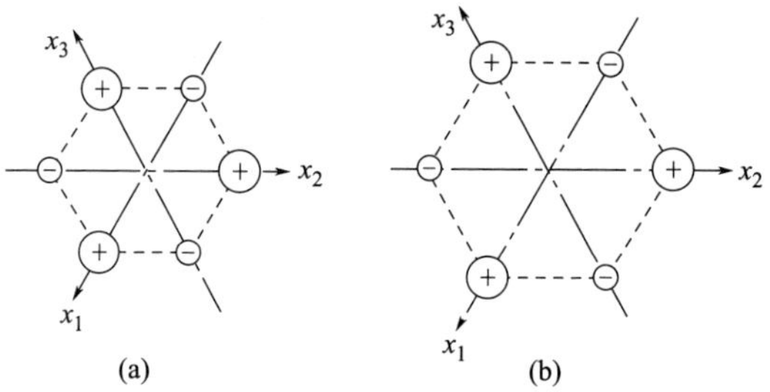

图 7-5 α- 石英不产生热释电效应的示意图

(a) 升温前；(b) 升温后

7.3 铁电相变与晶体的结构变化

铁电体是一类重要的电介质，内部的固有电矩在居里温度以下自发定向排列。像铁磁体一样，铁电体极化过程是不可逆的，具有电滞回线的特征。注意，铁电体和铁电效应与铁元素不一定有直接关系。但是，滞回线特征最早在铁磁体中发现，所以物质在激励信号作用下某种物理量的响应具有滞后回线的特征，这种性质往往冠以“铁”性名称。本节主要介绍铁电体的基本概念、性质和作用机制。

7.3.1 铁电效应与铁电体

与铁磁体类似，铁电体具有以下基本特征：自发极化、电畴、电滞回线和居里温度。

（1）自发极化

与热释电体一样，铁电体内部存在自发极化，固有电矩在没有外电场情况下能自发同向排列。铁电体固有电矩的形成主要通过以下方式：单胞中原子的不对称构型使正负电荷中心相对位移形成；离子晶体中某些离子有序分布形成。因此，铁电体的自发极化和晶体结构密切相关。与热释电性一样，产生自发极化的晶体学方向（极轴）是特殊极性方向。这个方向是在晶体所属点群的任何操作下都保持不变的方向。因此，在 32 种点群对称类型中，只有 10 种不具备反演对称中心的点群具有特殊极性方向。自发极化只能出现在这 10 个点群所属的晶体中，这 10 个点群又称为极性点群。

（2）电畴

同磁畴一样，电畴是铁电体自发极化的必然产物。为使铁电体总能量最小，在电矩间作用能、静电能、各向异性能和畴壁能作用下，铁电体形成的一些有限大小的区域称为电畴。对微晶极化的铁电体，不同畴的取向是不同的，宏观极化矢量为 0；在外场作用下，电畴趋于同外场平行排列。通过组织观察发现，铁电体在发生铁电效应的同时出现电畴的变化。铁电体出现铁滞回线的原因在于电畴的存在。铁电体自发极化时能量升高，状态不稳定，晶体趋向于分成许多小区域，每个小区域电偶极子沿同一方向，不同小区域的电偶极子方向不同，每个小区域对应一电畴。畴之间的边界地区称为畴壁，如图 7-6 所示。畴壁厚度是各种能量平衡的结果。一般畴壁呈 180°、90°，多见于单晶体；斜方晶系的磁畴多呈 60°、120°；菱形晶系多见 71°、109°。

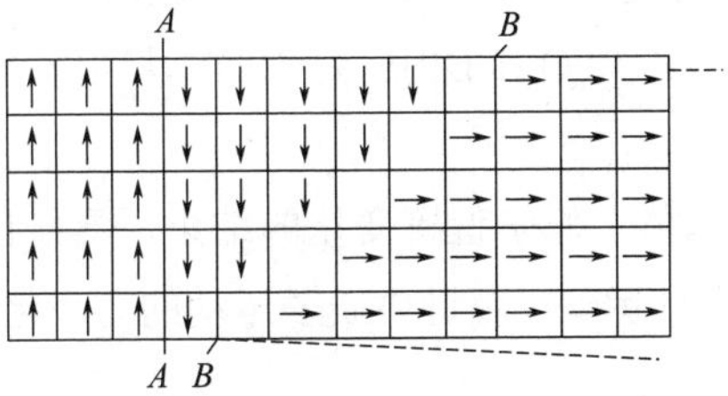

图 7-6 磁畴与磁畴壁示意图

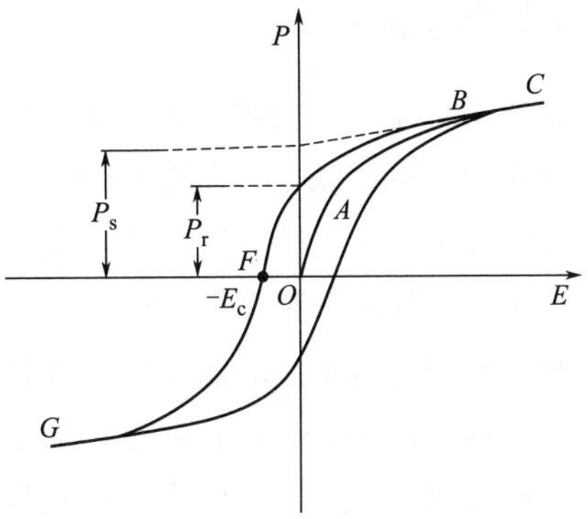

图 7-7 罗谢尔盐的极化曲线

P_s—饱和极化强度；P_r—剩余极化强度；E_c—矫顽电场

（3）电滞回线

电滞回线是铁电体最本质的特征。以罗谢尔盐为例，酒石酸钾钠（$NaKC_4H_4O_6 \cdot 4H_2O$）又称罗谢尔盐，施加交变的外电场时，极化强度随外加电场的变化如图 7-7 所示，形成闭合的曲线。这种曲线称为电滞回线。把具有这种性质的晶体称为铁电体。类似于铁磁体具有磁滞回线一样。

铁电体在外电场的作用下，电畴趋向于与外电场方向一致，称为畴转向。畴转向是通过新畴的出现、发展和畴壁移动来实现的。外加电场撤去后，小部分电畴偏离极化方向，恢复原位，大部分停留在新转向的极化方向上，导致产生剩余极化。电滞回线具体过程如下：

① 设一单晶体的极化强度方向只有沿某轴的正向或负向两种可能。在没有外电场时，晶体总电矩为零（能量最低）。加上外电场后，沿电场方向的电畴扩展、变大，而与电场方向反向的电畴变小。这样极化强度随外电场增加而增加。

② 电场强度继续增大，电畴方向趋于电场方向，形成一个单畴，极化强度达到饱和。

③ 如再增加电场，则极化强度 P 与电场 E 呈线性增加，沿着线性外推至 E=0 处，相应

的值称为饱和极化强度 P_s，也就是自发极化强度。

④ 若电场强度自 C 处下降，晶体极化强度亦随之减小。在 E=0 时，仍存在极化强度，就是剩余极化强度 P_r。

⑤ 当反向电场强度为 E_c 时（图 7-7 中 F 点处），剩余极化强度 P_r 全部消失。

⑥ 反向电场继续增大，极化强度才开始反向，直到反向极化到达饱和，即图 7-7 中 G 处，E_c 称为矫顽电场强度。

（4）居里温度

铁电体具有临界温度点，又称居里温度，铁电体在这一温度以上，电滞回线消失。铁磁 - 顺磁相变一般不涉及晶体结构的变化，只是自发磁化因为剧烈热运动而破坏。但是铁电相变不同，铁电向顺电相转变或顺电向铁电相转变一般伴随晶体结构的变化。具体相变方式可以分为位移式相变和有序 - 无序相变两种；从物理学角度，又可以分为一级和二级相变。

7.3.2 铁电效应微观机制

铁电体种类很多，从极化机制和铁电相变的微观机制看，铁电体可以分为两种：一种是位移型铁电体，以钙钛矿结构的 $BaTiO_3$ 为代表，其自发极化源于顺电 - 铁电相变时原子的位移；一种是有序 - 无序型铁电体，以磷酸二氢钾［KH_2PO_4(KDP)］为代表，其自发极化源于铁电相中某些离子的有序分布。

自发极化机制与铁电体的晶体结构有关，主要是晶体中原子位置变化的结果。具体自发极化机制包括氧八面体中离子偏离中心的位移（应变）运动、氢键中质子运动的有序化、OH—集团择优分布、含其他离子基团的极性分布。

（1）位移型铁电体

具有 ABO_3 钙钛矿结构的铁电体是典型的位移型铁电体。现以 $BaTiO_3$ 为例，说明自发极化机制。$BaTiO_3$ 具有多种晶体结构。120℃以上具有立方结构，5℃到 120℃具有四方结构；−90℃到 5℃为斜方结构；−90℃以下为菱方结构。在 120℃以下，$BaTiO_3$ 具有铁电性。$BaTiO_3$ 的钛离子被 6 个氧离子围绕形成八面体结构（图 7-8）。铁电相变时 TiO_6 八面体原子产生位移，具体过程如下。当 $T > T_C$ 时，顺电型 $BaTiO_3$ 相的结构为立方结构，热能足以使

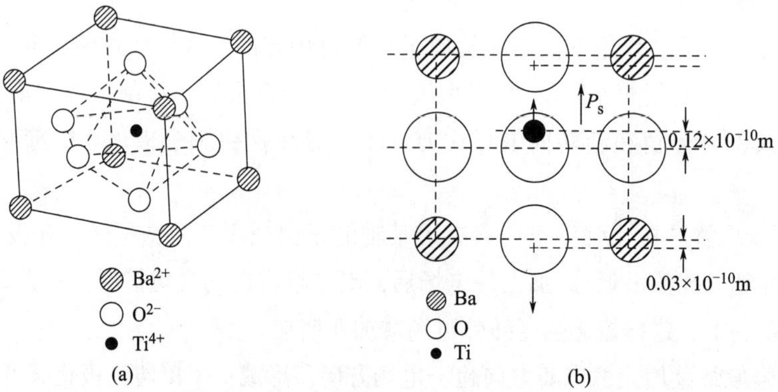

图 7-8 $BaTiO_3$ 的结构（a）与铁电相变时 TiO_6 八面体原子的位移（b）

Ti^{4+} 在中心位置附近任意移动。这种运动造成无对称可言的结果。当存在外加电场时，可以造成 Ti^{4+} 产生较大的电偶极矩，但不能产生自发极化；当 $T < T_C$ 时，此时 Ti^{4+} 和氧离子作用强于热振动，晶体结构从立方结构变为四方结构，而且 Ti^{4+} 偏离了对称中心，产生永久偶极矩，并形成电畴。

除上述的离子位移极化以外，还存在电子位移极化。当钛离子向某一氧离子靠近时，该氧离子的电子云向钛离子靠近，而该氧离子的原子核受排斥远离钛离子，这样氧离子产生电子位移极化。事实上，这种氧离子的电子位移又反过来强化了钛离子的位移。实际的自发极化效果是上述两种极化效果的综合。

（2）有序 - 无序型铁电体

以磷酸二氢钾［KH_2PO_4(KDP)］为例。磷酸二氢钾是一种含氢键的铁电体，在顺电相中氢是无序分布的，在铁电相中是有序分布的。顺电 KDP 的结构如图 7-9 所示，空间群为 I_{45d}，铁电相空间群为 F_{dd2}，居里温度为 –50℃。

由图 7-9 可见，P 位于氧四面体中心形成 PO_4 四面体，每个 PO_4 四面体通过氢键与四个 PO_4 四面体相连。两个氢原子处于离子构型为 $K^+(H_2PO_4)$ 任一 PO_4 四面体的最近邻位置。当温度降至 T_C 以下时，氢原子呈现有序化分布，择优选择两个位置中的一个。氢原子与负离子成键后几乎就是一个带正电的质子，所以氢离子有序化分布导致钾离子和磷离子的相对位移，形成平行或反平行 c 轴的自发极化。

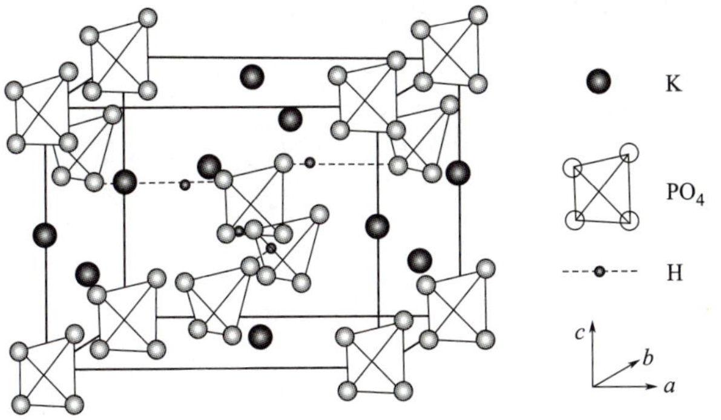

图 7-9 KH_2PO_4（KDP）晶体结构

本章小结

晶体受到机械作用力时，在一定方向的表面上会出现数量相等、符号相反的束缚电荷；作用力反向时，表面荷电性质亦相反，而且在一定范围内电荷密度与作用力成正比。这种由机械能转化为电能的过程，为正压电效应。反之，当晶体在外加电场作用下，晶体的某些方向上产生形变，其形变与电场强度成正比，称为逆压电效应。正压电效应与逆压电效应统称为压电效应。压电效应的本质是对晶体施加应力时，改变了晶体内的电极化，这种电极化只有在不具有对称中心的晶体内才可能发生。只有结构上没有对称中心，才有可能产生压电效应。

某些晶体由于温度的作用而使其电极化强度变化的性质称为热释电性。产生热释电的材料除具备压电材料的结构条件，一定是具有自发极化的晶体，并且在结构上具有极轴。

铁电体极化过程是不可逆的，具有电滞回线的特征。铁电体具有自发极化、电畴、电滞回线和居里温度几个基本特征。自发极化机制与铁电体的晶体结构有关，主要是晶体中原子位置变化的结果。具体自发极化机制包括氧八面体中离子偏离中心的位移（应变）运动、氢键中质子运动的有序化、OH—集团择优分布、含其他离子基团的极性分布。从极化机制和铁电相变的微观机制看，铁电体可以分为两种：一种是位移型铁电体，以钙钛矿结构的 $BaTiO_3$ 为代表，其自发极化源于顺电 - 铁电相变时原子的位移；一种是有序 - 无序型铁电体，以磷酸二氢钾 [KH_2PO_4(KDP)] 为代表，其自发极化源于铁电相中某些离子的有序分布。

思考题

1. 什么是压电效应？具有压电效应的必要条件是什么？
2. 什么是热释电效应？具有热释电效应的必要条件是什么？
3. 什么是铁电体？什么是电畴？
4. 画出铁电体的电滞回线，指出铁电体的自发极化强度、剩余极化强度和矫顽场。
5. 试述电滞回线形成的微观机制。
6. 从能量观点看，压电效应和逆压电效应有何异同？

第 8 章

纳米物理

本章提要

本章重点讲述了纳米颗粒的基本效应，介绍了纳米颗粒的量子尺寸效应、小尺寸效应、表面效应、宏观量子隧道效应、库仑堵塞效应与量子隧穿效应、介电限域效应和量子限域效应；阐述了纳米颗粒的物理特性，包括热学、光学、电学、磁学特性和机理；最后介绍了纳米材料的力学特性。

20 世纪 70 年代以来，超大规模集成、超晶格技术的发展，以及 C_{60}（巴基球）、纳米管、纳米线、量子点、纳米袋等纳米结构及其功能器件技术的发展和应用，深刻改变着世界。微 / 纳米科学和技术作为现代科学与技术的基础，已成为科技创新新纪元的重要支柱。纳米结构材料指在三维空间中至少有一维处于纳米尺寸的材料。由于维度限制，表面原子结构相对于内部原子的结构畸变已经不能忽略。同时，受限尺寸的纳米量级与自由电子的平均相干长度相等，因此电子运动在受限尺寸的结构内不再自由，由此产生许多新的效应和性质可能产生。不同于体材料，纳米材料特性和物理机制有独特之处。本章重点阐述了纳米物理，讲述纳米颗粒的基本效应、物理特性和力学特性。

8.1 纳米颗粒的基本效应

8.1.1 量子尺寸效应

8.1.1.1 久保理论

大块材料费米面附近电子态能级分布是准连续的。但当颗粒尺寸进入纳米级时，由于量子尺寸效应，原大块金属的准连续能级产生离散现象。针对此现象，1962 年日本理论物理学家久保（Kubo）提出了久保理论。久保理论对小颗粒的大集合体电子能态做了以下两点主要假设：简并费米液体假设和超微粒子电中性假设。

（1）简并费米液体假设

久保把超微颗粒靠近费米面附近的电子状态看作是受尺寸限制的简并电子气，能级为准粒子态的不连续能级，准粒子之间交互作用可以忽略不计。当$k_B T \ll \delta$（k_B为玻尔兹曼常数；T为热力学温度；δ为相邻两能级间平均能级间隔）时，这种体系费米面附近的电子能级分布服从 Poisson 分布：

$$P_n(\Delta) = \frac{1}{n!}(\Delta / \delta)^n \exp(-\Delta / \delta) \tag{8-1}$$

式中 Δ——两能态之间的间隔；

$P_n(\Delta)$——对应Δ的概率密度；

n——两能态间的能级数，若Δ为相邻能级间隔，则n=0。

（2）超微粒子电中性假设

久保认为，对于一个超微颗粒（简称超微粒），取走或移入一个电子都是十分困难的，他提出了一个著名公式：

$$k_B T \ll W \approx \frac{e^2}{d} \tag{8-2}$$

式中 W——从一个超微颗粒取走或移入一个电子克服库仑力所做的功；

d——超微颗粒的直径；

e——电子电荷。

由式（8-2）可以看出，随着d值下降，W增加，所以低温下热涨落很难改变超微颗粒的电中性。在足够低的温度下，当颗粒尺寸为 1nm 时，W比δ小两个数量级，由式（8-2）可知$k_B T \ll \delta$，可见 1nm 的小颗粒在低温下量子尺寸效应很明显。

Kubo 进一步提出了相邻两能级间平均能级间隔δ与超微粒体积V的关系，即

$$\delta = \frac{4}{3} \times \frac{E_F}{N} \propto V^{-1} \tag{8-3}$$

式中 N——一个超微粒的总导电电子数；

V——超微粒体积；

E_F——费米能级。

8.1.1.2 量子尺寸效应

金属费米能级附近电子能级在高温或宏观尺寸情况下一般是连续的，但当粒子的尺寸下降到某一纳米值时，金属费米能级附近的电子能级由准连续变为离散能级；对于纳米半导体微粒，最高被占据分子轨道和最低未被占据的分子轨道的能级间隙也发生宽化。上述现象均称为量子尺寸效应。

能带理论表明，在高温或宏观尺寸情况下，金属费米能级附近电子能级一般是连续的。但是，对于只有有限个导电电子的超微粒子来说，低温下能级是离散的。对于宏观物体，其近似包含无限个原子（即导电电子数$N \to \infty$），由式（8-3）可得，能级间距$\delta \to 0$，即对大粒子和宏观物体，能级间距几乎为零；而对纳米微粒，所包含原子数有限，N值很

小，这就导致δ有一定的值，即能级间距发生分裂。当能级间距大于热能、磁能、静磁能、静电能、光子能量或超导态的凝聚能时，量子尺寸效应必须考虑。量子尺寸效应可导致纳米微粒的磁、光、声、电、热以及超导电性与同一物质宏观状态下的性质有显著差异。金属都是导体，但纳米金属微粒在低温时，由于量子尺寸效应会呈现绝缘性，如当温度为 1K、Ag 纳米微粒粒径小于 14nm 时，Ag 纳米微粒就变为金属绝缘体。又如美国贝尔实验室发现半导体硒化镉微粒随着尺寸减小，能带间隙加宽，发光颜色由红色向蓝色转移。

8.1.2 小尺寸效应

当超细微粒的尺寸与光波波长、德布罗意波长以及超导态的相干长度或透射深度等物理特征尺寸相当或更小时，晶体周期性的边界条件将被破坏，导致声、光、电、磁、热、力学等物性发生变化，这就是纳米微粒的小尺寸效应，又称体积效应。例如，随微粒的尺寸变小，人们观察到光吸收显著增加并产生吸收峰的等离子共振频移、磁有序态向磁无序态转变、超导相向正常相转变、声子谱发生改变等。人们曾用高倍率电子显微镜对超细金颗粒（2nm）的结构非稳定性进行原位观察，实时记录颗粒形态的变化，发现颗粒形态可以在单晶与多晶、孪晶之间进行连续的转变，这与通常的熔化相变完全不同。

8.1.3 表面效应

表面效应又称界面效应，是指纳米微粒的表面原子数与总原子数之比随粒径减小而急剧增大后所引起的性质变化。随着纳米微粒的粒径逐渐减小到纳米尺寸，表面积迅速增加，表面能量也会大幅递增。纳米（1～100nm）粉体表面积极大，因此表面原子比例极高，这导致纳米粉体具有迥异于传统材料的各种性质。表 8-1 给出了纳米微粒尺寸与表面原子数的关系。

表 8-1 纳米微粒尺寸与表面原子数的关系

粒径/nm	包含原子数	表面原子比例/%	表面能量/(J/mol)	表面能量/总能量/%
10	30	20	4.08×10^4	7.6
5	4000	40	8.16×10^4	14.3
2	250	80	2.04×10^5	35.3
1	30	99	9.23×10^6	82.2

由表 8-1 可知，当纳米微粒的粒径为 10nm 时，表面原子数为完整晶粒原子总数的 20%；而粒径降到 1nm 时，表面原子数比例达到 99%，原子几乎全部集中到纳米微粒的表面。这样高的比表面，使处于表面的原子数越来越多，同时表面能迅速增加。纳米微粒的表面原子所处环境与内部原子不同，它周围缺少相邻的原子，存在许多悬空键，具有不饱和性，易与其他原子相结合而稳定。因此，纳米微粒尺寸减小导致其表面积、表面能及表面结合能都迅速增大，进而使纳米微粒表现出很高的化学活性及由此引起的表面电子自旋

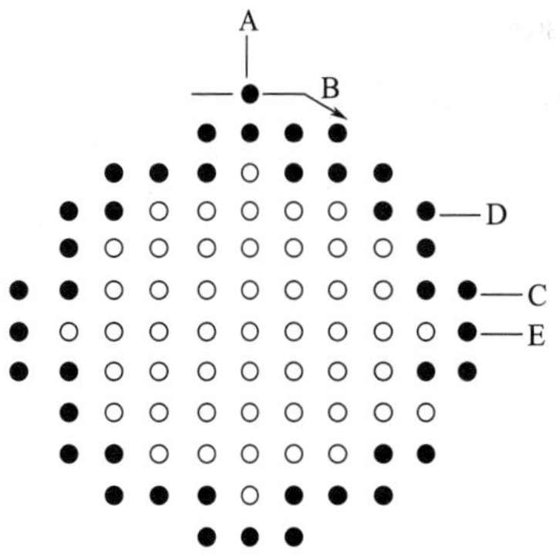

图 8-1 单一立方晶格的原子分布的超微粒模式图

构象和电子能谱的变化。与此相对应，纳米微粒呈现低密度、低流动速率、高混合性等特点。例如，金属纳米微粒暴露在空气中会自燃，无机纳米微粒暴露在空气中会吸附气体，并与气体进行反应。

图 8-1 为单一立方晶格结构的二维平面图。假定颗粒为圆形，实心圆代表位于表面的原子，空心圆代表内部原子，颗粒尺寸为 3nm，实心圆的原子近邻配位不完全，如“E”原子缺少一个近邻配位，“D”原子缺少两个近邻配位，而“A”原子缺少三个近邻配位。像“A”这样的表面原子极不稳定，很快跑到“B”位置上，这些表面原子一遇见其他原子就很快与其结合，使其稳定化，这就是活性的来由。需要指出的是这种表面原子的活性不但引起纳米微粒表面原子的变化，同时也引起表面原子自旋构象和电子能谱的变化。

8.1.4 宏观量子隧道效应

微观粒子具有贯穿势垒的能力，这称为隧道效应。宏观物理量在量子相干器件中的隧道效应称为宏观量子隧道效应。例如，具有铁磁性的磁铁，其粒子尺寸小到一定程度，一般是纳米级时，会出现由铁磁性变为顺磁性或软磁性的现象。宏观量子隧道效应的研究对基础研究及应用都有着重要意义。它限定了磁带、磁盘进行信息储存的时间极限，也确立了现存微电子器件进一步微型化的极限。当微电子器件进一步细微化时，就必须要考虑量子隧道效应。如在制造半导体集成电路时，当电路的尺寸接近电子波长时，电子就通过隧道效应而溢出器件，使器件无法正常工作。目前研制的量子共振隧穿晶体管就是利用量子效应制成的新一代器件。

8.1.5 库仑堵塞效应与量子隧穿效应

库仑堵塞效应是 20 世纪 80 年代介观领域所发现的极其重要的物理现象之一。当体系的尺度进入纳米级（一般金属粒子为几纳米，半导体粒子为几十纳米）时，体系电荷是“量子化”的，即充电和放电过程是不连续的，充入一个电子所需的能量 E_c 为 $e^2/(2C)$（e 为一个电子的电荷；C 为小体系的电容），体系越小，C 越小，能量 E_c 越大。这一能量就称为库仑堵塞能。库仑堵塞能实质是前一个电子对后一个电子的库仑排斥能，它导致小体系充放电过程中电子不能集体传输，而是一个一个单电子的传输。通常，将小体系这种单电子传输行为称为库仑堵塞效应（库仑堵塞）。如果两个量子点通过一个“结”连接起来，一个量子点上的单个电子穿过能垒到另一个量子点上的行为称作量子隧穿。为了使单电子从一个量子点隧穿到另一个量子点，在一个量子点上所加的电压必须克服 E_c，即 $U>e^2/(2C)$。通常，库仑堵塞和量子隧穿都是在极低温度下观察到的，观察到的条件是 $[e^2/(2C)]>k_BT$。显然，体系的尺寸越小，电容 C 越小，$e^2/(2C)$ 越大，这就允许在较高温度下进行观察。如果量子点的尺寸为 1nm 左右，则可以在室温下观察到上述效应。而当量子点尺寸在十几纳米范围时，观察上述效应必须在液氮温度下。

由于库仑堵塞效应的存在，电流随电压的上升不再是直线上升，而是在 *I-U* 曲线上呈现锯齿形状的台阶。图 8-2 为尺寸约为 4nm 的 Au 微粒在不同温度下的 *I-U* 曲线，在低温下可明显地观察到具有库仑阻塞特征的零电流间隙和具有库仑台阶特征的电流平台。

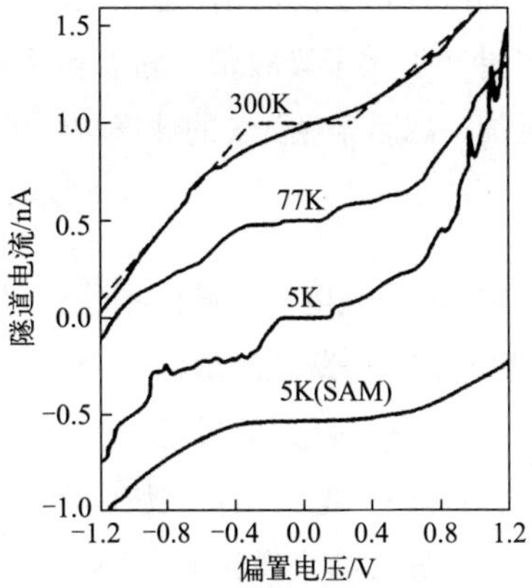

图 8-2 纳米 Au 颗粒在不同温度下的 *I-U* 曲线
（SAM自组装单分子层）

8.1.6 介电限域效应

介电限域是纳米微粒分散在异质介质中由界面而引起的体系介电增强的现象。介电限域主要来源于微粒表面和内部局域场的增强。当介质的折射率与微粒的折射率相差很大时，产生了折射率边界，这就导致微粒表面和内部的场强比入射场强明显增加，这种局域场的增强称为介电限域效应。一般来说，过渡金属氧化物和半导体微粒都可能产生介电限域效应。纳米微粒的介电限域对光吸收、光化学、光学非线性等有重要的影响。因此，在分析材料光学现象的时候，既要考虑量子尺寸效应，又要考虑介电限域效应。

下面根据布拉斯（Brus）公式分析介电限域对光吸收带移动（蓝移、红移）的影响，即

$$E(r)=E_{\mathrm{g}}(r=\infty)+\frac{h^2\pi^2}{2\mu r^2}-1.786\frac{e^2}{\varepsilon r}-0.248E_{\mathrm{Ry}} \tag{8-4}$$

式中 $E(r)$——纳米微粒的吸收带隙；

$E_{\mathrm{g}}(r=\infty)$——体相的带隙；

r——粒子半径；

h——普朗克常数；

μ——粒子的折合质量；

E_{Ry}——有效的里德伯能量；

ε——介电常数。

式（8-4）中右侧第一项是大晶粒半导体的禁带宽度，第二项为量子尺寸效应产生的蓝移能，第三项为介电限域效应产生的介电常数增加引起的红移能，第四项为有效里德伯能量。

如过渡金属氧化物（如 FeO、CoO_2、CrO_3 和 MnO_2 等）纳米微粒分散在十二烷基苯磺酸钠（DBS）中，出现了光学三阶非线性增强效应。Fe_2O_3 纳米微粒测量结果表明，三阶非线性系数达到 $90\mathrm{m}^2/\mathrm{V}^2$，比在水中高两个数量级。这种三阶非线性增强现象归结于介电限域效应。

8

8.1.7 量子限域效应

当半导体纳米微粒的半径小于激子玻尔半径时，电子的平均自由程受小粒径的限制，

被局限在很小的范围，空穴很容易与它形成激子，引起电子和空穴波函数的重叠，这就很容易产生激子吸收带。随着粒径的减小，重叠因子（在某处同时发现电子和空穴的概率）增加。忽略半径为 r 的球形粒子的表面效应，则激子的振子强度 f 为

$$f=\frac{2m}{h^2}\Delta E|\mu|^2|U(0)|^2 \tag{8-5}$$

式中　m——电子质量；

ΔE——跃迁能量；

μ——跃迁偶极矩；

$|U(0)|^2$——电子和空穴波函数的重叠。

当导体纳米微粒的半径 r 小于激子玻尔半径 a_B 时，电子和空穴波函数的重叠$|U(0)|^2$将随粒径减小而增加，近似于（a_B/r）^{3}。因为单位体积粒子的振子强度 $f_{粒子}/V$（V 为粒子体积）决定了材料的吸收系数，粒径越小，$|U(0)|^2$越大，$f_{粒子}/V$ 也越大，则激子带的吸收系数随粒径下降而增加，出现激子增强吸收并蓝移，这就称作量子限域效应。

纳米半导体微粒增强的量子限域效应使它的光学性能不同于常规半导体。纳米材料界面中的空穴浓度比常规材料高得多。纳米材料的颗粒尺寸小，电子运动的平均自由程短，空穴约束电子形成激子的概率大，颗粒越小，形成激子的概率越大，激子浓度越高。这种量子限域效应，使能隙中靠近导带底形成一些激子能级，产生激子发光带，并且激子发光带的强度随颗粒尺寸的减小而增加。

8.2　纳米颗粒的物理特性

小尺寸效应、表面效应、量子尺寸效应及量子隧道效应等是纳米微粒和纳米固体的基本特性。它们使纳米微粒和纳米固体呈现许多奇异的物理、化学性质，并出现一些反常现象。下面我们逐一讨论纳米微粒的热学性能、光学性能、电学性能和磁学性能。

8.2.1　纳米微粒的热学性能

材料的热性能是材料最重要的物理性能之一。纳米材料具有很高比例的内界面（包括晶界、相界、畴界等）。界面原子的振动焓、振动熵、组态焓、组态熵值明显不同于内部点阵原子，因此纳米材料表现出一系列与普通多晶体材料明显不同的热学特性，如比热容升高、热膨胀系数增大、熔点降低等。

8.2.1.1　纳米材料的熔点

材料热性能与材料中分子、原子相互作用和运动有关。当热载流子（电子、声子和光子）的各种特征尺寸与材料的特征尺寸（晶粒尺寸、颗粒尺寸或薄膜厚度）相当时，反映物质热性能的物性参数（如熔点、热容等）会显现出显著的尺寸依赖性。另外，低温下，热载流子的平均自由程将变长，使材料热学性质的尺寸效应更为明显。

纳米微粒颗粒小、表面能高、比表面原子数多且这些表面原子近邻配位不全、活性大，

因此纳米微粒熔化时所需增加的内能相比于块体材料要小很多，这就使得纳米微粒的熔点急剧下降。图 8-3 为金的熔点与金纳米微粒的尺度关系图。随着金粒子尺寸的减小，熔点会降低。金的常规熔点为 1064℃，当颗粒尺寸减小到 2nm 时，熔点降至 600℃以下。人们在具有自由表面的共价半导体的纳米晶体、惰性气体和分子晶体中也发现了熔点的尺寸效应，表 8-2 列出了几种材料的熔点随尺寸的变化情况。

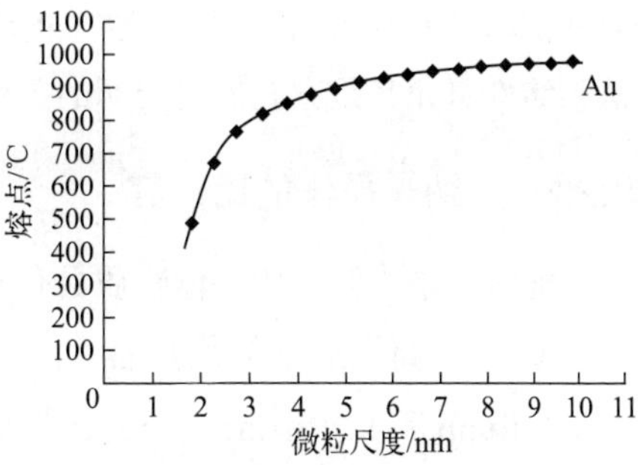

图 8-3 金熔点和金纳米微粒的尺度关系图

表 8-2 几种材料在不同尺度下的熔点

物质种类	颗粒尺寸(直径或总原子个数)	熔点/K
金	常规块体	1337
	300nm	1336
	100nm	1205
	20nm	800
锡	常规块体	500
	500个	480
铅	常规块体	600
	20nm	312
硫化镉	常规块体	1678
	2nm	910
	1.5nm	600
铜	常规块体	1358
	40nm	750

8.2.1.2 纳米晶体的热膨胀

热膨胀是指材料的长度或体积随温度升高而增加的现象。固体材料热膨胀的本质在于材料晶格点阵的非简谐振动。晶格振动中相邻质点间作用力是非线性的，势能曲线也是非对称的，使得加热过程中材料发生热膨胀。

对纳米晶体材料的热膨胀行为，人们进行了一些研究。Birringer 报道惰性气体冷凝方法制备的纳米晶体 Cu（8nm）的线膨胀系数是粗晶 Cu 的 1.94 倍；而 Eastman 使用原位 X 射线衍射研究发现，惰性气体冷凝法制备的纳米晶体 Pd（8.3nn）在 16～300K 的温度范围内的线膨胀系数同粗晶体相比没有明显的变化；采用非晶晶化法制备的纳米 Ni-P 和 Se 的膨胀系数比各自粗晶体分别增加了 51% 和 61%；采用 SPD（剧烈塑性变形）法制备的纳米 Ni 的线膨胀系数比粗晶 Ni 增加了 1.8 倍；而采用电解沉积法制备的无孔纳米晶体 Ni（20nm）的线膨胀系数在 205～500K 之间却低于粗晶 N(100μm) 的膨胀系数；采用磁控溅射法沉积的 Cu 薄膜的膨胀系数与粗晶 Cu 的相同。显然，线膨胀系数与纳米样品的制备方法和结构（尤其是微孔）有密切的关系。

8.2.1.3 纳米晶体的比热容

通常，纳米微粒比块体物质具有更高的比热容。

（1）中高温度下的比热容

J. Rupp 和 R. Birringer 研究了高温下纳米粒子尺度对比热容的影响。他们分别研究了尺寸为 8nm 和 6nm 的纳米晶体铜和钯。两种样品均被压成小球，然后采用差热扫描量热计测量其比热容。测温度范围是 150～300K，结果如图 8-4 所示。对于这两种金属，其纳米晶体的比热容都要大于其多晶体。钯的比热容提高了 29%～53%，铜的比热容提高了 9%～11%。这项研究表明，中高温度下，纳米晶体物质的比热容有普遍提高。表 8-3 比较了一些纳米晶体和多晶体物质在高温下的比热容。对一些物质（如钯、铜和钌），纳米化对比热容的提高非常显著，而对另一些物质（如硒），纳米化对比热容的提高则可以忽略。

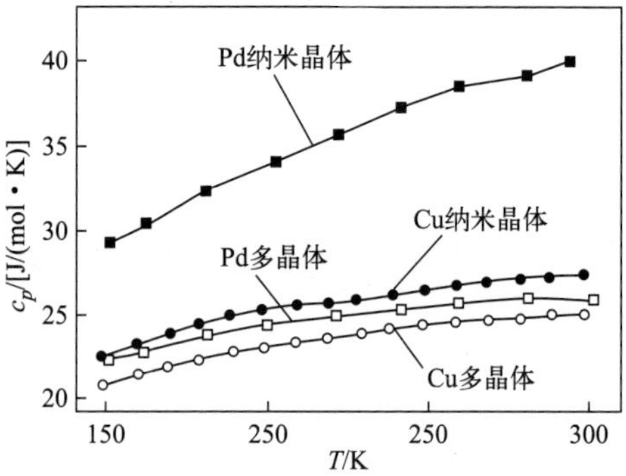

图 8-4 高温下钯和铜的纳米晶与多晶体比热容的比较结果

表 8-3 一些纳米晶体和多晶体比热容实验值的比较

材料	c_p/[J/(mol·K)]		增幅/%	纳米晶粒尺寸/nm	温度/K
	多晶体	纳米晶体			
Pd	25	37	48	6	250
Cu	24	26	8.3	8	250
Ru	23	28	22	15	250
Ni80P20	23.2	23.4	0.9	6	250
Sc	24.1	24.5	1.7	10	245
钻石	7.1	8.2	15	20	323

（2）低温下的比热容

低温下，纳米微粒的比热容与普通多晶材料相比显示了明显的不同。图 8-5 显示了纳米铁晶体和多晶铁晶体的低温比热容，可见，当温度高于 10K 时，纳米铁晶体的比热容要比普通铁的比热容大。图 8-6 给出了不同粒径（7nm、11nm 和 21nm）纳米晶体 $Zr_{1-x}Al_x$ 合金的比热容，可见随着粒径的减小，比热容增大。同一粒径的粒子随温度增加比热容增加。

以上结果说明，除了极低温度以外，高温和低温下纳米材料的比热容都比传统材料有所增大。

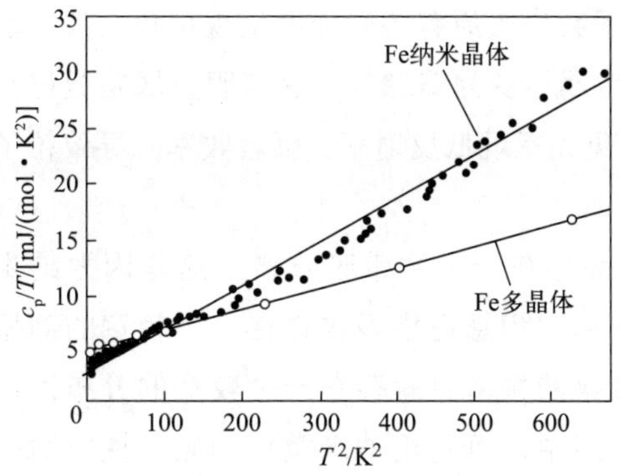

图 8-5 纳米铁晶体和多晶铁晶体比热容与温度的关系

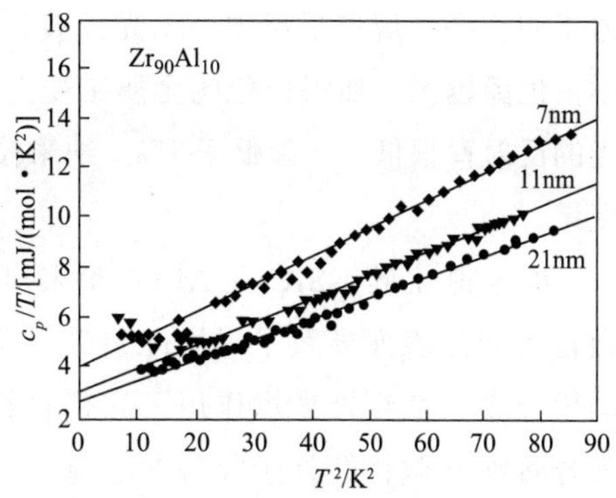

图 8-6 Zr-Al 纳米晶体比热容与温度关系

8.2.1.4 纳米微粒的扩散、晶化及烧结特性

纳米结构材料存在大量的界面，这些界面为原子提供了短程扩散路径。因此，与单晶材料相比，纳米结构材料具有较高的扩散率。这种高的扩散率对于蠕变、超塑性变形等力学行为有显著影响，同时可以在较低温度下对材料进行有效掺杂，或使原来不混溶的元素形成新的合金相。

例如，Cu 纳米晶体的扩散率是普通材料晶格扩散率的 10^{14}～10^{20} 倍，是普通材料晶界扩散率的 10^2～10^4 倍。

当材料处于纳米晶状态时，材料的固溶扩散能力大为提高。例如，无论液相还是固相都不混溶的金属，当处于纳米晶状态时，大多会发生固溶，形成合金。

作为晶化和固溶的前期阶段，扩散能力的提高，可以使一些通常较高温度才能形成的稳定或介稳相在较低温度下就可以存在。增强的扩散能力产生的另一个结果是可以使纳米结构材料的烧结温度大大降低。纳米微粒尺寸小，表面能高，压制成块后的界面具有高能量，在烧结中高的界面能成为原子运动的驱动力有利于界面中的孔洞收缩。所以具有纳米微粒的材料在较低温度下就能烧结并达到致密化的目的，使烧结温度明显降低。例如，常规氧化铝烧结温度在 1700～1800℃，而纳米氧化铝在 1200～1400℃烧结，致密度可达 99.0% 以上，烧结温度下降了 400℃以上。又如，常规的氮化硅烧结温度高于 1800℃，纳米氮化硅烧结温度可降低 300～400℃。粒径为 12nm 的 TiO_2 粉末不需要添加任何助剂就可以在低于常规烧结温度 400～600℃的情况下进行烧结。烧结温度的降低是纳米材料的普遍现象，对制备新型纳米材料具有非常重要的指导意义。

8.2.2 纳米微粒的光学性能

纳米材料的量子效应、大的比表面效应、界面原子排列和键组态无规则性等对纳米微粒的光学性能有很大影响。

8.2.2.1 宽频带强吸收

大块金属具有不同颜色的光泽，表明它们对可见光范围内各种波长光的反射和吸收能力不同。当金属粒子尺寸小于光波波长时，粒子会失去原有的光泽而呈现黑色，尺寸越小，色泽越黑。如银白色的金属铂变为铂黑，金属铬变为铬黑等，这表明金属超微粒对光的反射率很低，一般低于 1%。纳米粒子对可见光呈现低反射率、强吸收率，导致粒子变黑。

纳米氮化硅、SiC 及 Al_2O_3 粉末对红外光都存在一个宽带吸收谱。这是因为纳米微粒大的比表面导致了平均配位数下降，不饱和键和悬键增多，存在一个较宽的键振动模分布。在红外光场作用下它们对红外光吸收的频率也就存在一个较宽的分布，这就导致纳米微粒红外吸收带的宽化。在实际应用中，可利用纳米微粒的光学性能制备隐身材料，如隐身飞机涂层等。

8.2.2.2 蓝移现象

与大块材料相比，纳米微粒的吸收带普遍存在蓝移现象，即吸收带向短波方向移动。例如，纳米碳化硅粉体和大块碳化硅粉体的红外吸收频率峰值分别为 $814cm^{-1}$ 和 $794cm^{-1}$，纳米碳化硅粉体的红外吸收频率较大块碳化硅粉体蓝移 $20cm^{-1}$。纳米氮化硅粉体和大块氮化硅粉体的红外吸收频率峰值分别为 $949cm^{-1}$ 和 $935cm^{-1}$，纳米氮化硅粉体的红外吸收频率较大块氮化硅粉体蓝移 $14cm^{-1}$。图 8-7 为不同尺寸的 CdS 纳米微粒的可见光 - 紫外吸收光谱。由图 8-7 可见，当微粒尺寸变小后，吸收光波波长向短波方向移动，发生谱线蓝移现象。纳米微粒吸收带蓝移可以归结为纳米微粒量子尺寸效应和大的比表面。颗粒尺寸变小，能隙变宽，这就导致光吸收带移向短波方向。另外，由于纳米微粒颗粒小，大的表面张力使晶格畸变，晶格常数变小，如对纳米氧化物和氮化物小粒子的研究表明，第一近邻和第二近邻的距离变短。键长的缩短导致纳米微粒的键本征振动频率增大，也使光吸收带移向高波数，引起纳米材料的谱线蓝移。

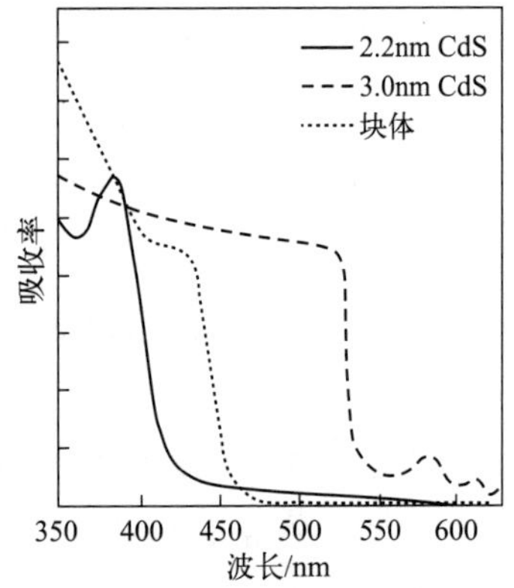

图 8-7 CdS 纳米微粒可见光 - 紫外吸收光谱比较

纳米颗粒除量子尺寸效应使它的光吸收带产生蓝移外，粉体粒径的多分散性也使其光吸收带宽化。利用这两种特性，人们可制成纳米紫外线吸收材料。通常，纳米紫外线吸收材料是将纳米微粒分散到树脂中制成膜，这种膜对紫外线的吸收能力依赖于纳米微粒的尺寸和树脂中纳米微粒的掺加量与组分。目前，对紫外线吸收较好的材料有 30～40nm TiO_2 纳米微粒的树脂膜、Fe_2O_3 纳米微粒的聚酯树脂膜。前者对 400nm 波长以下的紫外线有极强的吸收能力，后者对 600nm 波长以下的可见光有良好的吸收能力，可实现半导体器件的紫外线筛检功能。

8.2.2.3 纳米微粒发光

有些原来不发光的材料，当其粒子小到纳米尺寸后可以在近紫外到近红外范围内发光。例如，硅是具有良好半导体特性的材料，但并不是很好的发光材料。但当硅纳米微粒的尺寸小到一定值时，可在一定波长的光激发下发光。1990 年，日本佳能研究中心发现，粒径小于 6nm 的 Si 在室温下可以发射可见光。图 8-8 为室温下紫外线激发纳米硅的发光谱。可以看出，随粒径减小，纳米硅发射带强度增强并移向短波方向；当粒径大于 6nm 时，这种光发射现象消失。一般认为硅纳米微粒的发光是载流子的量子限域效应引起的。也有人认为，Si 并不是间接跃迁的半导体，大尺寸 Si 不发光是因为它的结构存在平移对称性，由平移对称性产生的选择定则使得大尺寸 Si 不可能发光，当 Si 粒径小到某一程度（6nm）时，平移对称性消失，因此出现了发光现象。

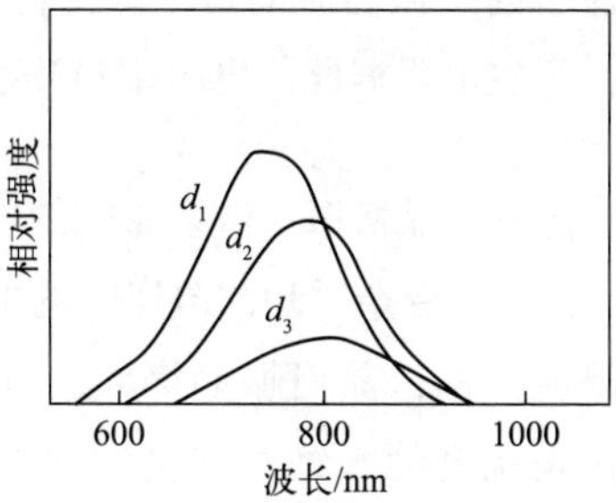

图 8-8 室温下紫外光激发纳米 Si 的发光谱（$d_1 < d_2 < d_3$）

8.2.2.4 纳米微粒分散物系的光学性质

纳米微粒分散于分散介质中形成的分散物系（溶胶）称作胶体粒子或分散相。在溶胶中，胶体的高分散性和不均匀性，使得分散物系具有特殊的光学特征。如果让一束聚集的光线通过这种分散物系，在入射光的垂直方向可看到一个发光的圆锥体，这种现象是 1869 年由英国物理学家丁达尔（Tyndall）所发现的，故称为丁达尔效应。这个圆锥称为丁达尔圆锥。丁达尔效应与分散粒子的大小及投射光线波长有关。当分散粒子的直径大于投射光波波长时，光投射到粒子上就被反射，看不到丁达尔效应。如果粒子直径小于投射光波波长，光波便可以绕过粒子而向各方向传播，发生强烈的散射。

根据雷利公式，散射强度 I 为

$$I = 24\pi^5 \frac{NV^2}{\lambda^4}\left(\frac{n_1^2 - n_2^2}{n_1^2 + 2n_2^2}\right) I_0 \tag{8-6}$$

式中 λ——波长；

N——单位体积中的粒子数；

V——单个粒子的体积；

n_1、n_2——分别为分散相（这里为纳米微粒）和分散介质的折射率；

I_0——入射光强度。

8.2.3 纳米微粒的电学性能

8.2.3.1 纳米晶金属的电导

在理想完整晶体中，电子是在周期性势场中运动的，电子的状态由布洛赫波描述，这时不存在电阻；对于不完整晶体，晶体中的杂质、缺陷、晶界等结构上的不完整性，以及晶体原子因热振动而偏离平衡位置都会导致电子偏离周期性势场。这种偏离使电子波受到散射，产生电阻据此，电阻率ρ可表示为

$$\rho = \rho_L + \rho_r \tag{8-7}$$

式中 ρ_L——晶格振动散射影响的电阻率；

ρ_r——受杂质和缺陷影响的电阻率，与温度无关。

温度升高，晶格振动增大，对电子的散射增强，导致电阻升高，电阻温度系数为正值。ρ_r 是温度趋于绝对零度时的电阻值。杂质、缺陷可以改变金属电阻的阻值，但不改变电阻的温度系数 $d\rho/dT$。对于粗晶金属，在杂质含量一定的条件下，由于晶界的体积分数很小，晶界对电子的散射是相对稳定的。因此，普通粗晶的电导可以认为与晶粒的大小无关。

由于纳米晶材料中含有大量的晶界，且晶界的体积分数随晶粒尺寸的减小而大幅度上升，此时，纳米材料的界面效应对 ρ_r 的影响不能忽略。因此，纳米材料的电导具有尺寸效应，特别是晶粒尺寸小于某一临界尺寸时，量子尺寸的限制将使电导量子化。因此，纳米材料的电导将显示出许多不同于普通粗晶材料电导的特性。纳米晶金属块体材料的电导随晶粒粒径的减小而减小，电阻温度系数亦随晶粒的减小而减小，甚至出现负的电阻温度系数；金属纳米丝的电导量子化，随纳米丝直径的减小出现电导台阶、非线性的 *I-U* 曲线及电导振荡等。

8.2.3.2 纳米金属块体材料的电导

实验已经证实，纳米金属块体材料的电导随晶粒尺寸的减小而减小并且具有负的电阻温度系数。Gleite 等对纳米 Pd 块体电阻率的测量结果表明，纳米 Pd 块体的电阻率均高于粗大 Pd 的电阻率，且晶粒越细，电阻率越高，如图 8-9 所示。图 8-10 为纳米晶 Pd 块体的直流电阻温度系数与晶粒尺寸的关系，由图可知，随着晶粒尺寸的减小，直流电阻温度系数显著下降。

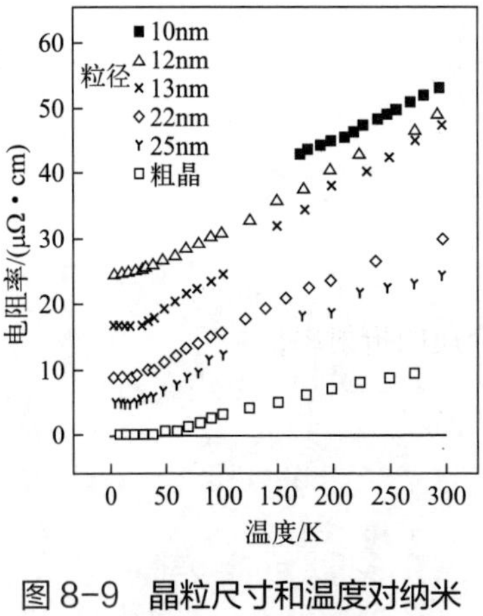

图 8-9 晶粒尺寸和温度对纳米 Pd 块体材料电阻率的影响

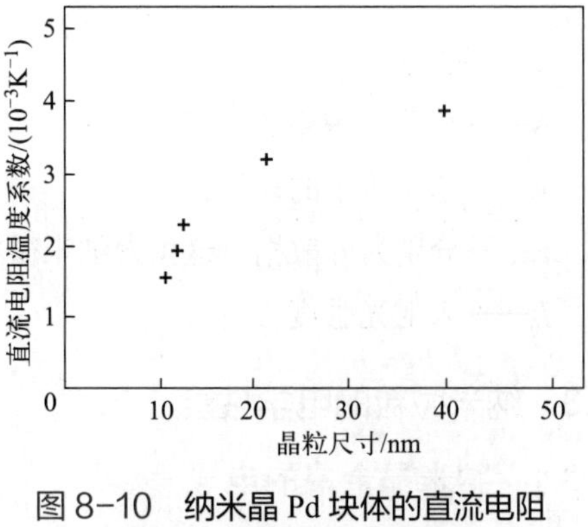

图 8-10 纳米晶 Pd 块体的直流电阻温度系数与晶粒尺寸的关系

纳米晶 Ag 块体的组成粒径和晶粒粒径对电阻和电阻温度系数具有显著的影响。当 Ag 块体的组成粒子粒径小于或等于 18nm 时，在 50～250K 的温度范围内电阻温度系数为负值，即电阻随温度的升高而降低，如图 8-11（a）、(b）所示。图 8-11（c）是粒子粒径为 20nm 样品的测量值，与图 8-11（a）、(b）正好相反。当 Ag 粒径由 20nm 降为 11nm 时，样品的电阻发生了 1～3 个数量级的变化。这是由于在临界尺寸附近，Ag 费米面附近导电电子的能级发生了变化，电子能级由准连续变为离散，出现能级间隙，导致电阻急剧上升。事实上，根据久保理论计算出 Ag 出现量子尺寸效应的临界尺寸为 20nm，与图 8-11 结果吻合良好。

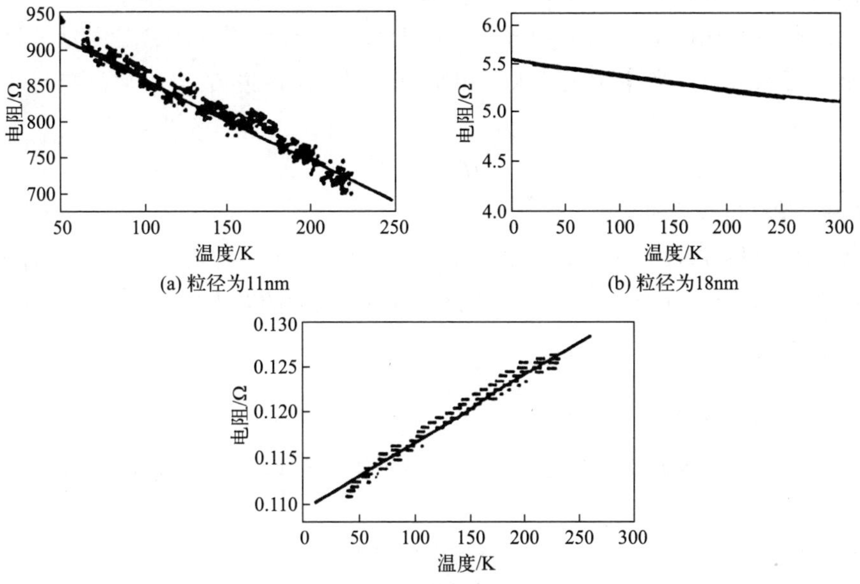

(a) 粒径为11nm　(b) 粒径为18nm

(c) 粒径为20nm

图 8-11　**粒径对电阻的影响**

8.2.3.3　纳米材料的介电性能

纳米材料具有量子尺寸效应和界面效应，这将较强烈地影响其介电性能，因此，纳米材料将表现出许多不同于常规电介质的介电特性，主要表现在以下几点。

① 空间电荷引起的界面极化。由于纳米材料具有大体积分数的界面，在外电场的作用下，在界面两侧可产生较强的由空间电荷引起的界面极化（空间电荷极化）。

② 介电常数和介电损耗具有强烈的尺寸效应。例如，随着尺寸的减小，铁电体单畴将发生由尺寸驱动的铁电 - 顺电相变，使自发极化减弱，居里温度降低，进而影响取向极化及介电性能。

③ 纳米介电材料的交流电导远大于常规电介质的电导。例如，纳米 α-Fe_2O_3、β-Fe_2O_3 的电导比常规材料大 3～4 个数量级纳米介电材料电导的升高将导致介电损耗增大，利用这一特性可以设计纳米吸波材料。

8.2.4 纳米微粒的磁学性能

当磁性物质的粒径或晶粒尺寸进入纳米范围时，磁学性能尺寸效应。因此，纳米材料具有许多粗晶或微米晶材料所不具备的磁学特性。例如，纳米丝由于长度与直径比很大，具有很强的形状各向异性。又如，矫顽力、饱和磁化强度、居里温度等磁学参数都与晶粒尺寸相关。

8.2.4.1 矫顽力

在磁学性能中，矫顽力的大小受晶粒尺寸的影响最大。对于等轴晶粒，矫顽力随晶粒尺寸的减小而增加，达到一最大值后，随着晶粒尺寸的进一步减小，矫顽力反而下降。最大矫顽力对应的晶粒尺寸约等于单畴的尺寸，对于不同的合金系统，这个尺寸在十几至几百纳米内。当晶粒尺寸大于单畴尺寸时，矫顽力 H_c 与平均晶粒尺寸 D 的关系为

$$H_c = C/D \tag{8-8}$$

式中 C——与材料有关的常数。

可见，纳米材料的晶粒尺寸大于单畴尺寸时，矫顽力随晶粒尺寸 D 的减小而增加。当纳米材料的晶粒尺寸小于某一尺寸后，矫顽力随晶粒尺寸的减小急剧下降，此时，矫顽力与晶粒尺寸的关系为

$$H_c = C'D^6 \tag{8-9}$$

式中 C'——与材料有关的常数。

式（8-9）与实测数据符合很好。图 8-12 显示了一些 Fe 基合金的 H_c 与晶粒尺寸 D 的关系。

矫顽力的尺寸效应可用图 8-13 来定性解释。图 8-13 中，横坐标上直径 D 有三个临界尺寸。当 $D > D_{crit}$ 时，粒子为多畴，其反磁化为畴壁位移过程，H_c 相对较小；当 $D < D_{crit}$ 时，粒子为单畴，但当 $d_{crit} < D < D_{crit}$ 时，出现非均匀转动，H_c 随 D 的减小而增大；当 $d_{th} < D < d_{crit}$ 时，为均匀转动区，H_c 达极大值；当 $D < d_{th}$ 时，H_c 随 D 的减小而急剧降低，这时，热运动能 k_BT 大于磁化反转需要克服的势垒，热激发导致超顺磁性，出现上述现象。

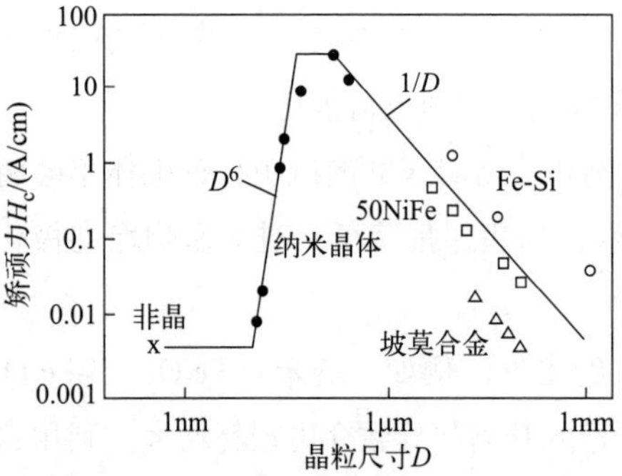

图 8-12 矫顽力和晶粒尺寸的关系

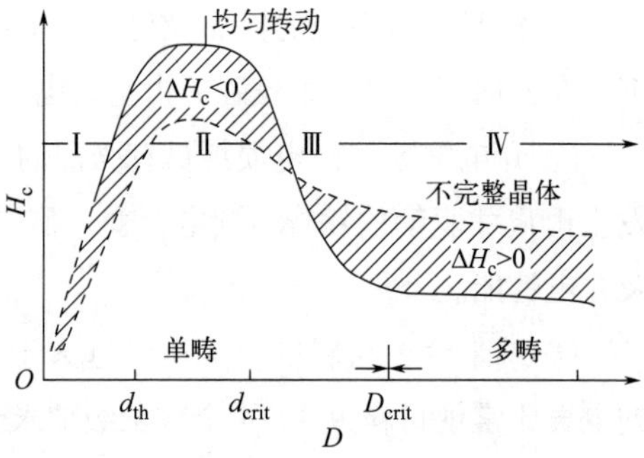

图 8-13 微粒的矫顽力和直径的关系

8.2.4.2 饱和磁化强度、居里温度与磁化率

微米晶的饱和磁化强度（M）对晶粒或粒子的尺寸不敏感。但是当尺寸降到 20nm 或 20nm 以下时，位于表面或界面的原子占据相当大的比例，而表面原子的原子结构和对称性不同于内部的原子，这时饱和磁化强度 M_s 显著降低。例如，6nm Fe 的 M_s 比粗晶块体 Fe 的 M_s 降低了近 40%。

纳米材料通常具有较低的居里温度，如 70nm Ni 的居里温度（T_C）要比粗晶 Ni 的低 40℃。纳米材料中存在的庞大表面或界面是引起 T_C 下降的主要原因。

纳米微粒磁化率与温度和颗粒中电子数的奇偶性相关。一般而言，二价简单金属微粒的传导电子总数 N 为偶数，一价简单金属微粒则可能一半为奇数，一半为偶数。统计结果表明，N 为奇数时，χ 服从居里 - 外斯定律，与 T 成反比；N 为偶数时，微粒的磁化率则随温度的上升而上升。图 8-14 中，曲线从下到上分别代表 6nm、7nm、8nm、11nm、13nm 和 18nm 粒径的测量值。由图 8-14 可知，每一粒径的微粒均有一对应最大 χ 值的温度，该温度称为冻结温度或截止温度 T_B。温度高于 T_B 时，χ 值开始下降。T_B 对应热激活能的阈值。

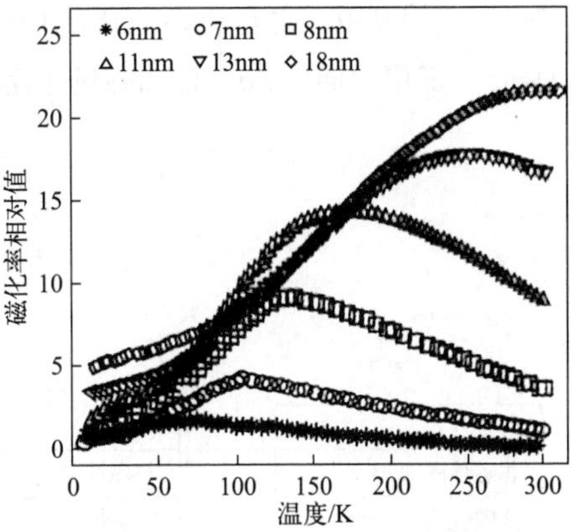

图 8-14 $MgFe_2O_4$ 颗粒的磁化率与温度及粒径的关系

8.2.4.3 巨磁电阻效应

磁阻效应指由磁场引起材料电阻变化的现象。磁电阻效应可以用磁场强度为 H 时的电阻 $R(H)$ 和零磁场时的电阻 $R(0)$ 之差ΔR与零磁场的电阻值 $R(0)$ 之比来描述，如式（8-10）所示。

$$\mathrm{MR}=\frac{\Delta R}{R(0)}=\frac{\rho(H)-\rho(0)}{\rho(0)} \tag{8-10}$$

普通材料的磁阻效应很小，如工业上有使用价值的坡莫合金的各向异性磁阻效应小于 2.5%，但是某些纳米材料表现出巨磁阻效应。1988 年 Baibich 等在由 Fe、Cr 交替沉积而形成的纳米多层膜中，发现了超过 50% 的磁阻效应。1992 年，Berkowitz 等在 Cu-Co 等颗粒膜中也观察到巨磁阻效应。1993 年，Helmolt 等在类钙铁矿结构的稀土锰氧化物中观察到磁电阻变化率可达 10^3～10^6 的超巨磁阻效应［又称庞磁阻效应］。1995 年，Moodera 等观察到磁性隧道结在室温下大于 10% 的隧道巨磁电阻效应。一般的磁电阻效应有纵效应和横效应之分，前者随着磁场的增强，电阻增加，后者随着磁场的增强，电阻减小。而巨磁阻效应则不同，无论什么情况，磁场造成的效果都是使电阻减小，为负效应。

目前，已发现具有巨磁阻效应的材料主要有多层膜、颗粒膜、非连续多层膜、氧化物超巨磁电阻薄膜等。巨磁阻效应在小型化和微型化高密度磁记录读出头、随机存储器和传

感器中有巨大应用潜力。

下面介绍多层膜的巨磁阻效应。由 3d 过渡族金属铁磁性元素或其合金和 Cu、Cr、Ag、Au 等异体构成的金属超晶格多层膜，具有巨磁阻效应，其需要满足的条件为：

① 铁磁性导体 / 非铁磁性导体超晶格中，铁磁性导体层之间构成自发磁化矢量的反平行结构，相邻磁层磁矩的相对取向能够在外磁场作用下发生改变，如图 8-15 所示。

② 金属超晶格的周期应比载流电子的平均自由程短。例如，Cu 中电子的平均自由程在 34nm 左右，Cr 及 Cu 等非磁性导体层的厚度一般要求在几纳米以下。

③ 自旋取向不同的两种电子，在磁性原子上的散射差别必须很大。

Fe/Cr 多层膜的巨磁阻效应，如图 8-16 所示。图 8-16 中，纵轴是以外加磁场为零时的电阻 R（H=0）为基准归一化的相对阻值，横轴为外加磁场。若 Fe 膜厚 3nm，Cr 膜厚 0.9nm，积层周期为 60，外加磁场作用下，其电阻值降低可达 50%。

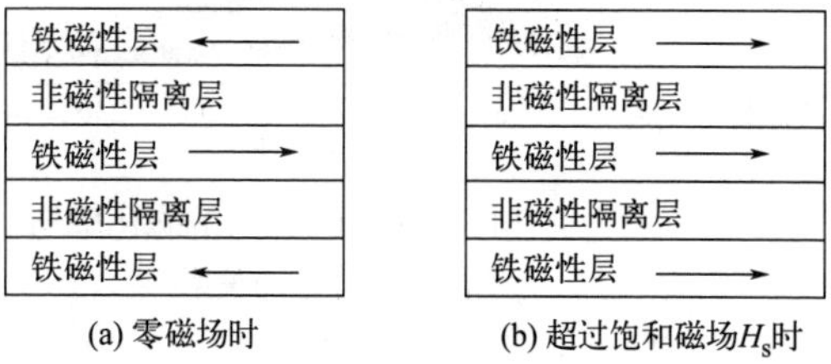

图 8-15 GMR 多层膜的结构

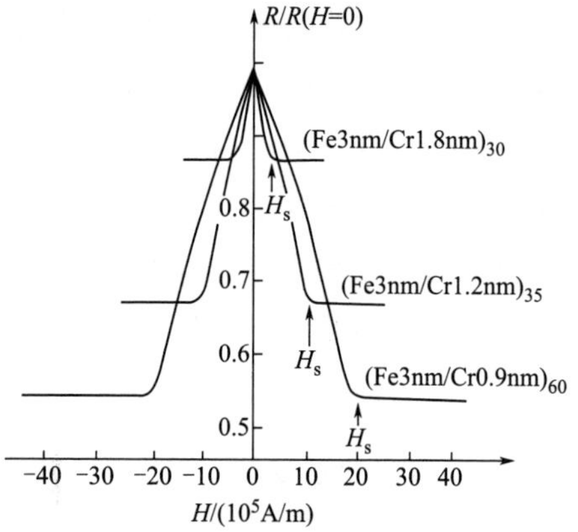

图 8-16 Fe/Cr 多层膜的巨磁阻效应

除 Fe/Cr 外，典型的金属超晶格系统还有 Co/Cu、(Co-Fe)/Cu、Co/Ag、(Ni-Fe)/Cu、(Ni-Fe)/Ag、(Ni-Fe-Co)/Cu、(Ni-Fe-Co)/Cu/Co 等。

一般以 Mott 关于铁磁性金属电导的理论，即二流体模型来解释 GMR。在铁磁金属中导电的 s 电子受到磁性原子磁矩的散射作用，散射的概率取决于导电的 s 电子自旋方向与固体中磁性原子磁矩方向的相对取向。自旋方向与磁矩方向一致的电子受到的散射作用很弱，自旋方向与磁矩方向相反的电子则受到强烈的散射作用，而传导电子受到散射作用的强弱直接影响材料电阻的大小。图 8-17（a）为外场为零时电子的运动状态，多层膜中间同一磁层中原子的磁矩沿同一方向排列，而相邻磁层原子的磁矩反平行排列。根据 Mott 的二流体模型，传导电子分成自旋向上与自旋向下的两组，多膜层中非磁层对两组自旋状态不同的传导电子的影响是相同的，所以只考虑磁层产生的影响。

由图 8-17（a）可见，两种自旋状态的传导电子都在穿过磁矩取向与其自旋方向相同的一个磁层后，遇到另一个磁矩取向与其自旋方向相反的磁层，并在那里受到强烈的散射作用，这导致没有哪种自旋状态的电子可以穿越两个或两个以上的磁层。因此在宏观上，多层膜处于高电阻状态，这可以由图 8-17（c）的电阻网络来表示，其中

$R > r$。图 8-17（b）为外加磁场足够大时，原本反平行排列的各层磁矩都沿外场方向排列的情况。可以看出，在传导电子中，自旋方向与磁矩取向相同的那一半电子可以很容易地穿过许多磁层而只受到很弱的散射作用，而另一半自旋方向与磁矩取向相反的电子，则在每一磁层都受到强烈的散射作用。这时，有一半传导电子存在一低电阻通道。因此这时，在宏观上多层膜处于低电阻状态。图 8-17（d）所示的电阻网络即表示这种情况。

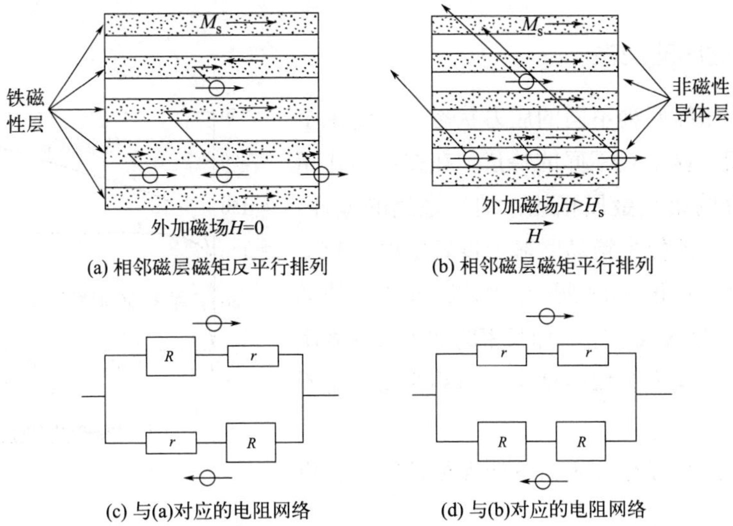

图 8-17　GMR 的二流体模型

上述模型只考虑了电子在磁层内部的散射，即所谓的体散射，是非常粗略的。实际上，在磁层与非磁层界面处的自旋相关散射有时更为重要，特别是在一些巨磁阻较大的多膜层系统中，界面散射作用占主导地位。

8.3 纳米微粒的力学特性

晶粒大小是影响传统金属多晶材料（晶粒尺寸在微米以上量级）力学性能的重要因素。随晶粒减小，材料的强度和硬度增大。但当晶粒小至纳米量级时，材料的力学性能将会出现一些特殊的变化，主要有：a. 纳米材料的弹性模量低于常规晶粒材料；b. 纳米纯金属的硬度或强度是大晶粒（大于 1μm）金属硬度或强度的 2～7 倍；c. 纳米材料可具有负的霍尔 - 佩奇关系，即随着晶粒尺寸的减小，强度降低；d. 在较低的温度下，纳米晶可以使一些脆性陶瓷或金属间化合物出现超塑性。

8.3.1　弹性模量

弹性模量是反映材料内原子、离子键合强度的重要参量。纳米材料中存在大量的晶界，而晶界外原子间间距较大，原子结构不同于晶内，因此，纳米的弹性模量要受晶粒尺寸的影响。一般来说，晶粒越细，弹性模量的下降越大。纳米 Fe、Cu 和 Ni 材料的弹性模量测试结果说明了这一点。

8.3.2 纳米金属的强度

纳米金属具有比粗晶高的硬度和强度。如纳米 Pd、Cu…。纳米 Pd、Cu 等块体试样的硬度测试试验表明，纳米材料的硬度一般为同成分粗晶材料硬度的 2～7 倍。纳米 Pd、Cu、Au 等的拉伸试验也表明，其屈服强度和断裂强度均高于同成分的粗晶金属。

8.3.3 纳米金属的塑性

在拉伸和压缩两种不同的应力状态下，纳米金属的塑性和韧性显示出不同的特点。在拉应力作用下，与同成分的粗晶金属相比，纳米金属的塑性、韧性大幅下降，即使是粗晶时显示良好塑性的 FCC 金属也是如此。如图 8-18 所示，纳米 Cu 的拉伸伸长率仅为 6%，是同成分粗晶伸长率的 20%，这表明在拉应力状态下纳米金属表现出与粗晶金属完全不同的塑性行为。

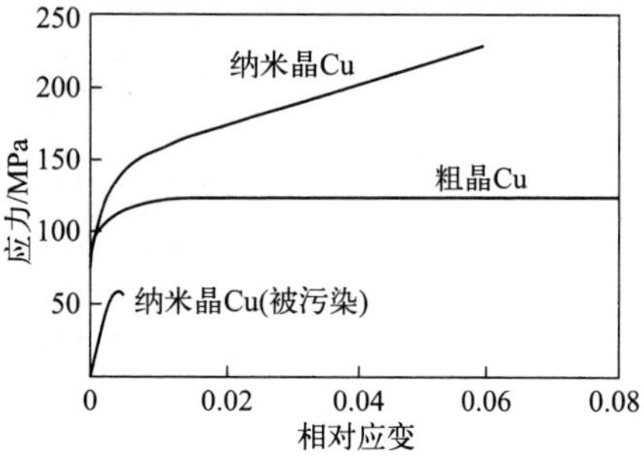

图 8-18 纳米铜的应力应变曲线

导致纳米晶金属在拉应力下塑性很低的主要原因有:

① 纳米晶金属的屈服强度大幅度提高使拉伸时的断裂应力小于屈服应力，试样来不及充分变形就产生断裂。

② 纳米晶金属的密度低，内部含有较多的孔隙等缺陷，而屈服强度又高，因此在拉应力状态下对这些内部缺陷以及表面状态特别敏感。

③ 纳米晶金属中的杂质元素含量较高，从而损伤了纳米晶金属的塑性。

④ 纳米晶金属在拉伸时缺乏可移动的位错，不能释放裂纹尖端的应力。

在压应力状态下纳米晶金属能表现出很高的塑性和韧性。例如，纳米 Cu 在压应力下的屈服强度比拉应力下的屈服强度高两倍，但仍显示出很好的塑性。纳米 Pd、Fe 试样的压缩实验也表明其屈服强度高达 GPa 水平，断裂应变可达 20%，这说明纳米晶金属具有良好的压缩塑性。其原因可能是在压应力作用下金属内部的缺陷得到修复，以及纳米晶金属在压应力状态下对内部的缺陷或表面状态不敏感。

8.3.4 超塑性

超塑性是指材料在一定的条件下呈现异常低的流变抗力和异常高的流变性能的现象，表现出大延伸率、无颈缩、小应力的特点。高的变形温度和稳定的细晶组织是产生超塑性的条件。基于晶界滑移的超塑理论，形变速率$\dot{\varepsilon}$可表述为

$$\dot{\varepsilon}=\frac{B\Omega\sigma\delta D_{gb}}{d^3k_BT} \tag{8-11}$$

式中　σ—— 拉伸应力；

Ω—— 原子体积；

d—— 平均晶粒尺寸；

B—— 常数；

D_{gb}—— 晶界扩散率；

δ—— 晶界厚度；

k_B—— 玻尔兹曼常数；

T—— 温度。

由式（8-11）可以看出，温度一定时，将晶粒尺寸从微米量级降至纳米量级，形变速率将会提高几个量级。

纳米晶材料中存在大量的晶界，这些晶界有助于形成晶界滑动，从而在室温下也能实现超塑性形变。例如，纳米晶体 Cu 在室温下冷轧可以获得延伸率超过 5100% 的超塑延展性，且没有明显的加工硬化效应；晶粒尺寸为 50nm 的纳米金属 Ni，拉伸超塑变形温度低至 350℃，约为熔点的 36%，远低于粗晶 Ni 的超塑变形温度；通过剧烈塑性变形法制备出高质量 Al 合金和 Ni_3Al 纳米材料，纳米晶粒也使得拉伸超塑变形温度相对于粗晶材料大幅度下降。可见，纳米晶材料显著扩展了超塑加工的适用范围，对推广超速加工应用具有重要的意义。

本章小结

不同于块体材料，纳米颗粒具有几个基本效应：量子尺寸效应、小尺寸效应、表面效应、宏观量子隧道效应、库仑堵塞效应、量子隧穿效应、介电限域效应和量子限域效应。

金属粒子的尺寸下降到某一纳米值时，金属费米能级附近的电子能级由准连续变为离散能级，对于纳米半导体微粒，最高被占据分子轨道和最低未被占据的分子轨道的能级间隙也发生宽化，上述现象均称为量子尺寸效应。针对量子尺寸效应，久保理论对小颗粒的大集合体电子能态做了以下两点主要假设：简并费米液体假设和超微粒子电中性假设。

当超细微粒的尺寸与光波波长、德布罗意波长以及超导态的相干长度或透射深度等物理特征尺寸相当或更小时，导致声、光、电、磁、热、力学等物性发生变化，这就是纳米微粒的小尺寸效应。随着纳米微粒的粒径逐渐减小达到纳米尺寸，表面积迅速增加，表面能量也会大幅递增，表面原子比例极高，这导致纳米粉体具有迥异于传统材料的各种性质，称为表面效应。

微观粒子具有的贯穿势垒的能力称为隧道效应；当体系的尺度进入纳米级时，小体系充放电过程中电子不能集体传输，而是一个一个单电子的传输，这种单电子传输行为称为库仑堵塞效应。

介电限域是纳米微粒分散在异质介质中由界面而引起的体系介电增强的现象。当半导体纳米微粒的半径小于激子玻尔半径时，电子的平均自由程受小粒径的限制，很容易与空穴形成激子，产生激子吸收带，这称为量子限域效应。

纳米微粒和纳米固体呈现许多奇异的物理性质，包括热学、光学、电学、磁学和力学特性，这些都与纳米颗粒基本效应有关。

思考题

1. 什么是纳米颗粒的量子尺寸效应?
2. 试述久保理论的两个基本假设。
3. 试述纳米颗粒的小尺寸效应和表面效应。
4. 什么是纳米颗粒的库仑堵塞效应和量子隧穿效应?
5. 什么是纳米颗粒的介电限域和量子限域效应?
6. 与块体相比，纳米颗粒具有哪些特殊的光学性质?它们与哪些纳米效应有关?
7. 与块体相比，纳米颗粒具有哪些特殊的热学性质和电学性质?
8. 试述纳米颗粒的巨磁电阻效应及其形成机理。

参考文献

[1] 费维栋 . 固体物理 [M]. 哈尔滨：哈尔滨工业大学出版社，2020.

[2] 刘勇 . 固体物理导论 [M]. 哈尔滨：哈尔滨工业大学出版社，2020.

[3] 林志东 . 纳米材料基础与应用 [M]. 北京：北京大学出版社，2010.

[4] 熊兆贤 . 材料物理导论 [M]. 北京：科学出版社，2012.

[5] 王国梅，万发荣 . 材料物理 [M]. 武汉：武汉理工大学出版社，2004.

[6] 潘金生，田民波，仝健民 . 材料科学基础 [M]. 修订版 . 北京：清华大学出版社，2011.

[7] 刘勇 . 材料物理性能 [M]. 北京：北京航空航天大学出版社，2015.

[8] 田莳 . 材料物理性能 [M]. 北京：北京航空航天大学出版社，2004.

[9] 胡赓祥，蔡珣，戎咏华 . 材料科学基础 [M]. 上海：上海交通大学出版社，2016.

[10] 宗祥福，翁渝民 . 材料物理基础 [M]. 上海：复旦大学出版社，2001.